KB140081

현대과학이 추적해온
인체의 비밀 통로

현대과학이 추적해온 인체의 비밀 통로

|김훈기 지음|

CONTENTS

* 이 저서는 2017년 정부(교육부)의 재원으로 한국연구재단의 지원을 받아 수행된
연구임(NRF-2017S1A6A4A01020286)

I. 머리말

1. 봉한학설의 재현 연구에 대한 검토의 의미

인간은 누구나 건강하게 오래 살고 싶어 한다. 각종 질병의 원인을 유전자의 분자 수준에서 찾아내고 정교하게 고치기도 하는 첨단의 과학기술은 인류의 오랜 무병장수의 꿈을 조만간 실현할 것만 같다. 하지만 공교롭게도 '응용'은 한껏 앞서가고 있는 현실에서 생명현상의 '기초'에 대해 아직 모르는 바가 너무 많다. 특히 기초 연구의 마지막 단계만 넘어서면 곧바로 현재의 첨단 과학기술을 활용해 해결할 수 있을 것 같은 문제들이 수두룩하다.

대표 사례로 우리 몸 안에 있는 줄기세포를 살펴보자. 몸의 특정 장기가 손상되면 주변의 줄기세포가 손상 부위를 대체한다. 인간이 웬만한 손상 정도는 스스로 회복할 수 있는 자연치유 능력을 갖추는 이유이다. 만일 환자의 몸에서 줄기세포를 대량으로 확보할 수 있다면 첨단 과학기술을 동원한 치료가 쉬워진다. 하지만 몸속 어디에 줄기세포가 모여 있는지 확실치 않다.

이미 수십 년 전부터 곧 정복될 것처럼 알려져 온 암도 그렇다. 이제 암의 발생 조짐을 분자 수준에서 알아낸다고 하는데, 그 전이 통로는 아직 명확히 규명되지 않았다. 혈관과 림프관을 통해 암세포가 이동한다는 게 정설이기에 암 조직을 제거하는 수술을 마친 후에는 주변 혈관과 림프관을 차단한다. 하지만 예상치 못한 부위에 암세포가 퍼져 있는 모습을 나중에 확인하는 일이 흔하다.

조금 가벼운 사례로 히알루론산을 들 수 있다. 1934년 소의 눈에서 우연히 발견된 이 생체물질은 보습 능력이 뛰어나기에 화장품에서 주름을 없애고 피부의 탄력을 강화하는 주요 성분으로 사용되고 있다. 다만 이를 대량으로 얻기 위해 주로 미생물에서 추출하는 방식이 활용돼 왔다. 분명히 우리 몸에도 히알루론산이 풍부할 텐데, 그 저장소를 찾아낸다면 지금보다 훨씬 인체 친화적인 적용이 가능하지 않을까.

좀 더 기초 분야로 들어가 보자. 인체를 구성하는 세포의 수는 무려 10조 개 정도인데, 이들은 끊임없이 생성과 사멸을 반복하며 수의 균형을 유지하고 있다. 그렇다면 몸에서 죽어가는 세포의 수가 상당할 텐데, 이상하게도 세포의 잔해가 잘 보이지 않는다. 아직 '세포의 무덤'은 발견되지 않았다.

눈치가 빠른 독자라면 알아차렸을 것이다. 이들 사례의 공통점은 존재는 분명히 알려진 생체물질이지만 모여 있는 장소와 이동 통로가 미스터리로 남아 있다는 사실이다. 흥미롭게도 이 미스터리를 모두 풀어낼 가능성을 보여준 연구결과가 과학계에서 제시된 적이 있었다. 그것도 불과 50여 년 전 한국 과학자의 주도로 거둔 성과였다. 오랫동안 이 성과는 완전히 거짓으로 인식돼 주류 과학계에서 폐기처분된 상황이었다. 하지만 2000년대 들어 한국 과학계의 재현 연구를 거치면서 화려한 부활을 꿈꾸고 있다.

과거 과학계에서 거짓으로 판명된 특정 학설은, 그 학설이 당대는 물론 현대에 이르기까지 사회적으로 적지 않은 영향을 미칠 경우 과학사(History of Science) 분야에서 중요한 연구대상으로 떠오른다. 이때 해당 학설의 형성과정과 영향에 대한 역사적·사회적 맥락에 대한 고찰이 과학사학계에서 주된 관심을 받는 한편, 그 과학적 진위에 대한 검토는 학술적 관심에서 제외된다. 과학사 연구의 역할은 특정 학설의 진위를 평가하는 것이 아니기 때문이다.

하지만 해당 학설이 현대의 새로운 과학적 발견에 힘입어 거짓이 아니었을 가능성이 제기된다면 역할이 달라질 수 있다. 과학사 연구자들은 새로운 지식에 비춰 과거에 폐기된 학설의 진위에 대한 평가가 필요한 상황에 직면할 수 있다. 예를 들어, 1900년대 중반 소련 과학계를 지배하면서 악명을 떨친 리센코주의를 연구한 미국 MIT의 과학사 명예교수인 로렌 그래함은 리센코의 업적을 과학적으로 재평가한 저서(Graham L, 2016)를 출간해 학계의 주목을 받았다. 그는 '획득형질의 유전을 통한 종의 전환'을 핵심 내용으로 한 리센코의 주장이 과학계에서 완전히 폐기됐다가 최근 후성유전학 (epigenetics)의 등장에 힘입어 러시아 일부 학계를 중심으로 부활하는 조짐을 접하고는 집필을 시작했다. 후성유전학은 타고난 유전자의 작동 양상이 환경에 의해 일부 변화돼 후손까지 전달되는 현상을 탐구하는 분야이다. 그래함은 리센코의 주장 가운데 '획득형질의 유전'은 맞지만 이로 인한 '종의 전환'은 틀렸다고 결론을 내렸다. 과거 특정 학설과 현재의 지식 모두에 대해 정확하게 파악하지 않는다면 현대 사회에서 특정 학설에 대한 심각한 오해가 생길 수 있다는 것이 그래함의 문제의식이었다.

과학적 발견은 과거의 지식을 수정하며 끊임없이 새롭게 이뤄지게 마련이므로, 과거에 기각된 학설에 대한 재평가는 과학계에서 언제든 요구될 수 있다. 특히 해당 학설이 과학계는 물론, 일반인의 상식을 넘어서는 파격적인 내용과 중대한 의미를 담고 있다면, 재평가에 대한 요구는 인문사회학계를 포함한 사회 전반으로 확장될 가능성이 크다.

필자는 이 같은 조건을 갖췄다고 판단한 흥미로운 사례 한 가지를 제시하면서 과거 학설에 대한 과학적 재평가를 시도하고자 한다. 1960년대 북한에서 화려하게 등장했다 감쪽같이 사라진 봉한학설에 대해 2000년대 현대 연구진이 활발하게 재현 연구를 진행하고 있는 사례를 통해 봉한학설의 과학적 진위를 어느 정도 가늠해보려는 것이 목적이다.

사실 봉한학설은 과학계뿐 아니라 일반인도 상당히 흥미를 느낄 수 있는 주장을 담고 있다. 그 핵심 내용 가운데 한 가지가 한국인이라면 매우 익숙할 용어인 한의학의 경락(經絡)이 우리 몸속에 실제로 존재한다는 것이기 때문이다. 봉한학설이 맞는다면, 그동안 정체가 불명확했던 경락의 실체가 세계 최초로 증명되는 셈이다.

봉한학설은 1960년대 북한에서 활동한 과학자 김봉한(1916-?) 연구진이 주장한 학설을 지칭한다. 연구진은 당시는 물론 현재에 이르기까지 생물학계와 의학계의 지식과 상충하는, 상당히 파격적인 주장을 5편의 논문을 통해 펼쳤다(김봉한, 1962; 경락연구소, 1963; 경락연구원, 1965a; 경락연구원, 1965b; 경락연구원, 1965c). 인간을 비롯한 고등동물에 기존에 알려진 순환계(혈관계와 림프관계) 외에 한의학의 경락체계로 추정되는 또 하나의 근본적인 순환계가 존재하며, 그 안에서 세포가 계속 갱신과정을 거친다는 것이 핵심 내용이다.

당시 북한은 김봉한 연구진의 주장을 뒷받침하는 상세한 연구결과를 한글로는 물론 영어, 러시아어, 중국어 등으로 번역해 소개했다(김근배, 1999). 실제로 5편 가운데 4편의 영문판 논문이 최근 확인되기도 했다. 얼핏 생각해서 논문 5편이면 그다지 많은 내용이 담겨 있지 않을 것 같다. 또한 제목이나 저자 이름을 보면 경락이라는 단어가 계속 등장해 마치 전통 한의학의 치료술로 논문 내용이 채워져 있을 것도 같다. 사실 경락이란 용어는 현대인들이 김봉한의 연구에 접근할 때 방해가 되는 것 같다. 서구의 주류 의학계에서 볼 때 경락은 과학의 영역에 속한다고 보기 어렵기 때문이다. 따라서 경락에 대해 개인적인 지적 호기심 이상의 진지한 관심을 가지는 사람은 한의학계를 제외하고 그리 많지 않을 것이다. 이런 분위기 때문에 연구내용을 직접 살펴보기 전에 봉한학설은 사이비라는 선입관을 가질 수 있다.

하지만 누구라도 논문을 직접 펼쳐보면 생각이 달라질 것이다. 매 논문마다 서구 생물학의 방대한 지식이 압축적으로 담겨 있다. 전자현미경이나 방사성동위원소 추적장치 등 당시 최첨단의 과학장비들이 연구에 대거 동원됐다. 오히려 한의학의 흔적은 거의 찾아보기 어렵다. 한마디로 경락의 실체를 서구 과학의 방법론과 지식을 동원해 분석해내려는 시도의 결과물이었다. 알려진 바로는 김봉한이 원장으로 있던 경락연구원에서 연구자들의 수가 70여 명, 실험실이 40여 개에 달했다고 한다.

그런데 이후 40여 년 동안 봉한학설은 과학계에서 거의 관심을 받지 못했으며, 심지어 김봉한 연구진이 희대의 사기꾼 집단이라는 극단적인 평가도 나왔다. 그 주요 이유 가운데 하나는 당시 후속 연구자들이 모두 재현 실험에 실패했기 때문이었다. 김봉한 연구진은 논문에서 연구결과만 제시했을 뿐 새로운 순환계 후보를 찾아내는 연구방법을 밝히지 않았다. 다만 새로운 순환계 후보를 발견한 이후 그 생물학적 특성이 무엇인지를 밝히는 연구방법만 제시했다. 따라서 당시 봉한학설에 관심을 가진 일부 외국의 과학자들은 재현 실험을 시도할 때 제각각의 방법을 새롭게 고안할 수밖에 없었으며, 결과는 모두 실패로 끝났다(이상훈, 2010).

하지만 2000년대에 들어서면서 상황은 달라지기 시작했다. 서울대 물리학과의 한 연구진이 수많은 시행착오를 거치며 봉한학설의 재현 연구를 본격화한 이후 최근까지 현대 생물학계에서 봉한학설을 지지하는 과학적 증거가 부분적으로나마 점차 수용되고 있다(Kim, HG, 2013a). 지난 20여 년간 서울대 연구진을 비롯한 국내외 관련 연구진이 학술지에 발표한 논문은 100여 편에 달하며, 이들 가운데 60여 편이 SCI(E) 및 SCOPUS 등재 학술지에 게재됐다. 특히 SCIE 등재지 *ECAM(Evidence-based Complementary and Alternative Medicine)*은 두 차례에 걸쳐 봉한학설에 대한 특집 코너를 마련해 한국은 물론 중국, 일본, 미국 등에서 활동하는 과학자들의 논문을 다수 수록한 바 있다.

서울대 연구진은 실험동물을 대상으로 주로 새로운 순환체계(봉한체계)의 구조적 실체 규명에 초점을 맞춰 왔다. 예를 들어 연구진은 혈관과 림프관 내부, 복부 장기의 표면, 그리고 뇌의 표면과 내부 등에 기존에 알려진 생물학적 조직과는 전혀 다른 구조물을 발견했으며, 이 구조물의 물리적·화학적 특성이 봉한학설에서 제시된 그것과 거의 유사하다고 주장했다. 2010년 이후에는 서울대 연구진의 영향을 받은 국내 국립암센터와 미국 대학의 일부 연구진이 봉한체계의 해부학적 구조가 실재한다는 점을 전제로, 그 기능을 규명하는 연구성과를 전문 학술지에 잇따라 발표하기 시작했다. 예를 들어 봉한체계 내부 물질을 분석한 결과 흥미롭게도 면역세포(Kwon, BS et al, 2012)와 혈구나 신경의 줄기세포(Lee, SJ et al, 2014; Hwang, SH et al, 2014)가 풍부하게 분포하고 있다거나, 봉한체계의 기능이 종양 조직의 발생과 연관될 수 있다는 보고(Islam, MA et al, 2013) 등이 그것이다. 만일 봉한학설이 사실이라면, 현대 의학계의 주요 난제인 줄기세포의 기원 및 세포의 갱신 원리, 암의 전이 메커니즘 등의 규명에 중요한 시사점을 던지는 발견들이었다. 한편에서는 국내외 의과대학의 몇몇 연구진이 실험동물이 아닌 인체에서 봉한체계를 발견하기 위한 연구를 시도하고 있는 추세이다.

이들 연구는 모두 김봉한 연구진의 논문에 근거해 봉한학설을 부분적으로 재현하거나 새로운 해부학적 구조물의 기능을 밝히고 있다. 또한 한의학적 접근이 아니라 서구의 과학적 방법론과 지식을 동원해 봉한학설의 과학적 진위를 규명하려는 시도이다. 하지만 최근까지의 연구성과에도 불구하고 현대 과학계에서 봉한학설은 제대로 인정받지 못하고 있는 상황이다. 또한 후속 연구가 점차 더디게 진행되고 있는 추세이다. 필자는 그 이유를 현대 연구진이 아직 봉한학설을 과학적으로 완전히 증명하지 못했기 때문이라고 판단한다. 특히 봉한학설의 핵심 내용을 재현하는 방법론이 제대로 정립되지 못한 것이 과학계의 수용에 중요한 걸림돌이 되고 있다고 생각한다.

이 책에서는 현재와 같은 정체 상태에 놓인 봉한학설의 재현 연구를 매개로 봉한학설에 대한 재평가를 시도한다. 비록 현대 연구진의 성과가 과학계에서 크게 주목받지 못하는 상황이긴 하지만, 최근까지의 논문을 볼 때 봉한학설이 거짓이라고 판단하기는 어렵다. 오히려 최근까지의 연구성과만으로도 그동안 밝혀지지 않았던 인체의 새로운 구조와 기능에 대해 과감한 탐구가 본격적으로 필요하다는 시사점을 얻을 수 있다. 그렇다면 우선 현대 연구진의 성과에 대한 검토를 통해 봉한학설이 어느 정도까지 증명됐고, 어떤 한계점을 가졌는지에 대한 탐색이 필요하다. 또한 봉한학설 자체가 어떻게 형성됐는지에 대한 역사적 검토 역시 요구된다. 이 같은 과정을 거침으로써 한때 화려한 조명을 받으며 부상하다 불가사의하게 사라진 봉한학설에 대해 좀 더 균형 잡힌 시각을 갖출 수 있을 것으로 기대한다.

2. 책의 구성과 연구방법

봉한학설의 재현 연구가 국내에서 본격적으로 시작된 지 20여 년에 이른 현재, 재현에 성공했다고 발표한 연구논문이 100여 편을 넘어섰지만 과학계에서 봉한학설에 대한 관심이 크게 확산하지 않고 있다. 그 이유는 무엇일까. 이 질문에 대한 대답과 함께 현대 재현 연구에서 나타나는 사회문화적 특성에 대한 검토가 국내 과학기술학 분야에서 일부 진행된 바 있다. 먼저 Kim, HG(2013a)는 학문적 이유가 아니라 과학 외적 요인에 의해 현대 연구진의 성과가 수용되지 못했다고 지적했다. 그동안의 교육을 통해 형성된 선입견 때문에 새로운 순환계의 존재 자체가 말이 안 된다고 무시한 서구 생물학계와 의학계의 태도가 봉한학설의 수용에 중요한 걸림돌이었다는 것이다. 이 부정적 태도의 저변에는 한의학에 대한 과학계의 불신도 자리하고 있었다. 한편 김종영(2014)은 기존 과학계의 이 같은 구조화된 편견을 극복하기 위해 현대 연구진이 펼친 다양한 노력과 절충방안을 제시하면서, 봉한 연구의 재탄생 과정을 실험적·문화적·정치적 요소들의 상호작용의 과정으로 파악했다. 이에 비해 김연화(2015)는 서울대 연구진에서의 참여관찰을 통해 봉한학설이 현대 연구진에 의해 본래의 내용이 확장된 다중적 연구대상으로 재구성되는 과정을 고찰했다.

하지만 현대 연구진의 주장이 얼마나 설득력이 있었는지에 대한 검토는 아직 이뤄지지 않았다. 이 검토를 제대로 진행하기 위해서는 과학 내적 요인에서 문제의 원인을 탐색할 필요가 있다. 연구논문의 양이 해당 연구 분야의 진위를 보증해주는 것은 아니다. 이보다는 그간의 연구논문의 질적 측면, 즉 과학계에서 충분히 수용될 만큼 보편적인 방법론을 갖췄는가, 후속 연구에서 얼마나 재현이 가능한가, 그리고 가장 중요하게는 과연 봉한학설의 내용을 얼마나 정확히 재현하고 있는가 등의 문제를 점검해야 한다. 이 문제들을 우선 검토하지 않는다면 봉한학설이 서구 과학계에서 충분히 수용되지 못하고 있는 이유를 다소 단편적으로 파악할 수 있을 뿐이다.

현대 연구진의 재현 실험에 대한 평가를 위해 먼저 재현의 기준, 즉 봉한학설의 핵심 내용이 무엇인지를 살펴봐야 한다. 봉한학설에 대한 역사적 접근은 김근배(1999)에 의해 시작됐다. 그는 경성제국대학(현 서울대의 전신) 의학부 출신의 생리학자 김봉한이 한국전쟁 당시 월북한 이후 평양의학대학에서 활동하면서 봉한학설을 제창하기까지의 사회적 배경, 봉한학설의 시기별 변천 내용, 그리고 봉한학설이 사라지게 된 학문적·사상적 배경 등을 포괄적으로 제시했다. 이후 박미용(2006)은 「로동신문」에 대한 분석을 통해 북한에서 봉한학설이 전개되는 과정에서 발견되는 정치적·사회적 상황을 정리했다. 한편 Kim, HG(2013b)는 봉한학설이 1960년대 중반 소련에서 관심을 받다가 거짓 학설로 평가받기에 이른 사상적 배경에 대해 설명했다.

이상과 같은 연구들은 과학의 역사에서 한 가지 학설이 등장하고 사라지는 과정에 대해 과학 외적 요소들에 초점을 두고 분석한 것이었다. 물론 김근배(1999)는 봉한학설의 시기별 변천 내용을 요약해 소개하고 있긴 하지만, 김봉한 연구진이 제시한 과학적 근거나 방법론을 시기별 변천의 내용과 직접 연관하여 설명하지는 않았다.

이 책의 II 장에서는 선행연구들과 달리 김봉한 연구진의 5편 논문과 「로동신문」을 함께 주요 분석대상으로 삼으면서 각 논문에 담긴 핵심 내용이 과학적으로 어떤 근거를 통해 변화돼 나가는지를 추적한다. 다만 5편의 논문에서 제시된 방법론과 연구결과를 경락과의 연관성 속에서 분석하지 않고, 1960년대 서구 생물학계의 관점에서 점검한다. 경락의 실체 규명은 분명히 김봉한 연구진의 출발지점에 놓인 과제였지만, 실제로 연구가 진행되면서 논문들에서는 순환계의 기능, 세포의 발생 및 성장, 그리고 DNA의 역할 등 당시 서구의 주류 생물학계에서 기정사실화된 지식에 대한 소개와 비판이 (생물학계 방법론을 동일하게 활용한 결과로서) 주를 이루고 있기 때문이다.

김봉한 연구진의 논문은 한글판과 영문판 두 가지 모두를 검토한다. 한동안 국내에서 영문판은 <제2 논문>만 소개돼 있었지만, 필자가 <제1 논문>, <제3 논문>, <제4 논문>의 영문판을 외국 도서관에서 발견해 2013년 말 봉한학설 관련 국제학회 홈페이지(www.ispvs.org)에 공개한 바 있다. 한글판과 영문판에서 텍스트의 내용은 거의 동일하다. 하지만 한글판 논문의 경우 주요 시각자료(사진, 그림, 표) 가운데 사진이 생략된 경우가 많으며, 사진이 남아 있다 해도 인쇄상태가 좋지 않거나 사진 설명이 부족해 과학적 해석이 어렵다. 이에 비해 영문판의 경우 한글판에서 생략된 사진이 컬러 형태로 모두 수록돼 있으며, 그 설명이 비교적 명확히 제시돼 있다. 5편의 논문에는 방대한 분량의 시각자료가 수록돼 있다. 그 수는 <제1 논문> 9개, <제2 논문> 44개(사진 및 그림 38개, 표 6개), <제3 논문> 81개(사진 53개, 그림 18개, 표 10개), <제4 논문> 49개(사진 34개, 그림 5개, 표 10개), <제5 논문> 12개(사진 8개, 표 4개) 등이다.

한편 「로동신문」은 김봉한 연구진의 논문발표 시기를 전후해 기사화된 내용을 중심으로 살펴본다. 「로동신문」은 논문 5편에서 제시되지 않은 연구의 실제 상황이나 난관을 극복한 과학적 계기 등에 대해 부분적으로나마 유용한 정보를 제공한다. 더욱이 「로동신문」에서는 논문 5편에서는 수록되지 않은 유용한 시각자료가 제시된 경우가 있어 봉한학설을 좀 더 명확히 이해하는 데 도움을 준다.

5편의 논문은 크게 두 가지 대주제로 나눠 고찰한다. 첫 번째 대주제는 새로운 순환체계에 대한 해부학적 구조의 발견 내용이다. 이는 5편의 논문 가운데 1-3편에 집중돼 있다. 두 번째 대주제는 새로운 순환체계 안에 존재하는 생체물질의 기능에 대한 발견 내용이다.

이는 주로 4-5편에 중점적으로 설명돼 있지만, 그 내용의 연원은 1-3편에서 부분적으로 도출되고 있다.

또한 이들 대주제에서 세부적인 핵심 소주제를 선정해 논문별로 내용이 어떻게 변화하는지 살펴본다. 이를 위해 각 소주제별로 새로운 발견의 과학적 계기와 연구진이 확증하는 데 동원한 방법론을 검토한다. 이 과정을 거치면서 연구진이 확실한 근거를 갖추고 제시한 주장, 미약한 근거를 통해 제시한 주장, 그리고 자체적으로 상충하는 주장 등을 종합적으로 정리한다.

III 장에서는 1960년대 봉한학설에 대한 북한과 외국의 반응을 살펴본다. 먼저 북한이 김봉한 연구진의 성과를 얼마나 적극적으로 해외 과학계에 소개했으며, 이에 대해 중국과 일본의 과학계를 중심으로 재현 연구가 어떻게 시도됐고 그 성과는 무엇이었는지에 대해 검토한다. 이어 소련의 경우 처음에는 상당한 관심을 보였지만 정치적 이념의 영향으로 봉한학설이 가짜라고 판단하게 된 경위를 추적해 본다.

II 장에서 서술한 봉한학설의 핵심 내용은 현대 연구진의 재현 실험에 대한 평가에서 중요한 기준으로 작용한다. 여기서 가장 중요한 문제는 봉한학설이 제시하고 있는 새로운 순환계의 해부학적 구조가 과연 존재하는가에 대한 것이다. 그동안 재현 연구를 수행하고 있는 현대 과학자들이 후속 연구자들을 위해 봉한학설의 핵심 내용과 현대 연구진의 성과를 (실험에 성공했다는 전제 아래에서) 개괄적으로 비교한 보고는 있었다(Soh, KS, 2009; Soh, KS et al, 2013; Kim, HG et al, 2015). 또한 김봉한 연구진의 5편 논문 내용 전체를 현대 과학기술의 관점에서 긍정적으로 평가하는 시도도 있었다

(Vodyanoy, V et al, 2015). 이와 달리 IV 장에서는 크게 두 가지 범주에서 평가를 진행한다. 첫째, 현대 연구진이 발견했다는 구조물이 봉한학설의 구조물과 얼마나 일치하는가를 점검한다. 둘째, 현대 연구진 내에서의 비교, 즉 새로 발견했다는 구조물들을 비교해 서로 얼마나 일치하는 성과를 도출했는지를 검토한다. 이 과정을 통해 현대 연구진의 성과 가운데 봉한학설의 구조물과 일치하는 범위가 어느 정도인지를 살펴본다. 검토 대상은 림프관, 혈관, 장기표면, 신경계 등에서 발견됐다고 보고된 현대 연구진의 대표적인 논문 60여 편이다. 이어 김봉한 연구진과 현대 연구진의 실험순서와 장비에서 어떤 차이가 있는지 별도로 정리해 검토한다. 또한 현대 연구진의 논문출판 경향과 함께, 봉한학설에 대해 국내 한의학계가 실제로 어떤 반응을 보이며 연구에 임했는지에 대해 소개한다. 봉한학설 전반과 현대의 성과를 좀 더 명확히 이해하기 위해 이 책에서는 일부 현대 연구진과의 인터뷰도 진행했다.

마지막으로 V 장에서는 봉한학설과 현대 연구진의 성과를 비교한 결과를 토대로 봉한학설의 진위와 현대 연구진에게 남겨진 과제를 종합적으로 정리한다. 100여 편에 달하는 현대 연구진의 논문은 봉한 구조물이 생체 전반에 실재한다는 기본적인 전제를 아직은 완벽하게 규명하지 못한 채 작성돼 온 것 같다고 판단된다. 즉 재현 연구에서 봉한 구조물은 생체의 일부 부위별로만 보고돼 왔고, 부위별 연구에서도 봉한학설의 기본 조건을 완전히 충족시키지 못한 채 새로운 결과가 발표돼 왔으며, 이런 상황에서 기능에 대한 탐색이 함께 진행됐다.

그 결과 현대 연구진이 새로운 순환계로 추정되는 해부학적 조직에서 흥미롭게도 줄기세포나 면역세포를 발견했다 해도, 그 발견물이 과연 새로운 해부학적 조직에서 나온 것인지 아니면 기존 조직의 세포를 혼동한 것인지가 완벽하게 학계에서 수용되지 못한 한계가 남아 있는 것 같다. 그렇다면 봉한학설이 틀리지는 않았지만, 과연 어디까지 맞는 것인지에 대한 평가는 현재진행형일 수밖에 없는 상황인 듯하다.

그렇다 해도 최근까지 과학계에 보고돼온 현대 연구진의 성과가 학문적으로 여전히 중대한 의미를 지니고 있다는 사실은 변하지 않는다. 이제 관심의 초점은 봉한학설 자체의 진위나 봉한학설과의 일치 여부에 대한 평가에 머물지 않고, 현대 연구진이 이룬 고유의 흥미로운 성과를 어떻게 발전시켜 나갈 것인지에 맞춰질 필요가 있다. 1960년대 봉한학설과 2000년대 이에 대한 재현 연구는 모두 역사의 뒤안길로 사라지기에는 적지 않은 과학적 주장과 근거를 제시하고 있기 때문이다. 본격적인 탐구의 흐름이 다시 한번 만들어져야 한다고 생각한다.

필자는 2000년대 초반 서울대 물리학과에서 재현 연구가 시작된다는 소식을 접하면서 봉한학설에 대해 관심을 두기 시작했다. 당시 동아사이언스에 근무하며 동아일보의 과학담당 기자로 활동하면서 봉한학설을 처음 접했고 신문기사도 몇 차례 작성했다. 이후 개인적인 관심이 이어져 재현 연구의 진행 상황을 꾸준히 확인해 나갔다. 2008년 펴낸 『물리학자와 함께 떠나는 몸속 기氣 여행』(동아일보사)은 그 첫 번째 결과물이었다. 당시는 재현 연구가 한창 진행되던 상황이었고, 연구성과에 대한 학술적 소개보다 흥미로운 주제에 대한 대중적 공감대를 형성하고 싶었던 것이 집필 동기였다. 이와 달리 이번 책은 현대 연구진의 과학적 성과를 나름대로 객관적으로 종합 정리하는 데 의미를 부여했다. 다행히 2017년 한국연구재단의 인문저술지원사업에 선정되면서 본격적인 작업에 착수할 수 있었다.

집필은 상당히 어려웠다. 봉한학설 자체는 물론 현대 연구진의 성과를 제대로 이해하기 위해서는 오랜 시간과 방대한 과학지식이 필요했다. 연구와 초고 집필에 2년이 걸렸고, 심사결과에 맞춰 보완하는 데 또 반년이 소요됐다. 나름대로 최선을 다해 정리하려 했지만 한계에 부딪히며 아득해지는 느낌이 종종 밀려들었다. 최종 정리 단계에서는 독자가 조금이나마 편하게 책의 전체 흐름을 이해하는 데 도움이 되지 않을까 싶어 <보론 1>을 책 말미에 추가했다. 필자가 연구기획위원으로 참여하는 한살림 모심과 살림연구소의 정기간행물 『모심과 살림』 2014년 겨울호에 기고했던 글을 약간 다듬었다. 봉한학설이 매우 낯설게 느껴지는 독자라면 <보론 1>을 통해 개략적인 전체 윤곽을 빨리 파악할 수 있으리라 기대한다. <보론 2>의 내용은 초고에서 서론 부분에 포함돼 있었지만, 글의 흐름을 딱딱하게 만드는 것 같아 말미에 배치했다. 현대 과학기술의 화려한 성과에도 불구하고 인체의 거시적 구조물이 획기적으로 새롭게 규명될 가능성이 여전히 존재한다는 점을 알려주는 최근의 연구결과들이다.

당연히 미처 풀어내지 못했거나 서툴게 설명한 부분이 아직 남아 있을 텐데, 이는 전적으로 필자의 능력 부족 탓이다. 다만 주류 과학계의 무관심 속에서도 놀라운 열정과 끈기로 꿋꿋하게 실험을 수행해온 현대 연구진의 문제의식과 성과를 세상에 조금이라도 알릴 수 있는 계기가 되기를 바라고 있을 뿐이다.

책의 집필에 많은 도움을 준 여러분에게 이 자리를 빌려 깊은 감사의 마음을 드린다. 김봉한 연구진의 국문판과 영문판 논문들을 어렵사리 구해주고, 봉한학설과 재현 연구에 대해 만날 때마다 떠들어도 싫은 내색 없이 진지하게 들으며 응원해준 선배, 친구, 후배가 있었기에 힘든 순간들을 버틸 수 있었다. 특히 현대 연구진의 출발점이자 상징인 소광섭 서울대 명예교수님, 봉한학설의 재현성을 높이기 위해 고군분투하면서도 틈틈이 필자에 대한 '개인 교습'을 마다하지 않은 이병천 박사님, 재현 연구 후반부에 물심양면으로 전력을 아끼지 않은 한국원자력연구원의 이기복 박사님에 대한 고마움이 크게 떠오른다. 집필의 기회를 열어준 한국연구재단, 거친 초고에 대해 값진 의견을 개진해준 익명의 심사위원님들, 출판을 기꺼이 맡아준 이담북스에도 감사드린다. 언제나 같은 자리에서 필자를 든든히 지원하는 아내 박인경과 어느새 늠름한 청소년으로 자란 멋진 누리에게 무한한 사랑의 마음을 전한다.

❖ 참고문헌

(봉한학설 논문-한글판과 영문판 병기)

김봉한, 「경락 실태에 대한 연구」, 『조선 의학』, 제9권, 제1호, 5-13쪽, 1962.

Bong Han Kim, *Great Discovery in Biology and Medicine-Substance of Kyungrak*, Foreign Languages Publishing House, Pyongyang, DPRK, 1962.

경락연구소, 「경락 계통에 관하여」, 『과학원통보』, 제11-12권, 제6호, 6-35쪽, 1963.

The Kyungrak Research Institute(1964), *On the Kyungrak System*, Pyongyang, DPRK.

경락연구원, 「경락체계」, 『과학원통보』, 제2호, 1-38쪽, 1965a.

The Academy of Kyungrak, "Kyungrak System", *Proceedings of the Academy of Kyungrak of the DPRK*, Medical Science Press, Pyongyang, DPRK, 2, pp. 9-67, 1965a.

경락연구원, 「산알 학설」, 『과학원통보』, 제2호, 39-62쪽, 1965b.

The Academy of Kyungrak, "Theory of Sanal", *Proceedings of the Academy of Kyungrak of the DPRK*, Medical Science Press, Pyongyang, DPRK, 2, pp. 69-104, 1965b.

경락연구원, 「혈구의 ≪봉한 산알-세포환≫」, 『조선 의학』, 제12호, 1-6쪽, 1965c.

(국문 자료)

김근배, 「과학과 이데올로기의 사이에서: 북한 '봉한학설'의 부침」, 『한국과학사학회지』, 제21권, 제2호, 한국과학사학회, 194-220쪽, 1999.

김연화, 『봉한관에서 프리모 관으로-과학적 연구대상의 동역학』, 서울대학교 대학원 과학사 및 과학철학 협동과정 석사학위 논문, 2015.

김종영, 「한의학의 성배 찾기」, 『사회와 역사』, 통권 제101집, 353-404쪽, 2014.

박미용, 『봉한학설의 전개과정과 북한의 정치·사회·과학적 상황』, 서울대학교 대학원 교육학 석사학위 논문, 2006.

이상훈, 『장기표면 봉한체계의 감별 특성에 관한 연구』, 원광대학교 대학원 한의학과 박사학위 논문, 2010.

(영문자료)

Graham, L, *Lysenko's Ghost: Epigenetics and Russia*, Harvard Uni. Pr, 2016.

Hwang, SH, SJ Lee, SH Park, BR Chitteti, EF Srour, S Cooper, GH, HE Broxmeyer, BS Kwon, "Nonmarrow Hematopoiesis Occurs in a Hyaluronic-Acid-Rich Node and Duct System in Mice", *Stem Cells and Development*, DOI: 10.1089/scd.2014.0075, 2014.

Islam, MA et al, "Tumor-associated primo vascular system is derived from xenograft, not host", *Experimental and Molecular Pathology*, 94(1), pp. 84-90, 2013.

Kim, HG, "Formative Research on the Primo Vascular System and Acceptance by the Korean Scientific Community: The Gap Between Creative Basic Science and Practical Convergence Technology", *Journal of Acupuncture and Meridian Studies*, 6(6), pp. 319-330, 2013a.

Kim, HG, "Unscientific Judgment on the Bong-Han Theory by an Academic Authority in the USSR", *Journal of Acupuncture and Meridian Studies*, 6(6), pp. 283-284, 2013b.

Kim, HG, BC Lee, KB Lee, "Essential Experimental Methods for Identifying Bonghan Systems as a Basis for Korean Medicine: Focusing on Visual

Materials from Original Papers and Modern Outcomes", *Evidence-Based Complementary and Alternative Medicine*, Article ID 682735, 2015.

Kwon, BS, CM Ha, SS Yu, BC Lee, JY Ro, SH Hwang, "Microscopic nodes and ducts inside lymphatics and on the surface of internal organs are rich in granulocytes and secretory granules", *Cytokine*, 60, pp. 587-592, 2012.

Lee, SJ, SH Park, YI Kim, SH Hwang, PM Kwon, IS. Han, BS Kwon, "Adult Stem Cells from the Hyaluronic Acid-Rich Node and Duct System Differentiate into Neuronal Cells and Repair Brain Injury", *Stem Cells and Development*, DOI: 10.1089/scd.2014.0142, 2014.

Soh, KS, "Bonghan Circulatory System as an Extension of Acupuncture Meridians", *Journal of Acupuncture and Meridian Studies*, 2(2), pp. 93-106, 2009.

Soh, KS, KA Kang, YH Ryu, "50 Years of Bong-Han Theory and 10 Years of Primo Vascular System", *Evidence-Based Complementary and Alternative Medicine*, Article ID 587827, 2013.

Vodyanoy, V, O Pustovyy, L Globa, I Sorokulova, "Primo-Vascular System as Presented by Bong Han Kim", *Evidence-Based Complementary and Alternative Medicine*, Article 361974, 2015.

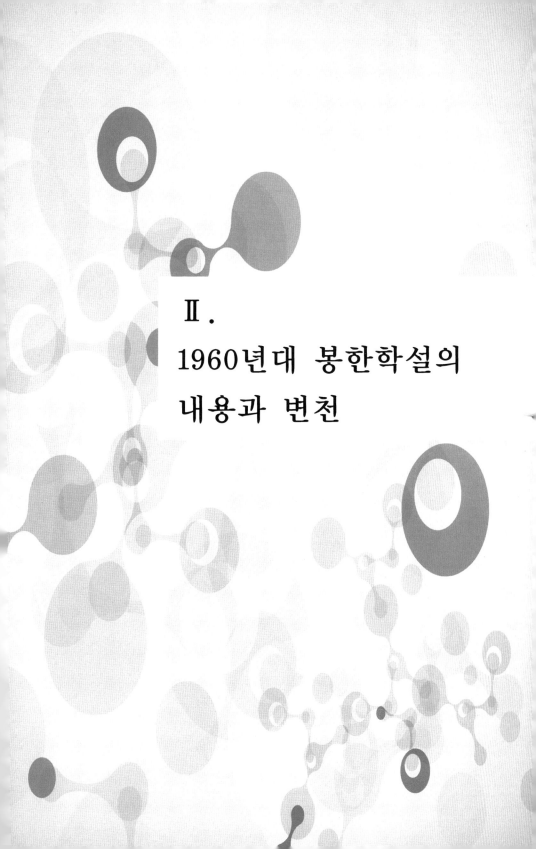

Ⅱ.
1960년대 봉한학설의
내용과 변천

1. 봉한체계의 기본 구조

(1) 새로운 생체 구조물의 해부학적 특성

(가) 표층 생체물질의 형태와 성분

김봉한 연구진이 생체 전반에서 발견했다고 주장한 새로운 물질의 기본 구조는 단순하다. 봉오리, 그리고 봉오리에 연결된 관이다. 연구진은 이 봉오리를 김봉한의 이름을 따 봉한소체(Bonghan corpuscle)[1], 그리고 관을 봉한관(Bonghan duct)이라고 불렀다.

연구진이 이들 구조물을 처음 발견한 장소는 피부 아래였다. 그 발견 내용은 <제1 논문>에 수록돼 있다.[2] 연구진은 <제2 논문>에서부터 이들 구조물을 각각 표층(superficial) 봉한소체와 봉한관이라고 명명했으므로, 이 글에서도 동일하게 지칭한다.

<제1 논문>의 한글판은 전체 분량이 7쪽이다. 획기적인 성과를

---

[1] II 장에서 봉한학설에 해당하는 생체물질의 세부 명칭에 대한 영어표현은 모두 김봉한 연구진의 영문판에서 가져왔다.

[2] <제1 논문>은 1962년에 학술지에 게재됐지만, 실제 발표는 1961년 8월 18일 평양 의학대학 학술보고회에서 이뤄졌다. <제1 논문>의 저자는 '평양 의학대학 생리학 강좌장, 부교수 김봉한'으로 기록돼 있지만, 서론에서는 "평양 의학대학 생리학 강좌 및 동 대학 의학연구소 경락 연구실 성원들의 집체적 력량에 의하여 진행"됐다면서 연구집단의 존재를 알리고 있다.

발표한 논문으로는 양이 다소 적어 보인다. 그나마 표층 봉한소체와 봉한관의 해부학적 특성에 대한 설명은 텍스트 1쪽과 현미경 사진 4장을 소개한 2쪽 등 총 3쪽 정도에 할애돼 있다. 이후 논문들에서 그 설명 분량은 점점 늘어난다.

먼저 표층 봉한소체에 대한 설명을 살펴보자. <제1 논문>에서 표층 봉한소체의 형태는 "주위 조직과 명확한 구별을 보여주는 정도가 연한 작은 란원형의 구조물"이라고 서술돼 있으며, 봉한관이 같이 등장하는 현미경 사진이 제시돼 있다(<사진 1> 참조). <제2 논문>에서는 이보다 훨씬 상세한 사진과 그림이 등장한다(<사진 2>, <그림 1> 참조). 이에 대한 설명은 <제3 논문>에 포괄적으로 종합돼 있다.

<제3 논문>에 따르면, 표층 봉한소체는 피부 표피(epidermis) 아래의 진피(corium) 부위에 주로 존재하며, 그 밑부분에는 봉한관 2-3개가 연결돼 있다. 대체로 표층 봉한소체의 크기는 0.5-1.0 ㎜(밀리미터, 1 ㎜는 10^{-3} m)이지만, 전체적으로는 0.1-3.0 ㎜ 정도이다. 그런데 각 표층 봉한소체는 형태, 개수, 각도에서 다양하다. 표층 봉한소체는 주로 계란형이지만, 때로는 방추형을 비롯해 여러 가지 형태를 보인다. 제각각의 모습에 따라 기능이 다를 수 있음을 암시하는 대목이다. 또한 보통은 한 지점에 봉한소체 하나가 존재하지만, 극히 드물게 2-3개의 봉한소체가 함께 있기도 한다. 그리고 표층 봉한소체는 대체로 피부 표면에 수직 방향으로 놓여 있지만, 수평으로 놓인 경우도 있다.

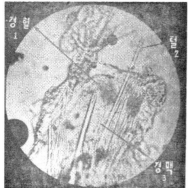

Fig. 7: Forms of Kyungmaik (Slightly magnified)
Fig. 8: Forms of Kyungmaik (Magnified)

Fig. 5: Kyunghyul and Kyungmaik connected with Kyunghyul
1. Kyunghyul 2. Hair 3. Kyungmaik
Fig. 6: Kyungmaik

<사진 1> 표층 봉한소체와 봉한관의 모습

〈제1 논문〉에서 처음 선보인 표층 봉한소체(경혈)와 봉한관(경맥)의 현미경 사진들. 왼쪽 사진의 한글판 제목은
"경혈 및 그와 련결된 경맥"이라 돼 있다. 오른쪽 사진은 피부 단면에서 여러 작은 관들이 모여 있는 경맥(위)
과 이를 확대한 모습(아래)이다. 이들 사진 모두에서 크기를 알 수 있는 척도 표시는 제시돼 있지 않다. 이 책
에서 본 사진들을 비롯한 봉한학설 관련 사진들은 모두 영문판에서 가져왔다(Bong Han Kim, 1962, pp.
18-19).

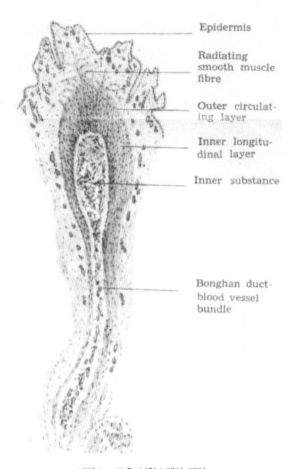

Epidermis

Radiating
smooth muscle
fibre

Outer circulat-
ing layer

Inner longitu-
dinal layer

Inner substance

Bonghan duct-
blood vessel
bundle

<사진 2> 표층 봉한소체의 단면

〈제2 논문〉에서 소개된 표층 봉한소체의 단면 사진이다. 겉질은 외륜주층(outer circulating layer)과 내종주층(inner longitudinal layer)으로 구분되고, 속질(inner substance)에는 다양한 종류의 세포와 과립이 존재한다. 겉질 위쪽으로는 일부 섬유(radiating smooth muscle fibre)가 뻗어 나와 표피(epidermis)까지 다다르고 있으며, 속질 아래쪽으로는 혈관들이 분포하고 있다. 배율 16 X 6.3(The Kyungrak Research Institute, 1964, Fig. 3).

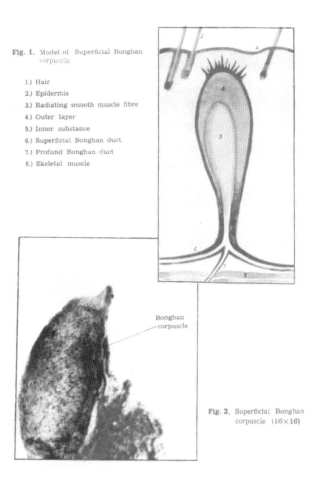

Fig. 1. Model of Superficial Bonghan
corpuscle

1.) Hair
2.) Epidermis
3.) Radiating smooth muscle fibre
4.) Outer layer
5.) Inner substance
6.) Superficial Bonghan duct
7.) Profund Bonghan duct
8.) Skeletal muscle

Bonghan
corpuscle

Fig. 2. Superficial Bonghan
corpuscle (16×16)

<그림 1> 표층 봉한소체의 모습

〈제2 논문〉에서 표층 봉한소체의 외형을 나타낸 그림(오른쪽)과 사진(왼쪽). 그림에서 봉한소체와 연결
된 봉한관은 피부 옆의 다른 봉한소체로 향하는 표층 봉한관(superficial Bonghan duct)과 피부 아래
의 봉한소체로 향하는 심층 봉한관(profound Bonghan duct)으로 구분돼 있다(The Kyungrak
Research Institute, 1964, Fig. 1, 2).

이제 그 조직학적 구조를 살펴보자. 표층 봉한소체는 형태상 크게 두 가지 부위로 구성된다. 겉질과 속질이다. 먼저 연구진은 겉질에서 근육 성분을 발견했다고 보고했다. 수축이나 이완 형태의 운동이 일어날 조건이 존재하는 것이다.

<제3 논문>에 따르면, 겉질에는 "활평근양 세포"가 풍부하다. <제2 논문>에서는 "활평근 섬유층"이라고 표현된 부분이다. 여기서 활평근이란 근육조직의 한 가지인 평활근 조직(smooth muscle tissue)을 의미한다. 일반적으로 근육조직은 골격근 조직(skeletal muscle tissue), 심장근 조직(cardiac muscle tissue), 그리고 평활근조직으로 구분된다. 골격근조직은 생체 내 뼈대를 유지하거나 움직이게 하는 조직이다. 생명체의 의지대로, 즉 대뇌의 명령을 받아 움직일 수 있다는 의미에서 수의근이라 불린다. 각 세포는 길고 원통형이며, 전체적으로 줄무늬(횡문)가 나 있다. 심장근조직은 심장에서만 관찰되는 독특한 조직이다. 세포는 비교적 짧으며, 역시 줄무늬가 있다. 생명체의 의지로 활동을 조절할 수 없기 때문에 불수의근이라 불린다. 이들에 비해 평활근조직은 호흡, 소화, 순환 등 생명체의 의지와 무관하게 자율신경계의 영향을 받아 활동하므로 심장근조직처럼 불수의근이다. 세포는 비교적 짧고 방추형이며, 다른 근육조직과 달리 줄무늬가 없다.

논문에서 "활평근양(smooth muscle-like)"이란 말은 '평활근과 같은', 즉 정확히 평활근과 모습이 일치하지 않지만 비슷하다는 것을 의미한다. 무엇이 차이점일까. 핵의 모습이다. 일반적인 평활근 세포의 핵은 길쭉한 타원형이다. 이에 비해 겉질의 활평근양 세포의 핵은 전자현미경으로 관찰한 결과 좀 더 구에 가깝게 동그랗다고 한다. 이 외에도 핵막의 두께와 모습, 핵 내 염색질의 밀도 등에서 차

이가 난다고 설명됐다. 즉 연구진은 표층 봉한소체 겉질의 근육조직이 기존의 평활근처럼 생명체의 의지와 무관하게 스스로 수축과 이완을 일으키는, 그런데도 기존의 평활근과 다른 유형인 것으로 파악했다. 겉질 근육층의 역할은 <제2 논문>의 결론 부위에서 "분비물을 봉한관으로 내보내는 데 의의가 있다고 생각된다"라고 서술돼 있다.

겉질의 활평근양 세포는 다시 두 개 층으로 구분된다. 바깥쪽에는 둥글게 둘러싸는 모습의 "외륜주층(outer circulating layer)", 안쪽에는 봉한소체의 긴 축과 나란히 배치된 "내종주층(inner longitudinal layer)"이 있다. 그렇다면 겉질의 운동은 단순하지 않은 모습으로 진행될 듯하다. 그래서일까. 연구진은 <제2 논문>에서 표층 봉한소체에 자극이 가해지면 독특한 형태의 운동이 발생한다고 밝혔다. 가령 침을 피부 표면에서 표층 봉한소체의 중심부로 찔러 넣으면 침이 "섬세하게 떨면서 천천히 원추 운동을 하며 때로는 피부 표면과 수직 방향으로 운동하는 독특한 현상을 관찰"했다고 한다.[3] 연구진은 이 현상에 발견자의 이름을 따서 "김세욱 현상"이라고 명명했다.[4]

한편 속질(inner substance)에서 나타나는 주요 구조물의 하나는 "여포양 구조물(follicular structures)"이다(<사진 3> 참조). 속질의 중앙 아래 부위에 1-3개 분포한다. 여포는 '속이 비어 있는 주머니'라

---

3) 「로동신문」 1963년 12월 14일 자에 따르면, 이 현상은 "침구학 고전에서 말하는 <득기>를 잘 설명하여 준다"라고 한다. 즉 "득기란 것은 침을 제 자리에 옳게 놓았을 때 침에서 느껴지는 감각을 말하는데 옛사람들은 이것을 <기>가 온다고 하였다"라고 하면서, 기가 올 때는 마치 물고기가 낚싯대를 물었을 때처럼 침을 잡아 당겼다 놓았다 하는 느낌이라고 설명했다.

4) 5편의 논문의 본문에서 연구자 이름은 <제2 논문>에서 김세욱과 박정식 두 명이 거명된 것이 전부이다. 한편에서는 김세욱이 김봉한과 함께 북한으로 간 경성제국대학 의학부 후배라는 설명이 있으나, 박미용(2006, 52쪽)은 「로동신문」의 기사들을 통해 김세욱은 신의주 의학전문학교 출신으로 평양 의학대학 2학년생이었을 때 경락연구를 시작했다고 밝혔다. 실제로 김세욱은 「로동신문」 1961년 12월 5일 자와 1963년 12월 2일 자에서 각각 <제1 논문>과 <제2 논문>의 연구자로 사진과 함께 등장한다.

는 뜻인데, 「로동신문」 1963년 12월 14일 자에는 이것이 내분비 구조물일 가능성을 제시했다. 즉 "원래 려포 모양의 구조물은 세포들이 일정한 물질을 만들어서 내보내는 분비 활동을 하는 곳에서 볼 수 있"으며, 예를 들어 내분비 기관인 갑상선에서 전형적인 여포를 볼 수 있다고 설명했다. 여포양 구조물의 벽은 1-2층의 편평한 또는 입방형의 상피세포로 구성됐다. 안에는 장액성 물질이 균질하게 분포하며, 아주 미세한 호염기성 과립이 있다고 설명됐다. 또한 여포양 구조물의 주위에 활평근양 세포가 모여 있다고 한다. 하지만 논문에서는 이 구조물의 의미에 대해서는 언급이 없다.

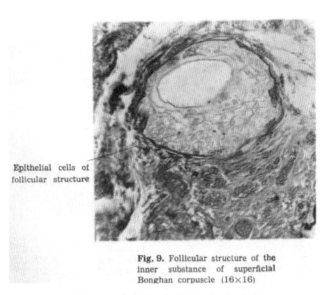

Epithelial cells of
follicular structure

Fig. 9. Follicular structure of the inner substance of superficial Bonghan corpuscle (16×16)

<사진 3> 표층 봉한소체 내부의 여포양 구조물

〈제2 논문〉에서 표층 봉한소체 속질에서 발견된 여포양 구조물(folluclar structure)을 보여주는 사진이다. 이 구조물은 심층 봉한소체의 속질에서는 발견되지 않는다(The Kyungrak Research Institute, 1964, Fig. 9).

또 하나의 주요 구조물은 "봉한소체동(sinus of the Bonghan corpuscle)"
이다. 소체동은 "봉한소관들(Bonghan ductles)", 즉 봉한관 내부의 작은
관들이 확장된 모습을 띠고 있다. 봉한소체동 내부를 비롯해 속질 전반에
존재하는 성분에 대해서는 뒤에서 다루기로 하고, 여기서는 봉한소관의
모습을 살펴보도록 하자.

<제1 논문>에서 봉한관은 가느다란 "관상 구조물들의 묶음"이라
고 표현돼 있다. 즉 하나의 관 안에 다시 여러 개의 소관들이 다발로
존재한다는 것이다. 하나의 봉한관 안에 다시 여러 개의 소관이 있
어야 할 필요는 무엇일까. 여러 개의 관이라면 하나인 경우에 비해
여러 종류의 내용물을 운반할 수 있을 것이다. 내용물의 이동 방향
이나 속도가 소관마다 제각각일 수도 있다. 그러나 논문에서는 이에
대한 설명은 제시되지 않았다. 한편 표층 봉한관의 경우 소관의 크
기는 <제1 논문>에서만 언급돼 있는데, 그 지름이 20-50 ㎛(마이크
로미터, 1 ㎛는 10^{-6} m) 정도라고 한다.

봉한소관의 형태에 대한 상세한 그림과 설명은 <제3 논문>에 종
합적으로 등장한다. 여기서는 봉한관의 위치가 표층이냐 아니냐와
무관하게 봉한소관 형태의 공통적인 특징만 소개한다.

첫째, 봉한관은 세 가지 종류의 조직층으로 둘러싸여 있다(<그림 2>
참조). 봉한소관 안쪽 벽에 해당하는 내피세포층(endothelial cells), 그
바로 바깥의 외막(outer membrane), 그리고 봉한소관들 전체를 둘러
싸는 주위막(periductium)이 그것이다.

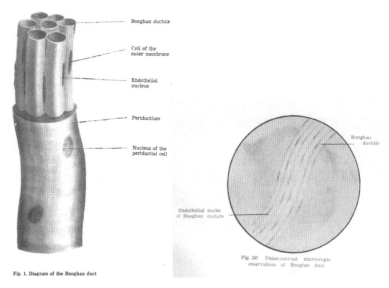

Fig. 1. Diagram of the Bonghan duct

Fig. 20 Phase-contrast microscopic observations of Bonghan duct

<그림 2> 봉한관의 일반 구조와 내피세포 핵

〈제3 논문〉에서 봉한관의 일반 형태를 나타낸 그림(왼쪽)과 〈제2 논문〉에서 봉한관을 위상차 현미경으로 촬영한 사진(오른쪽)이다. 그림에 따르면, 하나의 봉한관 안에 여러 개의 봉한소관(Bonghan ductle)이 존재한다. 봉한소관 안쪽의 내피세포 핵(endothelial nucleus)은 막대 모양이며, 외막 세포(cell of outer membrane)의 핵은 폭이 넓거나 좁은 타원형이다. 이들에 비해 주위 막 세포의 핵(nucleus of the periductal cell)은 원형이나 타원형이다(The Academy of Kyungrak, 1965a, Fig. 1). 사진에서는 내피세포 핵의 모습이 뚜렷이 드러난 것을 알 수 있다(The Kyungrak Research Institute, 1964, Fig. 20).

내피세포층의 중요한 특징은 그 핵의 독특한 모습에 있다. 간상, 즉 막대 모양(rod-shaped)이다. 그런데 그냥 막대 모양이 아니고 "양 끝이 예리하고 긴" 형태이다. <제2 논문>에서는 그저 "긴 간상의 폭이 좁은 핵"이라고만 언급돼 있었다. 핵의 길이는 15-20 µm이다.

이에 비해 외막의 세포에서 핵은 타원형이다. 그리고 세포의 모습이 방추형이다. 연구진은 이 세포의 모습을 통해 외막이 봉한관의 수축을 야기하는 요소라고 추정했다. 무엇보다 방추형은 평활근 세포의 일반적인 모습이다. 그런데 "활평근 세포와 유사한 감을 준다"

라고 밝혔다. 일반적인 평활근 세포와 비슷한 외형인데, 뭔가 차이가 있다는 뜻이다. 첫째, 일반적인 평활근과 달리 줄무늬가 관찰됐다. 핵의 모습은 일반적인 평활근과 유사하다. 즉 표층 봉한소체의 겉질에서 발견된 "활평근양 세포"의 핵과는 달리, 봉한관 외막의 핵은 일반 평활근 세포의 핵처럼 타원형이다. 차이점은 줄무늬에 있다. 일반적으로 평활근조직은 골격근조직이나 심장근조직과는 달리 줄무늬가 없다. 그런데 봉한소관의 외막에서는 "특유한 횡문을 나타내기도 한다"라고 표현돼 있다(<제2 논문>에서도 "골격근의 횡문과는 다른 특유한 횡문 구조"라고 언급돼 있다). 외막에는 섬유들이 가로와 세로 방향으로 교차하는데, 가로 방향의 섬유가 이 줄무늬를 만든 것이라고 한다. 둘째, 외막 세포의 형태는 두 가지가 있다. 즉 핵과 세포질의 폭이 좁고 긴 형태, 그리고 폭이 넓고 짧은 형태가 있다는 것이다. 연구진은 외막의 세포가 수축 요소로 작용하기 때문에 이 같은 두 가지 형태가 나타나는 것으로 설명했다. 핵의 길이는 13-27 X 4-5 ㎛이다.

마지막으로 주위막의 세포는 원형이나 타원형의 핵을 가진다. 핵의 크기는 6-12 ㎛ 정도이며, 세포의 수는 드물다.

그렇다면 봉한관과 봉한소체는 어떻게 연결돼 있을까. 보통은 봉한관의 소관들이 봉한소체 안쪽으로 들어가 새로운 모습을 형성한다. 표층 봉한소체의 경우 속질로 들어온 소관들이 겉질까지 그물처럼 뻗어 있다고 한다. <제3 논문>에 따르면, 어떤 "색소를 겉질의 한 곳에 넣으면 이 소관망을 따라 흘러가는 것을 보게" 되는데, 소관들은 "그물 모양으로 혹은 몹시 구부러진" 형태를 가진다. 또한 소체를 가로나 세로로 잘라 보면 비스듬한 소관들의 모습이 관찰된다.

이 소관들은 속질에서 확장돼 나타나는데, 연구진이 표층 봉한소체 동이라 부른 것이 바로 이것이다.

특이하게도 표층 봉한소체동의 일부는 "소체 윗부분을 뚫고 나가서 가지를 내기도" 한다. 봉한소체 윗부분에 방사선 형태로 피부까지 뻗어 있는 미세 구조물을 말하는데, 마치 피부에 주어지는 외부 자극을 받아들이는 통로 같은 모습이다. <제2 논문>에서는 이 구조물을 겉질의 일부가 뻗어 나간 것으로 표현됐으며, 그 실체는 "활평근 섬유"라고 나와 있다. 다만 논문들에서는 그 역할에 대한 언급은 없다.

봉한소관 외에도 속질에서 겉질까지 연결돼 있는 또 다른 구조물들이 있다. 섬유성 결합조직이다. 첫째, "호은성 섬유"가 있다. 은(silver)이 녹아있는 액체에 잘 물든다고 해서 이름이 붙었다. 보통 호은성 섬유는 콜라겐 섬유와 구조가 거의 유사하며, 생체에서 비장이나 골수, 림프결절 등에서 많이 분포돼 있다고 알려져 있다. 그런데 이 호은성 섬유가 표층 봉한소체에서 겉질과 속질 모두에 많이 분포하고 있다는 것이다. 특히 겉질의 봉한소관망 벽과 속질의 봉한소체동 벽에 호은성 섬유가 풍부하다. 봉한관에서도 호은성 섬유가 관찰되는데, 소관들 사이에서 비교적 굵은 호은성 섬유가 소관의 길이 방향으로 뻗어 있다고 한다. 하지만 호은성 섬유의 존재 의미는 논문에서 설명돼 있지 않다. 둘째, "탄력 섬유"가 풍부하다. 표층 봉한소체의 경우 겉질 안, 그리고 아래 끝 부위에서 혈관과 봉한관이 묶여 있는데, 그 묶음의 둘레를 싸고 있는 것이 탄력 섬유이다. 특히 봉한소체와 봉한관의 연결 부위에서는 탄력 섬유가 혈관이나 림프관 내부를 제외한 모든 봉한체계에서 관찰된다. 탄력 섬유의 존재는 봉한소체를 신축성 있게 지지하는 역할을 의미하는 듯하다.

(나) 표층 생체물질이 경혈과 경맥인 이유

김봉한 연구진이 <제1 논문>에서 처음 보고한 새로운 구조물의 위치는 피부 아래였다.[5] 연구진은 왜 피부 아래 부위를 탐색하기 시작했을까. 한의학에서 말하는 경락의 위치에서 물리적 실체를 찾으려 했기 때문이다.

연구진이 경락을 탐구했다는 점은 5편의 논문 제목에서 바로 드러난다(<표 1> 참조).[6] 1-3편 논문 제목의 핵심어는 경락이다. 다만 영문판이 영어권 독자를 염두에 두고 서술한 것일 텐데, 경락을 'meridian pathways' 같이 영어표현을 사용하지 않고 한글 발음 그대로 "Kyungrak"이라고 표기한 것이 다소 특이하다. 4-5편의 논문 제목에는 경락이 등장하지 않지만 소제목과 본문에서는 경락이란 말이 계속 등장하거나 경락을 염두에 두고 서술하고 있다는 점이 드러난다(<부록> 참조). 일반적인 생각으로 서양의학과 한의학은 전혀 어울려 보이지 않는다. 그런데 김봉한 연구진은 이 두 가지를 연결했다. 정확히 말하자면 경락의 실체를 찾다가 새로운 구조물을 발견하기에 이르렀다. 그리고 그는 새로운 구조물의 전체 체계가 바로 한의학에서 말하는 경락이라고 파악한 것이다(<박스 1> 참조).

---

5) 김근배(1999, 204쪽)는 1957년 『조선과학원 통보』에 게재된 김봉한의 논문이 「일시적 가온이 골격근의 흥분성에 미치는 영향에 대한 기전 분석」이며, 당시까지 김봉한은 서양의학의 생리학 분야에 몰두하고 있었다고 설명했다.

6) 한글판의 경우 각 논문은 동일한 또는 요약된 형태로 북한의 여러 학술지에 게재됐다. 한 논문을 여러 학술지에 기고하는 것이 당시 북한의 관례였는지, 아니면 내용이 너무 중요해서 예외적으로 그런 것인지는 확실치 않다. 이 가운데 1편에서 4편까지의 논문은 영어로 번역돼 있다. 또한 각 논문의 한글판 목차에 러시아어와 중국어 목차가 같이 게재돼 있어, 5편 모두 러시아어와 중국어로 번역된 것으로 보인다.

<표 1> 김봉한 연구진이 발표한 5편의 논문

논문종류	한글판 제목	게재 학술지 및 연도	저자	영문판 제목
제1 논문*	경락 실태에 관한 연구	『조선 의학』, 제9권, 제1호, 5-13쪽, 1962. 『과학원 통보』, 제3-4권?, ?-?쪽, 1962.	김봉한	Great Discovery in Biology and Medicine - Substance of Kyungrak
제2 논문	경락 계통에 관하여	『과학원 통보』, 제11-12권?, 제6호, 6-35쪽, 1963. 『조선 의학』, 제12호 (루계 90), 3-? 쪽, 1963. 『의학 과학원 학보』, 제5호, ?-?쪽, 1963.	경락연구소	On the Kyungrak System
제3 논문	경락 체계	『과학원 통보』, 제2호? (루계 73호), 1-38쪽, 1965. 『조선 의학』, 제6호 (루계 108), 5-3? 쪽, 1965.	경락연구원	Kyungrak System
제4 논문	산알 학설	『과학원 통보』, 제2호? (루계 73호), 39-62쪽, 1965. 『조선 의학』, 제6호 (루계 108), 32-? 쪽, 1965.	경락연구원	Theory of Sanal
제5 논문	혈구의 ≪봉한 산알-세포환≫	『조선 의학』, 제12호, 1-6쪽, 1965.	경락연구원	?

* 1961년 8월 18일 평양의학대학 학술보고서에서 발표

여기서 잠시 한의학에서 말하는 경락의 개념에 대해 짤막하게 소개하고 넘어간다. 경락은 경맥(經脈)과 낙맥(絡脈)을 합한 말이다. 경맥은 몸의 상하 방향, 낙맥은 좌우 방향으로 분포해 있다. 우리 몸에는 좌우 12개씩 모두 24개의 주요 경맥(또는 십이정경맥・十二正經脈)이 있어 몸 안의 각종 장기의 기능을 관할한다. 예를 들어 수태음폐경(手太陰肺經)은 폐를 시작지점으로 본다면 가슴에서 나와 팔 안쪽을 따라 엄지손가락 손톱 아래까지 이어진다. 십이정경맥의 기능과 연관된 또 하나의 경맥 체계가 있는데 이를 기경팔맥(奇經八脈)이라고 부른다. 한편 낙맥은 상하로 뻗쳐있는 경맥들을 좌우로

연결해준다. 일반적으로 한의학에서는 인체에서 경락을 통해 기(氣)가 순행하고 있으며, 기의 흐름이 막히거나 쌓이면 장기의 기능에 이상이 생긴다고 파악한다. 따라서 기의 순행을 올바로 잡으면 질병이 치료된다. 이를 위해 피부 부위에 침이나 뜸을 놓는데, 바로 이 부위가 경혈(經穴)이다. 경혈은 몸의 가장 바깥 부위에서 침이나 뜸의 자극을 받아들이는 통로이다. 김봉한 연구진이 참조한 허준의『동의보감』(1610)[7]에 따르면, 인체에서 경혈로 명명된 부위는 십이정경맥, 그리고 기경팔맥에 속하는 두 경맥인 임맥(任脈)과 독맥(督脈) 등 총 14개 경맥을 따라 분포한다(신동원 외 1999, 1010-1014쪽). 경혈은 십이정경맥에 360개, 임맥과 독맥에 각각 24개와 27개가 존재한다.

김봉한의 논문에서는 이보다는 좀 더 단순하게 경락이 경맥과 경혈로 구분돼 서술돼 있다. 즉 침 놓는 자리인 경혈, 경혈 사이의 연결 통로로서의 경맥만 등장한다. 김봉한 연구진은 <제1 논문>에서 경맥과 경혈의 위치에서 명확하게 물질적 실체를 발견했다고 주장했다.

7쪽 분량의 <제1 논문>에서 봉한소체(경혈)와 봉한관(경맥)의 해부학적 특성을 설명한 부분을 제외한 나머지 4쪽에는 경혈과 경맥의 '기능적' 특성에 대한 설명으로 채워져 있다. 연구진은 우선 경락의 기능적 특성이 존재한다는 점을 분명히 하고, 그 기능을 담당하는 해부학적 실체의 존재를 증명하는 방식으로 논의를 전개했다.

<제1 논문>에 따르면 이전까지 경락의 기능에 대한 과학적 탐구는 전기생리학적 특성을 규명하는 데 치중해 왔으며, 경락의 물질적

---

7)『동의보감』은 조선과 중국의 의서 230여 종을 검토해 체계적으로 정리한 저작으로, 당대는 물론 현대까지 국내외 한의학계에서 널리 읽히고 있다. 북한에서는 1961년-1963년 번역돼 출판됐다(신동원 외 1999, 1042-1044쪽).

실체가 없다는 결론을 내리고 있었다(김훈기, 2008, 82-84쪽).[8] 연구진의 얘기를 그대로 살펴보자.

경락의 실태에 대하여서는 세계의 많은 학자들이 연구하여 왔으나 아직 어느 나라 학자도 그 객관적 실체를 찾아내지 못했다. 많은 학자들은 경락의 객관적인 존재를 부정하고 경락 리론을 가상적인 것으로 보아 왔으며 동의학에서 경락으로 설명하고 있는 제반 현상들을 단지 신경 반사적 또는 신경 체액적 기전으로만 설명하려고 시도했다(김봉한, 1962, 8쪽).

연구진은 일단 선행연구자들처럼 경혈의 전기적 특성을 측정했다.[9] <제1 논문>의 서론에서 연구진은 1950년대 말 북한과 중국, 그리고 소련의 선행연구를 참조했음을 밝히고 있다.[10] 당시까지 북한에서 연구된 바로는 경혈 부위에서 전기저항이 비혈 부위에 비해 작게 나타난다. 그래서 이 사실을 이용해 북한에서는 피부에서 경혈을 탐지하는 기기를 개발해 사용했다고 한다. 또한 중국과 소련의 연구

---

8) 이 같은 견해는 당시나 현재나 주류 과학계에서 비슷하게 나타나는 것으로 보인다. 경락에 대한 과학적 접근은 침놓는 자리의 물리적 특성을 측정하는 일부터 시작됐다. 1950년대 독일, 소련, 일본, 중국, 북한 등에서 수행된 이 연구는 주로 경혈 부위의 전기저항이 주변부에 비해 낮다는 사실을 밝혀냈다. 침놓는 자리에서 전류가 잘 흐른다는 의미다. 최근에는 '침의 효과는 신경계가 작용한 결과'라는 견해가 과학계에서 널리 받아들여지고 있는 듯하다. 침술이 통증을 줄이고 마취 작용을 일으킨다는 임상의학계의 잇따른 보고를 생각하면 설득력이 큰 주장이다. 물론 이런 관점이라면 경락 고유의 해부학적 실체는 존재하지 않는 셈이다. 이 외에 '기능은 존재하되 기능을 일으키는 물리적 실체는 없다'라는 다소 신비주의적인 견해도 있다. 경락이 기가 흐르는 통로인 것은 사실이고 의학적 치료 효과가 뚜렷한 만큼 '뭔가 있다'라고는 인정한다. 다만 현대 서양 과학으로는 이를 온전히 분석해낼 수 없다는 입장이다.

9) <제1 논문> 영문판에 수록된 홍학근 의과학 아카데미 의장의 축사에 따르면, 김봉한은 1960년 12월 「경혈에서의 전기적 변화(Electric Changes in Kyunghul)」를 발표했다(Bong Han Kim, 1962, p.23). 즉 김봉한은 이미 경락의 전기적 특성에 대한 연구를 진행해오다가, 1962년에 발표된 <제1 논문>에서부터 전기적 특성을 뛰어넘는 새로운 연구결과를 밝히기 시작한 것으로 보인다.

10) 김봉한 연구진의 논문 5편 가운데 선행연구의 출처를 밝힌 것은 <제1 논문>이 유일하다. <제1 논문>의 말미에는 총 13편의 자료를 참고문헌으로 밝히고 있다.

에 따르면 경혈 부위의 전위가 비혈 부위에 비해 높게 나타난다.

연구진은 이 사실들을 확인하는 일에서 출발해 좀 더 깊이 있게 전기적 특성을 알아낸다. 여기서 새로운 발견 내용은 '변화'이다.

먼저 피부 표면의 경혈 부위에서 전기저항은 작게 나타났다. 하지만 항상 그렇지는 않았다. 어떤 때는 오히려 커진다는 사실도 관찰됐다. 그러나 측정 간격을 충분히 두고 측정 시간이 짧으면 경혈 부위에서 늘 큰 전류가 흐르는 현상, 즉 전기저항이 작은 현상이 관찰됐다. 또한 이런 특성을 보이는 지점은 변함없이 일정한 위치에 자리했다.

연구진은 이 같은 전기적 특성을 나타내는 지점들의 분포가『동의보감』에 서술된 경혈 분포와 대체로 일치한다는 점을 확인했다고 밝혔다. 그리고 실험 결과『동의보감』에 비해 일부 지점들이 좀 더 존재한다고 말했다. 예를 들어 수양명대장경(手陽明大腸經)에서 "상양(商陽)과 이간(二間) 사이에 한 점이 더 있는 것을 본다"라고 했다.

피부 표면에서 전위의 경우 주위보다 높기는 하지만 역시 일정한 변화를 거친다. 즉 0.1mV 정도의 진폭을 갖는 파동이 3-6초의 주기로 5-7회 연속해 하나의 파군을 규칙적으로 형성하는데, 중간중간에 휴지기를 가지기도 한다. 전기저항의 경우처럼, 경혈 부위에서 전위는 비혈 부위에 비해 차이가 있고, 그 값이 일정치 않고 변화한다는 것이다. 논문에서는 수궐음심포경(手厥陰心包經)의 노궁(勞宮)과 이로부터 1㎝ 떨어진 비혈 부위의 전위를 각각 측정해 비교한 사례를 제시하고 있다(<그림 3> 참조).

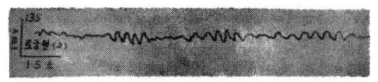

Fig. 1: Electric induction at Kyunghyul (Rokoonghyul)

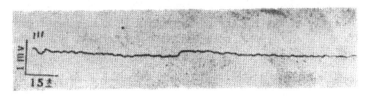

Fig. 2: Electrogram inducted from other regions than Kyunghyul separated by
one cm to the backbone from Rokoonghyul

<그림 3> 경혈 부위에서의 전기적 특성

〈제1 논문〉에서 경혈의 하나인 노궁(勞宮, 위)과 이로부터 1cm 떨어진 비혈 부위(아래)에서 측정한 전위의 변화
양상을 보여주는 그림이다. 비혈 부위와 달리 노궁에서는 시간의 경과에 따라 일정한 파군이 형성된다는 점이
드러난다(Bong Han Kim, 1962, p.12). 경혈 부위의 전기적 특성을 보여주는 연구진의 실험결과는 모두 이 같
은 활동 전위도(electrogram)로 제시됐다.

경혈 부위에서 이처럼 다른 부위에 비해 전기저항과 전위가 색다
르게 나타난다는 점은 경혈 부위가 최소한 전기적으로 특이한 성질
을 갖는 위치라는 사실을 알려준다. 그런데 경혈 부위에서 전기적
특성의 변화는 왜 발생하는 것일까.

〈제1 논문〉에 따르면, 중국과 소련에서 진행된 기존 연구는 경혈
부위의 전위 변화가 생체의 여러 기능 상태를 반영한 결과라고 밝혔
다. 한의학의 고전 이론에서도 경락과 내장 기능이 서로 연관돼 있
다고 제시하고 있다. 가령 경혈에 침을 놓으면 이 자극이 경맥을 따
라 이동해 내장에 일정한 영향이 미치고, 반대로 내장의 기능 상태
가 경맥을 따라 경혈에 반영된다고 한다.

연구진은 토끼를 대상으로 한 실험을 통해 이 내용을 확인했다. 운동할 때와 먹이를 먹을 때 등과 같이 일상생활에서 내장의 기능이 바뀔 때 경혈 부위의 전기적 특성이 어떻게 변화하는지 조사했다. 논문에서는 족양명위경(足陽明胃經)의 경혈인 족삼리(足三里)를 대상으로 관찰한 결과가 서술돼 있다. 즉 토끼의 대장[11]과 위의 운동이 활발해진 후 수 초 지나서 족삼리의 전위가 급격히 높아졌다고 한다. 반대로 족삼리에 침 자극을 가하면 먼저 족삼리에서 전위에 변화가 나타나고 50-70초 후에 대장 운동이 활발해졌다. 또한 전위뿐 아니라 전기저항에서도 내장 운동의 상황에 따라 변화가 일어난다고 밝혔다.

그렇다면 경혈과 내장 사이에서 최소한 전기 신호가 전달된다는 점이 분명해 보인다. 연구진은 이 같은 상호작용이 발생하기 위해서 "물질적 기반이 존재한다는 것은 명백"하다고 판단했다. 다만 이 같은 연계의 매개체가 과연 한의학에서 말하는 경맥인가에 대해서는 별도의 증명이 필요하다고 파악하고 실험을 진행했다. 즉 연구진은 피부에서 특이한 전기적 특성을 보이는 지점들, 즉 경혈들을 표시한 후 어느 한 지점에서 약한 전류를 흘렸다. 그러자 인접한 다른 지점들에서 전기적 특성이 변화했다. 변화의 양상은 제각각이었다. 다른 지점들의 전기 활성도를 높이기도 하고 낮추기도 했다. 어쨌든 한 경혈 부위에서 다른 경혈 부위로 전기 신호가 전달된다는 점을 확인

---

11) 연구진이 경혈과 대장의 상호 관계를 조사하기 위해 족삼리를 자극한 것은 다소 의아하다. 족삼리는 족양명위경, 즉, 위의 상태를 조절하는 경혈이며, 대장을 담당하는 경혈은 이와 달리 수양명대장경에 위치하기 때문이다. 다만 2012년 중국의 연구진은 족삼리(ST36)에 침을 놓았을 때 위의 운동에 변화가 생긴 것은 사실이지만 위의 표면에서 발견된 봉한 구조물에 자극을 가했을 때는 아무런 변화가 없었다고 보고했는데(Wang, X et al, 2012), <제1 논문>에서 김봉한 연구진은 위 표면의 구조물을 자극한 것이 아니라 위가 운동할 때 족삼리의 전기적 특성이 달라진다고만 언급했었다.

할 수 있었다. 예를 들어 수양명대장경(手陽明大腸經)의 하렴(下廉) 부위를 자극하자 이와 연결된 수삼리(手三里)에서 전위의 변화가 발생했다.

전기 신호의 전달을 종합해보면 이렇다. 피부 표면의 경혈 부위에 자극을 가하면 안쪽으로는 내장까지, 주변으로는 다른 경혈까지 전기 신호가 전달된다. 그리고 내장의 기능 변화에 따라 일정한 경혈 부위에서 전기적 특성이 달라진다. 이 같은 사실들을 확인한 연구진은 경락의 전기적 특성은 신경계통의 그것과 전혀 다르다고 결론을 내렸다. 왜냐하면 경락에서의 신호전달 속도가 신경에서보다 "아주 느리며 전달의 경로가 고전에서 제시하는 경맥의 주행과 같으며 그 전달 경로가 신경 또는 혈관의 분포와는" 다르기 때문이었다.

<제1 논문>에서 1쪽 분량으로 새로운 구조물의 해부학적·조직학적 실체를 밝힌 내용은 바로 이 지점에서 시작된다. 그리고 그 설명 뒤에는 새로운 구조물의 전기적 특성을 다시 한번 확인한 결과를 제시했다. 결과는 거의 동일했다. <제1 논문>의 전반부에서 소개된 실험은 한의학에서 언급된 경혈 부위, 즉 피부 '표면'의 경혈 부위에서 수행됐다. 연구진은 같은 실험을 자신이 발견한 경혈 부위, 즉 피부 '아래'에서 진행했다. 그러자 좀 더 강한 전기적 특성이 나타난다는 점을 알아냈다. 아무래도 피부 표면에서 측정하면 피부와 실제 경혈 사이의 조직의 방해로 전기 신호가 약하게 포착될 것이기 때문이다. 경혈과 내장 사이의 관계도 유사했다. 예를 들어 족삼리에서 연구진이 발견한 경혈에 자극을 가하자 대장 운동이 현저하게 강화됐다. 그리고 이들 사이에 연결된 경맥을 절단하자 아무런 영향이 나타나지 않는다고 밝혔다.

연구진은 이상과 같은 내용을 바탕으로 <제1 논문>의 결론을 다음과 같이 제시했다.

1) 경혈의 분포는 고전에서 제시된 분포와 대체로 일치하며 일부 경혈은 새로운 부위들에도 존재한다.
2) 경맥은 관상 구조물의 묶음으로 되어 있으며 조직학적 및 실험 생리학적 성질에 있어서 신경계통, 혈관 및 림프 계통과는 명확히 구별된다.
3) 경락의 실체는 현재까지 알려지지 않은 새로운 해부 조직학적 계통을 이루고 있다.

한편, 특정 경혈의 명칭은 <제1 논문>에서 7개가 소개돼 있고, <제2 논문>에서는 족삼리 1개만 등장한다. 이외의 논문에서는 경혈의 명칭은 언급되지 않고 모두 봉한소체라고 명명된다. 다만 <제2 논문>에서 새로운 구조물의 내부 물질이 순환한다는 점을 보여주는 과정에서 방사성동위원소를 실험동물 복부와 대퇴부에 주입했는데, 주입 지점은 명칭이 제시되지는 않았지만 모두 한의학의 경혈 부위로 보인다.

<제1 논문>에서 사용되던 용어인 경혈과 경맥이 <제2 논문>부터 봉한소체와 봉한관으로 바뀐 이유는 무엇일까. 한글판 <제2 논문>의 앞부분에 수록된 해설에 따르면, <제2 논문>은 1963년 11월 30일 한 학술보고회에서 발표됐고, 당시 행사 참가자들의 의견에 따라 이런 이름들이 결정됐다고 한다. 김봉한의 이름을 딴 만큼 전통 한의학에 비해 뭔가 다른 특징이 있을 것 같다. 봉한학설에 따르면 분명히 차이가 있다. 무엇보다 경락의 해부학적 실체가 있다고 주장한

점이 가장 중요하다. 봉한소체와 봉한관을 기본 단위로 해서 연속적으로 온몸 구석구석 퍼져 있는 구조이다. 또한 경혈 부위에 해당하는 봉한소체가 피부에만 존재하지 않는다는 점이 전통 한의학의 경혈 개념과 다르다는 점이 연구진의 판단이었다. 연구진의 얘기를 그대로 옮겨보자.

> 종래에 피부에 존재한다고 생각되어 오던 봉한소체가 유기체의 심부에도 (피하 조직의 심층, 혈관 및 내장 장기의 주변) 일정한 합법칙성을 가지고 배열되어 있으며 표층에 있는 봉한소체와 통일적인 체계를 이루고 있다는 것이 판명되었다(경락연구소, 1963, 17쪽).

〈박스 1〉 양의학자 김봉한은 왜 한의학을 연구했을까

김봉한은 1916년 서울의 한 약종상 집안에서 태어났다. 그는 경성제2고보(현 경복고)를 졸업하고 1941년 경성제국대학(현 서울대) 의학부를 졸업했다(자료에 따라서는 1940년 졸업했다는 기록도 있다). 이후 일정 기간 경성제국대학 의학부에서 강사로 재직하다 1948년부터 경성여자의학전문학교 생리학 교실 조교수로 지냈다.

경성여자의학전문학교는 여성을 위한 의학교육이 실시된 기관으로, 조선여자의학강습소, 경성여자의학강습소를 거쳐 1938년 4월 재단법인 우석학원(友石學園)이 설립되면서 4년제 학교로 인가됐다. 같은 해 5월 경성의학전문학교의 병리학 교실을 빌려 개교했고, 1940년 경성고등상업학교의 건물로 이전했다. 이후 1948년 서울여자의과대학, 1957년 수도의과대학으로 개편되었다가, 1964년 종합대학인 우석대학교로 개칭됐다(김두종, 1979; 우석대학교 1971). 경성여자의학전문학교와 이름이 비슷한 경성의학전문학교는 1916년 서울에 설립되었던 관립 4년제 의학전문학교로, 1946년 10월 경성제국대학 의학부와 합쳐져서 서울대학교 의과대학으로 흡수됐다(김두종, 1979; 서울대학교출판부, 1986).

한편 경성여자의학전문학교는 현재 고려대 의대의 전신으로 보인다. 고려대 의대 생리학 교실 홈페이지에 따르면, "고려대학교 의과대학 생리학 교실은 경성여자의학전문학교, 서울여자의과대학, 수도의과대학 및 우석의과대학을 거쳐 현재에 이르렀으며… 경성여자의학전문학교 시절에는 이종륜 교수, 서울여자의과대학 시절에는 김봉한 교수가 한국전쟁 때까지 교실을 운영하였다"라고 설명돼 있다(이와 달리 김봉한이 서울대 의대 교수였다고 설명한 자료도 있다).

그런데 김봉한은 돌연 북한을 방문한다. 그 구체적인 이유가 명확하지는 않지만, 당시 김봉한의 지인이나 탈북자의 언급에 따르면 사상적인 이유는 아니었던 것 같다. 예를 들어 경성여자의학전문학교 제1회 입학생(1938년)이자 제1회 졸업생(1942년)인 홍숙희(洪淑憙)는 "김봉한 선생은 내과에 우리 같이 있었거든. 조수로 있을 때. 서울대학에서 와 가지고. 아주 생리학을 워낙에 잘하고… 그때는… 순수하게 그냥 생리학 쪽으로만 하셨고"라고 설명하고, "김봉한 같은 사람들은 그렇게 레프트가 아니거든. 근데 다 실려 가더라고… 아주 자의적이라기보다는 금방 갔다가 온다고 그러니까 태워 가지고 갔다고"라고 회고했다(연세대 의학사연구소, 2009.12, 121-122쪽). 한편 탈북자 김소연(2000)의 김봉한에 대한 회고담에도 비슷한 설명이 나온다. 하지만 김봉한은 1950년 6·25 전쟁이 발발하면서 고향으로 돌아오지 못하고 북한에 남아 있게 된다. 전쟁 이전 남한의 과학자들이 북한을 비교적 자유롭게 방문했는데, 그 이유는 과학자를 우대하는 분위기가 남한에 비해 북한에 많이 형성돼 있었기 때문이었다. 흔히 김봉한을 소개하는 글에서 '월북'이라는 말이 등장하는데, 김봉한이 북한에 갔던 이유가 사상적인 것이 아니었다면 월북이란 표현이 다소 오해의 소지가 있는 듯하다.

김봉한은 북한에서 나름대로 자신의 역량을 발휘하면서 안착해 나간 것으로 보인다. 그는 1953년 북한 최고 수준의 의대인 평양의학대학 생물학 교실 부교수로 부임했으며, 1962년 의학박사 학위를 취득하고 <제1 논문>에서 평양의학대학 생리학 강좌장 부교수라는 직함을 갖고 등장한다. 1964년에는 내각 직속의 경락연구원 원장직을 맡았다.

그렇다면 서양 생리학 전공자인 김봉한이 경락의 실체를 찾기 시작한, 즉 한의학에 관심을 기울인 계기는 무엇일까. 당의 결정에 따라 한의학을 중흥시키자는 분위기가 강하게 형성됐기 때문이다. <제1 논문>의 서론은 이렇게 시작한다. "우리 선조들이 창조한 고귀한 유산인 동의학을 계승 발전시킬 데 대한 조선 로동당 제3차 대회 결정 정신에 립각하여 본 연구 사업이 시작되었다"(김봉한, 1962, 5쪽). 계속해서 논문에서는 한의학의 유의미성과 이에 대한 서양 과학의 접근이 필요하다는 점이 강조되고 있다. 즉 한의학은 이전까지 서양의학이 해결하지 못한 질병의 예방과 치료에 관한 방대한 경험을 축적해온 것이 사실이며, 한의학에 대한 현대 과학적 연구는 새로운 분야를 개척하는 데 풍부한 가능성을 제공한다는 것이다. 그렇다고 현재와 같이 한의학을 서양의학의 보완하는 방식으로 접근하는 일에는 반대했다. 이보다는 현대과학의 성과를 이용해 한의학의 기초 이론에 해당하는 경락학설의 물질적 기반을 우선 밝혀야 한다는 점을 분명히 밝혔다.

(다) 심층 생체물질의 형태와 성분

피부 아래에서 새로운 구조물을 발견했다고 밝힌 <제1 논문>에 이어, 그 구조물이 전신에 걸쳐 퍼져 있다고 보고한 내용은 <제2 논문>에서 시작해 <제3 논문>에 종합적으로 담겨 있다. "표층"과 "심층"이란 표현은 <제2 논문>에서 처음 등장한다.

사실 <제1 논문>에서 이미 경혈과 내장의 기능적 연관성이 확인된 상황이므로 내장 부위에도 새로운 구조물이 있을 것이라는 점은 예고돼 있었다. 그런데 그 분포가 내장에 한정되지 않고 상당히 넓게 확인됐다. 특히 연구진 스스로도 매우 놀랐던 사실은 대표적인 순환계를 구성하는 혈관과 림프관 내부에도 구조물이 관통하고 있다는 점이었다. 연구진은 <제2 논문>에서 "우리는 어느 누구도 상상조차 할 수 없었던 구조들이 맥관 안에도 존재한다는 사실을 새로이 발견하였다"라고 표현했다.[12]

연구진은 <제3 논문>에서 각 봉한체계의 이름을 종합적으로 정리해 밝혔다. 먼저 봉한소체를 보자. 혈관과 림프관 안에 있는 "내봉한소체(Internal Bonghan corpuscle)", 혈관과 림프관, 그리고 신경을 따라 주변에 분포하는 "외봉한소체(External Bonghan corpuscle)", 장기 표면에 분포하는 "내외봉한소체(Intra-external Bonghan corpuscle)", 신경계에 분포하는 "신경봉한소체(Neural Bonghan corpuscle)", 장기

---

12) <제2 논문>에서 김세욱에 이어 또 한 번 등장하는 이름은 혈관과 림프관 안에서 구조물을 발견한 박정식이었다. 박미용(2006, 52쪽)은 「로동신문」과 탈북자들의 증언을 토대로, 박정식이 당시 김봉한 연구를 적극 지원했던 박금철의 딸일 것으로 추정했다. 실제로 「로동신문」 1963년 12월 2일 자에는 <제2 논문> 연구진의 이름과 사진이 나오는데, 그 일원으로 박정식이 등장하며 사진으로 볼 때 젊은 여성으로 추정된다. 연구진은 혈관과 림프관 안의 구조물을 '박정식 봉한관'이라고 명명했다. 당시 사진은 김봉한, 박정식(연구사), 김세욱(연구사), 박인양(학사 부교수), 한효섭(학사), 권정도(연구사) 등의 순서로 게재됐다.

속에 존재하는 "장기내봉한소체(Intraorganic Bonghan corpuscle)", 장기내봉한소체가 장기 안에서 마지막으로 연결되는 "말단봉한소체(Terminal Bonghan corpuscle)" 등이다. 이들이 <제2 논문>에서 언급된 심층 봉한소체에 속한다. 표층 봉한소체는 한편으로 심층 봉한소체에 대비되는 용어이긴 하지만, 외봉한소체에 속하는 한 가지 형태라고 볼 수 있다. 한편 봉한관의 이름도 동일한 방식으로 소개됐다. 내봉한관, 외봉한관, 내외봉한관, 신경봉한관 등으로 명명됐다.

이제 연구진이 심층에서 발견했다는 구조물의 특징을 표층의 경우와 비교하면서 하나씩 살펴보자. 먼저 봉한소체이다.

심층 봉한소체의 겉모습은 <제3 논문>에서 대체로 반투명하고, 매끈하며, 약간 붉은 노란 색을 띠고 있다고 서술돼 있다.[13] <제2 논문>에서는 "주위 조직보다 투명하고 연한 누른 색"을 띠고 있다고, <제1 논문>에서 "주위 조직과 명확한 구별을 보여주는 경도가 연한 작은 구조물"이라고 언급됐다.

형태는 표층 봉한소체와 비슷하게 방추형 또는 계란형이다(<사진 4> 참조). 하지만 한쪽 끝에 여러 개의 봉한관이 연결돼 있는 모습이 아니다. 주로 양쪽 끝에 하나씩 연결돼 있고, 내외봉한소체의 경우에는 여러 개가 여러 방향으로 또는 한 개가 한쪽으로만 연결되기도 한다. 신경봉한소체의 경우 역시 2-4개의 신경봉한관과 연결돼 있다. 한 가지 특이한 점은 내외봉한 구조물의 경우 소체의 형성 없이 "몇 개의 봉한관이 서로 교차하고 그 부위가 엷은 결합조직으로 싸여 있는 경우도 드물지 않게 있다"라고 한다.

---

13) 「로동신문」 1963년 12월 14일 자에서는 심층 봉한소체가 존재한다는 점은 한의학에서 침을 몸속 깊이 놓는 방법이 있다는 사실과 일치한다고 설명됐다.

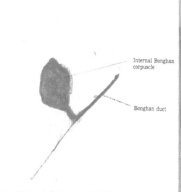

Photo 28. Internal Bonghan corpuscle (× 63)

Bonghan duct

Photo 32. Intra-external Bonghan corpuscle
(× 160)

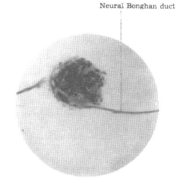

Neural Bonghan duct

Photo 34. Neural Bonghan
corpuscle (× 160)

<사진 4> 봉한소체의 여러 가지 모습

〈제3 논문〉에서 소개된 여러 봉한소체의 모습이다. 내봉한소체(internal Bonghan corpuscle, 위 왼쪽)는 논문 텍스트에서의 설명과 달리 한쪽 끝에 두 개의 봉한관이 연결돼 있어, 마치 표층 봉한소체와 유사해 보인다. 또한 한쪽 봉한관이 다른 쪽에 비해 굵은 점이 특이하다. 내외봉한소체(intra-external Bonghan corpuscle, 위 오른쪽)에서는 봉한관이 마치 봉한소체를 관통하는 듯한 모습이 인상적이다. 신경봉한소체(neural Bonghan corpuscle)는 다른 봉한소체보다 상대적으로 크기가 작다(The Academy of Kyungrak, 1965a, Photo 28, 32, 34).

내부 구조는 표층 봉한소체보다 간단하다. 가장 큰 특징은 겉질이 없다는 점이다. 이는 겉질의 주요 성분인 활평근양 세포가 없다는 의미이다. 그렇다면 심층 봉한소체의 수축이나 이완 작용은 표층 봉한소체에 비해 상대적으로 덜 일어날 것이다. 또한 논문들에서는 여포양 구조물에 대한 언급이 없다. 전체적으로 표층 봉한소체와 심층 봉한소체는 구조적으로 큰 차이가 있는 만큼 그 기능이 많이 다를 것으로 짐작되지만 논문들에서 구조 비교에 기반을 둔 설명은 명시돼 있지 않다.14)

표층이든 심층이든 봉한소체는 일반적으로 제일 바깥에 외막이 둘러싸고 있다. 일반적으로 생체조직을 둘러싸는 막은 세포층으로 구성될 수도 있고, 단백질로 구성된 섬유성 결합조직으로 이뤄졌을 수도 있다. 또한 이들 두 가지가 함께 섞여 있을 수도 있다. 그런데 논문들에서는 봉한소체의 외막 구조가 무엇인지에 대해서는 별다른 설명이 없다. 단지 <제3 논문>에서 신경봉한소체의 경우 "소체의 주위에는 엷은 결합 조직성 막이 있으며 거기에는 긴 타원형 또는 방추형의 핵이 있다"라고 설명돼 있다.15)

---

14) 표층 봉한소체의 속질에서 "봉한소체동"에 해당하는 용어가 심층 봉한소체에서는 "봉한관동 (Bonghan duct sinuses)"으로 표현됐다. 봉한관동은 봉한소관이 확장된 형태라는 언급이 있으므로 두 용어가 같은 의미를 갖는 것 같다. 그런데 심층 봉한소체 가운데 봉한관동에 대한 언급이 있는 경우는 외봉한소체, 내외봉한소체뿐이다. 내봉한소체, 신경봉한소체, 장기내봉한소체, 말단봉한소체에 대한 설명에서는 봉한관동이라는 표현이 안 나온다. 봉한관동이 봉한소관의 확장된 형태이고 모든 봉한소체는 봉한소관과 연결돼 있으므로 굳이 봉한관동이란 표현을 모두에 적용해 표현할 필요가 없었을지 모른다. 또는 봉한관동의 형태가 관찰되지 않아 언급을 하지 않았을 수도 있다.

15) 봉한소체와 달리 봉한관은 세 가지 종류의 막으로 구성돼 있다. 봉한소체가 봉한관과 연결돼 있으므로 봉한관을 둘러싸는 세 가지 막 가운데 어느 하나와 유사한 구조를 갖췄을 것이라는 추측은 가능하다. 다만 이들 막은 모두 세포를 포함한 성분으로 구성돼 있다.

크기는 어떨까. <제2 논문>에서 심층 봉한소체의 크기는 다소 의
아스럽게 언급돼 있다. 긴 쪽이 3.0-7.0 ㎜, 짧은 쪽은 0.5-1.0 ㎜이
다. 표층 봉한소체에 비해 상당히 크다. 심층 봉한소체에 겉질이 없
다면 표층 봉한소체보다 작아야 할 것 같다. 하지만 <제3 논문>에서
는 심층 봉한소체의 크기가 표층 봉한소체보다 작은 것으로 설명됐
다(<표 2> 참조).

<표 2> 봉한소체와 봉한소관의 크기

	봉한소체							봉한소관
	표층 봉한소체	내봉한소체	외봉한소체	내외 봉한소체	신경 봉한소체	장기내 봉한소체	말단 봉한소체	
크 기	1.0-3.0 X 0.5-1.0 ㎜ (제2 논문) 0.1-3.0 ㎜ (제3 논문)	0.1-0.2 ㎜ (제3 논문)	언급 없음	2개 봉한관과 연결 시 0.3-1.0 X 0.1-0.5 ㎜ 여러 봉한관과 연결 시 0.6-2.5 X 0.3-1.5 ㎜ (제3 논문)	0.5-1.0 X 0.2-0.5 ㎜ (제3 논문)	0.1-0.5 ㎜ (제3 논문)	언급 없음	20-50 ㎛ (제1 논문) 10-50 ㎛ (제2 논문) 1-50 ㎛ (제3 논문)
	* 심층봉한소체: 3.0-7.0 X 0.5-1.0 ㎜ (제2 논문)							

이제 심층 봉한관의 특징을 살펴보자. <제3 논문>에서는 겉모습
이 대체로 "약간 누런 빛이 도는 유백색의 실오리"와 같다고 설명돼
있다. 소관의 크기는 다양하게 보고됐다(<표 2> 참조). <제2 논문>
에서는 고정표본에서 가는 경우 10 ㎛, 굵은 경우 30-50 ㎛라고 설
명됐다. 이에 비해 <제3 논문>에 따르면, 내봉한관의 경우 각 소관
의 지름은 보통 5-15 ㎛인데, 속에 내용물이 차 있는 정도에 따라

40-50 ㎛에 이르기도 하며, 반대로 1 ㎛ 정도로 매우 가늘기도 하다. 그렇다면 봉한소관의 크기는 봉한관의 종류마다 다른 것일까. <제1 논문>에서 그 답을 짐작할 수 있는 단서가 주어져 있기는 하다. 즉 표층 봉한관의 경우 봉한소관의 지름이 20-50 ㎛ 정도라고 언급돼 있다. 그렇다면 가장 굵은 봉한소관은 표층에서 발견됐다는 의미가 아닐까.

봉한관이 기존 생체조직과 어떤 양상으로 분포하고 있는지는 부위별로 다양하다. 먼저 내봉한관은 혈관과 림프관 안에 "떠 있다"라고 표현됐다. 혈관이나 림프관의 벽에 붙어 있지 않고 혈액과 림프액 속에 존재한다는 의미이다. 연구진은 입체현미경(stereomicroscope)으로 혈관과 림프관 바깥에서 내봉한관을 찾아봤다. 당연히 붉은 혈관에서는 보이지 않는다. <제3 논문>에 따르면 혈관을 "쪼개서" 내봉한관을 발견했다고 하는데, 혈관을 절개하는 방법에 대한 설명은 없다(<사진 5> 참조). 림프관에서의 발견은 더욱 의아하다. 림프관은 겉에서 볼 때 거의 투명하다. 그런데 연구진은 림프관 안의 봉한관을 입체현미경으로 림프관 바깥에서 찾을 수 있다고 설명했다. 한편 혈관 내 봉한관의 연장선상에서 연구진은 심장 내부에 분포한 구조물의 분포를 내봉한체계로 제시했는데, 심장을 둘러싼 벽에 상당히 많은 봉한소체와 봉한관이 존재하는 것으로 표현됐다(<그림 4> 참조).

Endothelial
nucleus of the
Bonghan ductule ————

———— Bonghan ductule

Photo 1. Internal Bonghan duct (× 160)

<사진 5> 내봉한관의 모습

〈제3 논문〉에서 소개된 내봉한관의 모습이다. 봉한관 내 소관(Bonghan ductle) 안쪽으로 기다란 내피세포 핵 (endothelial nucleus)이 표시돼 있다(The Academy of Kyungrak, 1965a, Photo 1).

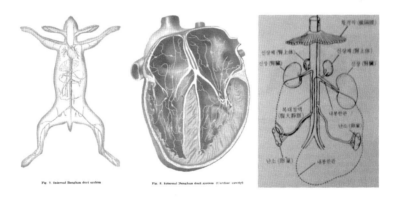

Fig. 7. Internal Bonghan duct system   Fig. 8. Internal Bonghan duct system (Cardiac cavity)

<그림 4> 혈관 내 봉한관과 봉한소체의 분포

〈제3 논문〉에서 소개된 혈관 내봉한관(internal Bonghan duct)의 전체 분포(왼쪽)와 심장 내봉한관의 분포(가운데). 왼쪽 그림에서 동맥과 정맥 안에 봉한 구조물이 일관되게 존재하는 것으로 표현돼 있다. 특히 심장에 많이 존재하는 것으로 나타나 있는데, 가운데 확대된 그림을 보면 심장을 둘러싼 벽에 밀집된 것으로 표현됐다. 심장 내부의 봉한관은 마치 장기표면의 경우와 유사하게 하나의 봉한소체에 여러 개가 연결된 모습이다(The Academy of Kyungrak, 1965a, Fig. 7, 8). 한편 「로동신문」 1965년 7월 21일 자에는 복부 중간의 굵은 정맥(복대정맥) 안에 3개의 내봉한관이 제각각의 장기와 연결돼 있는 모습이 소개돼 있다. 기사에 따르면 내봉한관이 갈라지는 방식에 3가지가 있는데, 봉한관 내에서 봉한소관들이 자체적으로 갈라지거나, 봉한소관이 혈관을 따라 갈라지거나, 그림에서처럼 3개의 내봉한관이 어느 한 혈관을 따라 갈라지는 방식이다. 그림 내에서의 명칭은 「로동신문」에는 없고 후지와라 사토루(1993, 99쪽)가 붙인 것이다.

내봉한관의 경우 봉한관의 개수도 특이하다. 보통 봉한관은 하나의 줄 형태로 발견되는데, 혈관에서는 봉한관이 여러 줄로 존재하기도 한다(봉한소체 하나에 봉한관 여러 개가 달렸다는 것이 아니라 봉한소체-봉한관 구조물이 여럿이라는 의미이다). 「로동신문」 1965년 7월 21일 자에는 복부의 큰 정맥 내에서 3개의 봉한관이 발견된 그림이 소개돼 있다(<그림 4> 참조). 하나의 봉한관 안에는 소관이 1-15개 있기도 하고, 많게는 수십 개가 존재한다. 또한 전자현미경(electron microscope)으로 관찰한 결과 봉한소관에서는 이와 비슷한 크기인 모세혈관 및 모세림프관의 내피세포와 핵의 일부 구성에서 전혀 다른 특성이 관찰됐다고 한다.

한편 내외봉한관은 가슴이나 복부의 장기표면에 역시 "떠 있다". 하지만 내봉한관과는 다른 양상이다. 장기 전반에 걸쳐 표면과 거리를 두고 떠 있는 구조가 아니다. 각 장기에 "가지를 뻗으면서 그물 모양으로 퍼져 있다." 즉 전체적으로 내외봉한관은 장기표면에 약간 떨어져 존재하되 그 가지들은 장기 속으로 파고들고 있는 모습이다. 특히 <제3 논문>에서는 내외봉한관이 내장 기관을 둘러싸고 있는 '막'에 분포하고 있다는 점을 강조했다. 즉 내외봉한관은 복막, 횡경막, 늑막 등과 직접 연결돼 있다는 것이다(<그림 5> 참조).

또한 내외봉한관은 특이하게 하나의 봉한소체에 여러 개가 연결돼 있다. 다른 봉한관처럼 두 개가 양 끝에 연결되기도 하지만(<사진 6> 참조), 보통은 3-7개가 봉한소체 하나에 연결돼 있다. 봉한소체 한쪽에만 연결되는 경우도 있다.

외봉한관은 별다른 특이 사항이 없다. 복부의 큰 혈관 주위에 외봉한관이 4-6줄로 분포하고 있으며, 체내 모든 장기와 연결된다. 다만 표층 봉한관이 <제3 논문>에서는 외봉한관의 일종으로 설명되고 있으며, 다른 봉한관에 비해 특이한 막을 갖고 있다고 서술돼 있다. 즉 제일 바깥의 주위막은 특별한 결합조직으로 구성돼 있으며, 주위막과 봉한관 사이에 조직액이 차 있다고 한다. 그래서인지 <제3 논문>에서는 만일 표층 봉한관을 횡단하면 봉한소관들의 다발이 주위막으로부터 빠져나올 수 있다고 표현돼 있다.

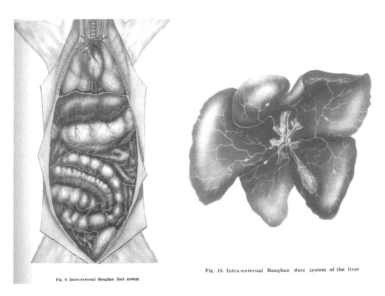

Fig. 9. Intra-external Bonghan duct system

Fig. 10. Intra-external Bonghan duct system of the liver

<그림 5> 장기표면의 봉한관과 봉한소체의 분포

〈제3 논문〉에서 소개된 장기 복부 표면(왼쪽)과 간(오른쪽)의 봉한 구조물의 분포이다. 횡경막과 복막, 그리고 폐와 간을 비롯한 모든 장기를 둘러싼 막에 그물처럼 퍼져 있으며, 그 끝 부위들이 장기 안으로 파고 들어가 있는 것으로 표현됐다. 봉한소체 하나에 봉한관이 여러 개 연결돼 있으며, 혈관과는 구별된다(The Academy of Kyungrak, 1965a, Fig. 9, 10).

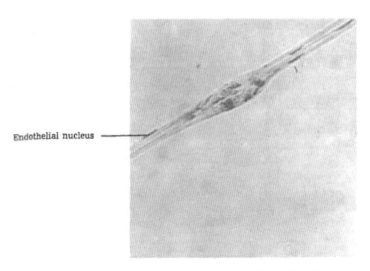

Endothelial nucleus

Photo 7. Intra-external Bonghan duct
(Feulgen reaction) (× 400)

<사진 6> 내외봉한관의 모습

〈제3 논문〉에서 소개된 내외봉한관(intra-external Bonghan duct)의 모습이다. 소관에 내피세포 핵
(endothelial nucleus)의 모습이 보이는데, 봉한관 중간 부위가 다소 부풀어 있어 마치 봉한소체처럼 보
이기도 한다(The Academy of Kyungrak, 1965a, Photo 7).

신경봉한관은 신경계 안에 분포하고 있다. 먼저 뇌 표면과 뇌 안
에서 뇌척수액이 흐르는 경로를 따라, 그리고 척수 중심관을 따라
봉한관이 분포하고 있다(<그림 6>, <사진 7> 참조). 봉한소체에 연
결된 봉한관의 수는 뇌척수액(뇌실과 척수중심관)에서는 두 개, 뇌
표면에서는 2-4개이다. 한편 보통 말초신경은 내막과 외막, 주위막
으로 둘러싸여 있는데, 봉한관이 이들 막 안의 결합조직 사이에서
분포하고 있다고 한다. 말초신경 봉한관은 대체로 하나의 소관으로
구성되며, 그 지름은 2 ㎛ 정도이다.

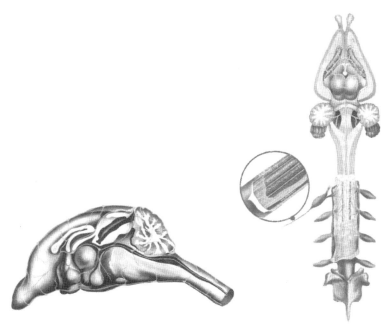

Fig. 11. Neural Bonghan duct system   Fig. 12. Neural Bonghan duct system

<그림 6> 뇌와 척수에 분포한 봉한관과 봉한소체

〈제3 논문〉에서 뇌척수액 이동통로에 분포한다고 보고된 봉한관과 봉한소체의 모습이다. 뇌의 표면과 내부(왼쪽)는 물론 척수 중심관(오른쪽)과 말초 신경계의 막 내부(오른쪽 원)에 촘촘하게 퍼져 있다. 척수와 말초 신경계에 분포하는 혈관과 구별돼 있다(The Academy of Kyungrak, 1965a, Fig. 11, 12).

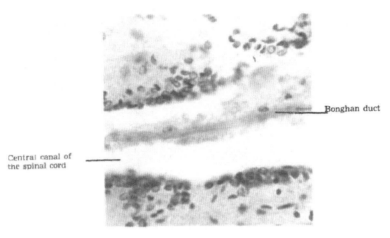

Photo 9. Neural Bonghan duct (In the
central canal of the spinal cord)
(Van Gieson stain) (× 400)

Bonghan duct

Central canal of
the spinal cord

<사진 7> 신경봉한관의 모습

〈제3 논문〉에서 소개된 신경봉한관(neural Bonghan duct)의 모습이다. 척수 공동관(central canal of the
spinal cord) 내부에 '떠 있는' 형태이며, 주변의 희미한 반투명 물질은 결합조직의 일부로 보인다(The
Academy of Kyungrak, 1965a, Photo 9).

(2) 기존 생체조직과 명확히 구별되는 이유

연구진은 1-3편의 논문을 통해 봉한소체와 봉한관의 해부학적·
조직학적 특성은 기존의 생체조직의 특성과 명확히 다르다고 주장
했다. 그 근거를 정리해보자.

첫째, 봉오리와 관을 기본 단위로 갖춘 구조물이 생체 전체에서
일관되게 발견됐다는 점이다. 이전까지 생체 어디에서도 이 같은 패
턴의 조직이 존재한다는 보고는 없었다.

둘째, 생체에서 속이 뚫린 관 형태를 가진 중요한 구조물인 혈관,
그리고 림프관과 다르다는 점이다. 이들은 고등동물의 대표적인 순

환계를 구성하는 조직이기도 하다. 특히 림프관은 내부에 거의 투명한 액체가 흐르고 있어 겉에서 볼 때 봉한관과 구별이 어렵다.

연구진은 <제1 논문>에서 봉한관이 다발구조라고 밝히면서 혈관 및 림프관과 근본적으로 차이가 있다는 점을 시사했다. 혈관과 림프관은 하나의 관으로 구성돼 있기 때문이다. 또한 <제3 논문>에서 소개됐듯이 봉한관의 소관 외막을 둘러싼 세포는 방추형이되, 줄무늬를 나타낸다는 점에서 일반 평활근과는 다른 특징을 보인다. <제3 논문>에서는 전자현미경 관찰 결과 소관의 내피세포 핵이 모세혈관 및 소림프관의 그것과 전혀 다른 특성을 가진다는 언급도 나온다. 즉 소관에서는 핵의 염색질이 고르게 나타나고 전자밀도가 매우 높으며 핵 소체의 하나인 인(nucleoli)을 찾아보기 어렵다는 것이다.

한편 <제3 논문>에서는 봉한관과 혈관·림프관이 제각각의 운영체계를 가진다는 점이 제시돼 있다. 먼저 내봉한관이 혈관과 림프관 안을 관통하다가 그 벽을 뚫고 나옴으로써 혈관·림프관 안팎을 드나든다고 설명됐다. 또한 내봉한관 내부의 액체(봉한액)가 흐르는 방향이 이를 둘러싸고 있는 혈액의 이동 방향과 같기도 하고 반대이기도 하다. 마지막으로 혈관계와 림프관계는 모두 심장을 중심으로 혈액과 림프액을 순환시키는 체계이지만, 내봉한관은 심장 같은 중심이 없는 채로 생체 각 기관별로 제각각의 체계를 갖추고 있다.

셋째, 생체의 신경조직과는 다른 특성을 가진다는 점이다. 신경조직과 봉한 구조물의 차이 역시 <제1 논문>에서부터 서술됐는데, 이는 경락의 효과를 신경계의 반응으로 파악한 기존의 학설을 반박하기 위한 것이었다. 무엇보다 조직을 구성하는 세포의 모습이 다르다. 신경세포는 보통의 세포에 비해 외형이 매우 독특하다. 핵과 각종 소기관이 포함된 세포체 한쪽 끝에 수많은 짧은 가지들이 뻗어 있고, 다른 한쪽 끝에는 축삭이라고 불리는 기다란 가지가 형성돼 있다. 그리고 말초신경의 축삭 주위는 슈반세포라는 독특한 세포가 감싸고 있다. 그런데 연구진은 봉한관에 "슈반세포가 전혀 없고 그 직경이 일반적으로 신경의 축삭보다 굵으며 기타의 제반 형태학적 성질도 신경과는 다르다"라고 밝혔다. 또한 전기적 신호 전달속도에서 차이가 있다. <제1 논문>에서 표층 봉한소체 사이의 신호 전달속도는 "신경보다는 아주 느리"다고만 서술돼 있는데, <제2 논문>에서는 초속 3 ㎜라는 값이 제시됐다. 또한 <제3 논문>에서는 봉한관 내에서의 신호 전달속도가 초속 1-3 ㎜라고 밝혔다.

넷째, 봉한소체 내에 혈관, 림프관, 신경조직이 섞여 있다. <제3 논문>에 소개된 표층 봉한소체와 혈관의 관계가 대표 사례이다. 먼저 혈관은 겉질과 속질 전반에 분포하고 있다. 표층 봉한소체의 주변은 혈관이 풍부하게 둘러싸고 있으며, 이들의 일부가 소체 안으로 들어가 겉질의 활평근양 세포 사이에 모세혈관으로 분포하기도 한다. 그리고 이 모세혈관은 속질의 혈관과 연결돼 있다.[16] 한편 표층 봉한소체의 밑부분에는 봉한관과 함께 동맥과 정맥이 연결돼 있다. 전체적으로 혈관들이 표층 봉한소체 안팎으로 관통하며 연결돼 있는 모양새다. 그런데 흥미롭게도 이들 미세 혈관 안에도 봉한 구조물이 있다. 예를 들어 "표층 봉한소체동은 소체 아래 부분에서는 소체와 연결된 외봉한관과 연결되며 소체 안에서는 내봉한과도 연결된다"라는 것이다.

---

16) 「로동신문」 1963년 12월 14일 자에서는 모세혈관이 속질에 많이 발견된 의미에 대해 속질 내에서 물질대사가 활발하게 진행되는 것으로 설명했다. 혈액이 속질의 세포에 산소와 여러 물질을 운반해주는 한편 이산화탄소를 비롯한 불필요한 물질을 밖으로 운반해준다는 것이다.

이에 비해 외봉한소체의 경우 주변에 혈관이 풍부하게 존재한다는 점만 설명돼 있다. 즉 외봉한소체는 주로 혈관 주위에 분포하며, 그 주변을 모세혈관망이 둘러싸고 있다. 그래서 외봉한소체는 겉에서 관찰할 때 다소 붉게 보인다고 한다. 소체 안의 봉한소관들 사이에도 많은 모세혈관이 분포한다.

하지만 내봉한소체는 다르다. 사실 혈관이나 림프관 안에 분포하는 봉한소체에 혈관이 존재하지는 않을 것이다. 내외봉한소체, 신경봉한소체에 대한 설명에서도 그 안팎에 혈관이 분포한다는 설명은 없다.

한편 림프관이 봉한소체에 존재한다는 언급은 단 한 차례 잠깐 언급돼 있다. <제2 논문>에서 표층 봉한소체에 방사성동위원소를 주입하는 실험이 소개될 때 이 동위원소가 "소체 내의 혈관 및 림프관에 들어갈 수도 있"다고 표현하는 곳에서였다.

신경조직의 경우, <제3 논문>에서 표층 봉한소체 안에 신경섬유가 분포한다는 설명이 나온다. 표층 봉한소체 주변에 신경섬유가 비교적 많은데, 적은 수이지만 이들 가운데 일부가 겉질 안으로 들어온다고 했다. 더욱이 "일부 신경섬유는 겉질을 통하여 속질 안으로 들어간다. 속질 안으로 들어온 신경섬유들은 그 끝이 여러 개로 나누어져서 끝난다"라고 설명돼 있다.

다섯째, 표층 봉한소체는 기존에 보고된 여러 형태의 소체와 다르다는 점이다. <제2 논문>에서는 이전까지 피부에 존재하는 봉오리 형태의 각종 구조물(Vater-Paccini 소체, Feuer-Glosser의 혈관사구, Pinkus hair dist(모반) 등)의 경우, 겉질과 속질로 구성된 표층 봉한소체와는 그 조직학적 특성이 전혀 다르다고 명시돼 있다.

그러나 외형이나 해부학적·조직학적 특성들과 함께 봉한 구조물을 기존 생체조직과 구별할 수 있는 또 하나의 중요한 요소는 내부 물질의 성분과 기능이다. 이에 대한 상세한 내용은 뒤에서 다루기로 한다.

(3) 새로운 구조물의 몸속 분포

'조직 세포-말단봉한소체-장기내봉한소체-표층 봉한소체-심층 봉한소체-장기내봉한소체-말단 봉한소체-조직 세포'

<제3 논문>을 통해, 모든 봉한 구조물이 생체 내에서 어떻게 연결돼 있는지를 단적으로 표현한 것이다. 앞서 설명한 내봉한관 체계, 외봉한관 체계, 내외봉한관 체계, 신경봉한관 체계는 여기에서 모두 심층 봉한체계에 속한다. 각 장기를 구성하는 세포를 중심으로 보면, 세포와 연결된 봉한 구조물은 피부 아래의 표층 봉한소체와 연결돼 있고, 이는 심층 봉한체계를 거쳐 다시 원래의 세포까지 연결된다 (<그림 7> 참조).

여기서 장기내봉한소체와 말단봉한소체는 세포와 다른 봉한소체를 연결하는 구조물로서, <제3 논문>에서 처음 등장한다(<사진 8> 참조). 논문의 결론 부분에서 "경락 계통의 여러 체계들은 장기내봉한소체에서 시작하고 장기내봉한소체에서 끝난다"라고 표현돼 있다. 다만 논문에서는 장기내봉한소체는 "내장 및 기타 일련의 기관 내에 있는 소체"로서, 크기가 0.1-0.5 ㎜로 보통의 봉한소체에 비해 작다는 설명 외에 별다른 특징에 대한 언급이 없으며, 말단봉한소체의 특징에 대해서도 마찬가지이다.

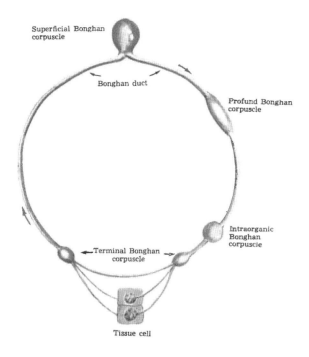

Superficial Bonghan
corpuscle

Bonghan duct

Profund Bonghan
corpuscle

Intraorganic
Bonghan
corpuscle

←Terminal Bonghan→
corpuscle

Tissue cell

**Fig. 18. Scheme of the circulation route
of the Bonghan liquor**

<그림 7> 생체 내 봉한 구조물의 연결 상태

〈제3 논문〉에서 봉한 구조물의 생체 내 전체 분포를 도식화한 모습이다. 생체 각 기관의 조직 세포(tissue cell)에서 출발한 봉한 구조물은 말단봉한소체(terminal Bonghan corpuscle), 표층 봉한소체(superficial Bonghan corpuscle), 심층 봉한소체(profound Bonghan corpuscle), 장기내봉한소체(intraorganic Bonghan corpuscle)를 거쳐 다시 원래 세포까지 연결되고 있다. 이 그림은 하나의 폐쇄된 회로를 보여주고 있지만, 실제로 생체 내에서 이 같은 회로는 여러 개가 있으며 이들이 서로 복잡하게 연결돼 있다고 한다 (The Academy of Kyungrak, 1965a, Fig. 18).

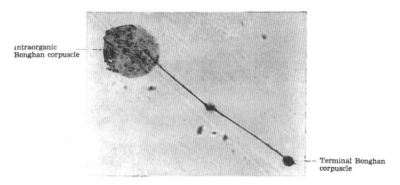

Photo 37. Terminal Bonghan corpuscle
(In the suprarenal body) (× 160)

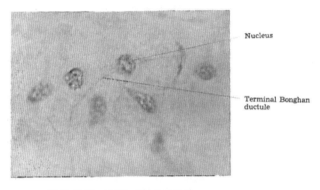

Photo 38. Terminal Bonghan ductule (In
the suprarenal body) (× 1,000)

<사진 8> 장기내봉한소체와 말단봉한소체의 모습

〈제3 논문〉에서 장기내봉한소체(intraorganic Bonghan corpuscle)가 말단봉한소체(terminal Bonghan corpuscle)와 연결된 모습(위)과 말단봉한소관(terminal Bonghan ductle) 하나가 세포의 핵(nucleus)까지 연결된 모습(아래)을 보여주는 사진이다. 본문에서의 설명과 달리, 위 사진에서는 장기내봉한소체에서 말단봉한소체외에 다른 쪽으로 연결된 봉한관이 보이지 않고, 아래 사진에서는 말단봉한소관이 세포핵에 한쪽으로만 연결돼 있다(The Academy of Kyungrak, 1965a, Photo 37, 38).

세포에는 장기내봉한소체에서 나온 미세한 봉한소관이 닿아 있다. 연구진은 이들을 각각 말단봉한소체와 말단봉한소관이라고 불렀다. 각 장기 안에는 말단봉한소체가 많이 분포하는데, 각 소체는 "일정한 범위 내의 세포들과만 연결"돼 있다. 말단봉한소체별로 관할하는 세포의 수가 한정돼 있다는 의미인 것 같다.

말단봉한소관은 세포 내 어느 부위까지 닿아 있을까. 핵이다. 각 말단봉한소체는 "세포핵에 직접 연결된다"라는 것이다. 핵 안에서 말단봉한소관은 어떤 모습을 하고 있을까. 논문에서는 단지 "핵 내에 들어가 망상을 이루는 것 같다"라고만 서술돼 있다.

세포에서 출발한 말단봉한소체는 장기내봉한소체를 거쳐 표층 봉한소체에 이르고, 이후 심층 봉한소체를 거쳐 장기내봉한소체와 연결된다. 여기서 말단봉한소체와 장기내봉한소체의 연결 부분이 다소 복잡하다. 장기내봉한소체와 연결된 심층 봉한관은 내봉한관, 외봉한관, 내외봉한관이다. 논문에 따르면 내봉한관은 조직 내 동맥의 모세혈관 안까지 들어왔다가 혈관 벽을 뚫고 나오면서 장기내봉한소체와 연결된다. 이어 장기내봉한소체에서 나가는 봉한관은 정맥의 모세혈관 안으로 들어간다. 외봉한관 역시 조직 안으로 들어가 장기내봉한소체에 연결됐다가 조직 바깥으로 나간다. 내외봉한관은 "많은 가지를 내면서" 조직 안으로 들어가는데, 이 가지들은 외봉한관과 합쳐지는 것 같다고 했다.

마지막으로 장기내봉한소체는 말단봉한소관을 거쳐 출발지점에 있던 세포의 핵으로 연결된다. 즉 봉한 구조물은 세포핵에서 나가는 것과 세포핵으로 들어오는 것 두 가지가 있다. 연구진은 장기내봉한소체에 어떤 색소를 주입함으로써 이 사실을 확인했다고 밝혔다.

이렇게만 보면 마치 하나의 폐쇄된 회로가 존재하는 것처럼 다가올 수 있다. 하지만 그렇지 않다. 연구진은 이 같은 회로가 여러 개 존재하며, 이들 회로끼리 복잡하게 연결돼 있다고 설명했다. 전체적으로 보면 거대한 '닫힌' 회로이겠지만, 각 회로들은 서로에게 '열린' 구조인 셈이다. 연구진은 회로들이 연결돼 있다는 점을 색소 주입을 통해 확인했다고 밝혔다. 예를 들어 난소의 내봉한관에 어떤 색소를 주입하면 내봉한관이 어느 순간 혈관이나 림프관을 뚫고 나온 결과로 그 색소가 신경봉한관에서도 관찰되며, 신경봉한관에 주입한 색소는 복강과 흉강에 있는 내외봉한관으로 이동한다. 연구진은 내봉한체계, 내외봉한관체계, 신경봉한체계 등의 분포를 표현한 그림에서 이 같은 회로 간 연결을 종합적으로 상세히 묘사했다(<그림 4, 5, 6> 참조).

(4) 해부학적 근거, 어디까지 제시됐나

지금까지 김봉한 연구진이 1-3편의 논문을 통해 발견했다고 주장한 새로운 구조물의 외형과 내부 구조의 해부학적·조직학적 특성들에서 몇 가지 의문점을 정리해보자. 그 내용은 크게 주장에 대한 근거가 충분히 제시되지 않아 보인다는 점, 그리고 사진에 대한 설명이 많이 생략돼 있다는 점이다.

첫째, 주장에 대한 근거가 충분치 않아 보이는 부분은 봉한 구조물의 특성을 '일반화'하는 과정에서 일부 등장한다. 예를 들어 말단 봉한소관이 세포의 핵에 연결돼 있다는 설명 부분이다. <제3 논문>에서는 어떤 색소를 장기내봉한소체 안으로 주입하자 색소가 세포

핵에 도달했다가 미세 봉한소관을 따라 세포 밖으로 나온다고 밝혔다. 그런데 결론 부분에서는 "모든 조직 세포에는 세포핵으로 들어가는 미소한 말단 봉한소관과 세포핵에서 나오는 미소한 말단 봉한소관이 있다"라고 제시돼 있다. 과연 생체 내 "모든" 세포에서 이 같은 현상을 발견했는지 의문이다.

<제1 논문>에서 모든 경혈 부위를 "대체로" 확인했다는 설명에서도 비슷한 의문이 생긴다. <제1 논문>에서 명칭이 제시된 경혈 부위는 모두 7개로, 십이정경맥 가운데 세 개의 정경맥(수양명대장경: 상양, 이간, 합곡, 하렴, 수삼리; 족양명위장경: 족삼리; 수궐음심포경: 노궁)만 소개돼 있다. 이후 논문들에서는 <제2 논문>에서 족삼리가 한 차례 언급된 것이 유일하다. 십이정경맥 외에 기경팔맥에 분포하는 경혈들의 명칭은 하나도 없다. 물론 <제2 논문>에서 복부와 대퇴부에 방사성동위원소를 주입한 위치가 경혈일 것으로 추정되긴 하지만, 명칭은 제시되지 않았다. <제4 논문>에서는 79개의 경혈 위치에서 내부 물질을 찾아 분석했다는 보고가 있지만 역시 경혈의 명칭은 등장하지 않았다.[17]

사실 경혈과 경맥은 한의학 서적에서 그림으로 표현돼 있을 뿐 누구도 그 고유의 물질적 실체를 제시한 바 없기 때문에 연구진의 주장이 타당한 것이지 확인할 방법은 없다. 그런데도 연구진이 <제1 논문>에서와 같이 경혈 부위를 심지어 더 찾았다는 설명까지 하려면 그 근거를 별도로 제시할 필요가 있지 않았을까.

둘째, 사진 설명이 많이 생략돼 있어 명확한 사진판독이 어렵다는

---

17) 김봉한 연구진이 참조한 『동의보감』에는 침과 뜸을 시술할 때 십이정경맥에 속한 팔꿈치와 무릎 관절 아래의 일부 경혈이 중요하다고 언급돼 있다(신동원 외 1999, 1015쪽). 그렇다면 연구진이 모든 경혈을 대상으로 실험한 것인지는 확실치 않아 보인다.

점이다. 1-3편의 논문에서 외형과 내부 구조의 해부학적·조직학적 근거를 보여주는 현미경 사진은 총 63장(1편 4장, 2편 21장, 3편 38장)이다. 그런데 상당수의 사진들에서 세부 구조물의 명칭이 한두 개 정도만 나와 있거나 명칭이 가리키는 지점이 어디인지 불확실하게 나타나 있다. 예를 들어 내봉한관 내 소관의 전형적인 모습을 촬영한 <사진 5>의 경우, 내피세포 핵의 모습은 표시돼 있지만 텍스트와 그림에서 상세히 묘사한 외막과 주위막의 독특한 세포나 핵의 모습은 보이지 않는다.

텍스트에서 가장 흔하게 나타난다고 설명된 모습이 아닌, 다소 예외적인 모습이 사진으로 제시된 경우도 있다. 예를 들어 여러 봉한소체의 외형을 보여주는 <사진 4>의 경우, 내봉한소체는 텍스트 설명과 달리 양쪽 끝이 아닌 한쪽 끝에 두 개의 봉한관이 연결돼 있어 표층 봉한소체처럼 보인다. 또한 한쪽 봉한관이 다른 쪽에 비해 상대적으로 굵다. 또한 내외봉한소체는 봉한관이 마치 봉한소체를 관통하는 듯한 모습이어서 봉한관 주변에 기존의 생체조직이 달라붙은 것은 아닌지 의문이 들기도 한다. 장기표면에서 발견됐다는 내외봉한관을 보여주는 <사진 6>의 경우, 중간 부위가 불룩해 마치 봉한소체처럼 보인다. <사진 8>에서는 장기내봉한소체와 연결된 봉한관이 말단봉한소체 반대쪽에서는 보이지 않으며, 말단봉한소관이 세포핵의 양쪽이 아니라 한쪽만 연결돼 있다.

사진 촬영의 대상이 대부분 특정 세밀한 관심 부위에 맞춰지다 보니, 주변 생체조직과 대비되면서 전체적인 윤곽을 알려주는 정보가 부족하게 드러나기도 했다. 예를 들어 연구진은 텍스트에서 생체 내의 여러 봉한체계가 서로 복잡하게 연결돼 있다고 설명했다. 그리고 색소 주입을 통해 일부 봉한체계들이 연결돼 있다는 점을 확인했으며, 내봉한관이 혈관이나 림프관을 뚫고 나온다고 밝혔다. 그 전체 연결 양상은 <그림 4, 5, 6>에서 상세히 묘사돼 있다. 하지만 사진들에서는 이런 연결 지점이 아예 드러나지 않거나 어느 부위가 그곳인지 명확하게 적시돼 있지 않았다.

어쩌면 당시 사진 촬영기법의 기술적 한계 때문에 이 같은 의문이 생기는 것인지 모르겠다. 즉 연구진은 분명 현미경으로 관찰했지만, 그 장면이 사진으로 말끔하게 드러나지 않을 수 있다. 하지만 영문판 논문들에서 제시된 컬러 사진들에서 대부분 제목과 간단한 명칭만 나와 있어 최소한 사진 설명이 친절하지 않게 제시됐다는 점은 분명하다.

2. 봉한체계의 생리적 기능

(1) 내부 물질의 정체

(가) 과립, 핵양·호염기성 구조물, 세포

김봉한 연구진은 당연히 자신들이 발견한 봉한체계 안에 무엇이 존재하는지 궁금했을 것이다. 좀 더 정확히 말하면 표층 봉한소체동(또는 심층 봉한관동)과 봉한소관 안에서 존재하는, 형태를 가진 물질의 정체에 대해서이다. 이들 구성물은 표층이냐 심층이냐에 따라 다소 달라진다(<그림 8> 참조). 그 내용물에 대한 설명은 <제1 논문>부터 조금씩 나오지만, <제3 논문>과 <제4 논문>에서 집중적으로 등장한다. 두 논문은 같은 학술지에 동시에 나란히 게재됐다.

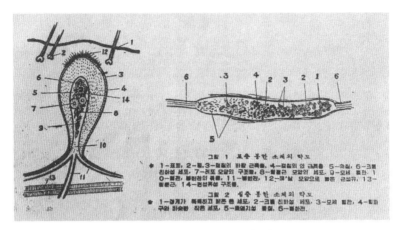

<그림 8> 표층 봉한소체와 심층 봉한소체의 구성물 비교

「로동신문」 1963년 12월 14일 자에 표층과 심층 봉한소체의 구성물이 어떻게 다른지 간략하게 소개한 그림이다. 기본적으로 표층 봉한소체의 경우 봉한관이 아래쪽으로 향해 있고, 심층 봉한소체에서는 양쪽으로 연결돼 있다. 표층 봉한소체의 윗부분(12- 해)살 모양으로 뻗은 근섬유)에 대해 기사에서는 "마치 무에서 무잎이 우로 뻗어 있는 것과 류사하다"라고 표현했다.

<제3 논문>에 따르면, 봉한소체동과 봉한관동 내부에 공통으로 분포하는 주요 구성물은 크게 세 가지 형태로 구분된다. "과립(granule)", "핵양 구조물(nucleus-like structure)", 그리고 "세포(cell)"이다. 여기서 '핵양'은 '핵과 같은'이라는 뜻으로, 보통의 세포핵과 완전히 모습이 일치하지 않음을 의미한다.

먼저 과립을 살펴보자. 가장 흔히 발견된 과립은 호염기성 과립(basophile granule)이었다. 호염기성이라는 말은 염기성과 잘 반응하는 성질, 즉 산성을 띠고 있음을 의미한다. 보통 세포에서 산성을 띠고 있는 부위는 핵이다. 핵 안의 DNA와 RNA를 가리켜 핵산이라고

부른다. 그렇다면 호염기성 과립이란 DNA나 RNA를 품고 있는 과립을 의미한다.

그런데 일부이지만 호산성 과립(acidophile granule)도 관찰됐다고 한다. 세포에서 염기성을 띠고 있는 부위는 핵을 제외한 세포질이다. 그렇다면 호산성 과립이란 세포질의 성분이 포함돼 있는 과립일 것으로 추측되는데, 논문에서는 직접적 언급이 없다.

마지막으로 크롬친화성 과립(chromaffin granule)이 있다. 보통 이 과립은 호르몬 성분을 포함하고 있을 것으로 예상한다.

한편 핵양 구조물은 주로 호염기성 과립이 성장한 모습을 의미하는 듯하다. 세포는 여러 종류가 발견됐는데, 연구진이 명확히 언급한 세포는 크롬친화성 과립을 함유한 세포였다. 이 세포는 표층 봉한소체의 경우 봉한소체동 바깥의 속질 전반에서 집단을 이루며 분포한다. 세포의 지름은 15-20 ㎛이다. 그 세포질에서는 중크롬산카리(bichromate)에 의해 황갈색으로 염색되는 작은 과립이 가득 차 있다. 5편의 논문들 가운데 처음으로 구체적인 염색약이 언급된 지점이 이곳이다. 이에 비해 외봉한소체에서는 봉한관동 내부에서 크롬친화성 세포가 발견됐다. 이 세포는 호르몬의 일종인 아드레날린 반응에서 양성으로 나타났다.

일반적으로 크롬친화성 세포는 아드레날린과 노르아드레날린 같은 호르몬을 분비하는 세포로 알려져 있다.[18] 표층 봉한소체나 외봉

---

18) 생체에서 대표적인 크롬친화성 물질로는 아드레날린(에피네프린)이나 노르아드레날린(노르에피네프린)으로 대표되는 교감신경 자극 호르몬이 있다. 이들 호르몬은 부신수질(adrenal medulla)에서 분비되며, 분비 세포는 크롬에 잘 염색되기 때문에 크롬친화성 세포(chromaffin cell)라고 불린다. 이들은 혈당량을 조절하는 한편, 신경세포의 활동에 영향을 미치는 신경전달물질로서도 기능을 수행한다. 인체에는 중추신경계와는 달리 인간의 의지와 무관하게 자체적으로 생리 활동을 조절하는 자율신경계가 존재한다. 호흡, 순환, 소화 등의 활동에 관여하는 신경계가 그 사례이다. 자율신경계는 크게 교감신경계와 부교감신경계로 구분된다. 교감신경

한소체가 호르몬을 분비하는 기능과 관련돼 있다는 점을 짐작하게 하는 대목이다. 실제로 「로동신문」 1963년 12월 14일 자에는 보통 크롬친화성 세포는 콩팥 위의 호르몬 생성 부위인 부신수질에서 많이 볼 수 있다고 설명했다. 따라서 이 세포들은 "생명 활동에 중요한 어떤 종류의 물질을 만들어낸다는 것을 알 수 있다"라고 했다. 흥미롭게도 이들 크롬친화성 세포는 모습이 일정하지 않았다. 세포의 경계가 불명확한 경우가 많이 발견되고, 세포의 크기와 위치가 다양하며, 핵의 위치도 일정치 않았다. 봉한소체 내에서 크롬친화성 세포가 꽤 역동적으로 활동하고 있음을 시사하는 내용이다.

사실 부신수질과 부신피질에서 크롬친화성 세포가 모여 있는 조직 부위가 방절(Paraganglia)이라고 알려져 있다. <제2 논문>에서는 이를 의식해 "내부에 크롬친화성 세포가 존재하기에 방절이라고 볼 수 있겠으나, 소체 내 세포 성분, 혈관 분포, 형태 등에서 명확히 차이"가 나기 때문에 봉한소체가 방절과는 다른 새로운 구조물이라는 점을 설명했다.

한편 내외봉한소체에서는 호염기성 과립, 핵양 구조물, 그리고 어떤 종류의 세포가 있다고만 설명됐다. 이들에 비해 내봉한소체, 신경봉한소체, 장기내봉한소체에서는 봉한관동이라는 표현이 언급돼 있지 않고, 호염기성 및 크롬친화성 과립, 핵양 구조물, 세포가 존재한다고 보고됐다.

계는 생체가 위급한 상황에 처했을 때 대처하는 작용을 담당한다. 예를 들어 운동을 심하게 하거나 큰 공포를 느꼈을 때 심장박동을 촉진하거나 동공을 확대하는 역할을 한다. 이에 비해 부교감신경계는 에너지를 절약하거나 저장하는 작용을 한다. 예를 들어 위장에서 소화액을 분비하거나 내장 기관의 연동운동을 촉진해 소화와 흡수가 잘 일어나게 한다. 대체로 한 장기에서 이 두 신경계는 반대로 작용하면서 장기가 원활한 기능을 갖도록 도와준다. 예를 들어 교감신경계는 심장박동을 촉진하지만 부교감신경은 이를 억제한다. 아드레날린과 노르아드레날린은 바로 교감신경을 자극하는 물질이다.

그런데 아주 흥미롭게도 내봉한소체 내부에서 특이한 세포가 발견됐다. "조혈 계열의 세포(cells of hematopoietic series)"와 "특수한 실질 장기 세포 모양으로 된 세포 집단(a cluster of cells similar to peculiar parenchymal cells)"이었다.

먼저 조혈 계열의 세포를 보자. 일반적으로 적혈구나 백혈구 등 혈액을 구성하는 조혈 세포 성분이 만들어지는 장소는 골수와 림프계로 알려져 있다. 그런데 내봉한소체에서 이들이 분화되는 모습이 발견된 것이다. 현대적 관점에서 보면 조혈 세포의 줄기세포(stem cell)에 해당하는 셈이다. 논문의 표현을 그대로 옮기면 다음과 같다.

> 이것은 골수 계열 및 림프 계열의 각이한 분화 단계에 있는 세포들이다. 즉 그것은 과립구계와 단핵구계, 다핵 거대 세포들 및 적혈구계의 세포들이다.[19]

다음으로 장기 세포 모양의 세포 부분이다. 내봉한소체가 어느 장기 부위에 있느냐에 따라 해당 장기의 세포와 유사한 세포가 존재한다. 가령 "간장 혈관 내의 내봉한소체에서는 간장 실질 조직 세포들과 유사한 구조의 세포"가 발견됐다. 역시 현대적 관점에서 장기 세포의 줄기세포에 해당하는 세포일 것 같다.

흥미롭게도 장기내봉한소체에서도 비슷한 세포가 발견됐다. 이에 대해 "안에서는 해당 장기의 유약한 세포들(young cells of the relevant organ)과 비슷한 세포들이 때때로 관찰된다"라고 설명돼 있다. 사실

---

19) 영문판에는 "These are myelopoietic and lymphogenetic cells in different stages of differentiation, that is, granulopoietic, monpoietic, erythrogenic and lymphopoietic elements and megakaryocytes" 라고 나와 있다.

내봉한소체가 특정 장기내봉한소체 근처에 분포해 있다면, 이들 사이에 상당한 유사성이 있을 것도 같다. 하지만 논문에서는 이에 대한 별다른 언급이 없다.

한편 표층 봉한소체의 경우, 봉한소체동과 연결된 윗부분, 즉 겉질에 분포하는 봉한소관망 안에도 뭔가 들어 있을 것이다. 여기에는 호염기성 과립과 크로마핀 과립만이 발견됐다고 보고됐다.

이제 봉한관 내의 작은 소관을 들여다보자. <제3 논문>에 따르면, 이곳에서 형태를 갖춘 성분은 모두 네 가지이다. "호염기성 과립", "아드레날린 과립", "여러 형태의 호염기성 구조물", 그리고 "핵양 구조물"이다. 봉한소체동이나 봉한관동에 비해 뚜렷하게 대비되는 점은 봉한소관에는 세포가 없다는 사실이다. 나머지 성분들은 거의 유사하다. 호염기성 과립 외에 호염기성 구조물이 추가됐을 뿐이다. 그런데 "여러 형태"라고 했다. 예를 들어 외봉한관의 경우 과립상, 사상, 간상 등의 형태가 발견됐다.

이 발견이 사실이라면 추측하건대, 봉한소체에 존재하던 이들 과립과 구조물은 봉한관을 따라 이동할 수 있을 것이다. 실제로 논문에서는 이들 성분이 항상 발견되는 것이 아니라고 밝혔다. 즉 어떨 때는 이들이 가득 차 있고 어떨 때는 전혀 없기도 하다는 것이다.

아드레날린 과립을 제외한 모든 구조물은 포일겐 반응(Feulgen reaction)에서 양성으로 나타났다. 즉 DNA 성분을 갖췄다는 의미이다. 사실 봉한체계 안에 DNA가 존재한다는 점은 이미 <제2 논문>에서 확인된 바였다. 예를 들어 표층 봉한소체를 절개하고 아크리딘-오렌지(acridine-orange)로 염색해 형광현미경으로 관찰하자 겉질은 황적갈색, 속질은 청록색으로 염색됐다. 이는 속질 안에 DNA로 추정되는 물질이 존재함을 알려주는 증거였다. 또한 봉한관의 내용물을 염색하자 속질에서와 같이 청록색(또는 녹황색)으로 염색됐다. 한편 표층 봉한소체의 속질과 내봉한관 안의 구조물에 포일겐 반응을 실시한 결과 양성으로 나타난 과립이 발견됐다. 이에 비해 보통 DNA를 제거하는 물질인 삼염화초산을 처리했을 때는 포일겐 반응이 음성으로 나타났다. 과립의 정체가 DNA라는 점을 알려준 주요 단서였다.

그런데 DNA만 발견된 것이 아니었다. <제2 논문>에서는 브라쉐 반응(Brachet reaction)과 운나-파펜하임 반응(Unna-Pappenheim reaction) 방법을 활용해 또 하나의 핵산인 RNA의 존재도 확인했다.

(나) DNA+RNA=산알

<제2 논문>과 <제3 논문>에서 봉한체계 안에 존재한다고 밝혀진 핵심 물질은 DNA와 RNA였다. 이 핵산의 성분과 기능에 대한 본격적인 분석은 <제4 논문>에서 다뤄졌다.

<제4 논문>에서는 이전 논문에서 발견한 핵산 성분을 지칭하는 낯선 단어가 등장한다. "산알"이다. 영문 논문에서는 발음 그대로 "Sanal"이라고 표현돼 있다. 정확한 출처를 발견하지 못했지만, 현대 연구진은 대체로 산알을 '살아있는 알'의 줄임말로 받아들이고 있다.

산알의 정의는 경락 계통 내로 순환하는 특수한 "과립(granule)" 또는 "과립양 구조물(granular structure)"이라고 내려졌다. 뒤에서 설명하겠지만, 산알은 장차 세포로 자라난다. 하지만 산알은 일반적인 세포의 조건을 갖추고 있지 않는, 세포와는 전혀 다른 존재이다.

김봉한 연구진은 산알의 정체를 규명하기 위해 봉한관과 봉한소체에 미세한 유리관을 삽입한 후 내부 액체(봉한액)를 추출하는 데 성공했다고 밝혔다. 그리고 이 봉한액을 위상차현미경(phase-contrast microscope)으로 관찰했다.

산알의 크기는 보통 1.2-1.5 ㎛였다. 하지만 작게는 0.8 ㎛, 크게는 2.4 ㎛의 산알도 발견됐다.

다음으로 내부 구조이다. 산알은 여러 가지 부위로 구분돼 있었다. 연구진은 위상차현미경으로 가운데 검게 보이는 부분을 "산알체(sanalosome)", 그 주변에 밝게 보위는 부분을 "산알 형질(sanaloplasm)", 그리고 산알 형질을 둘러싸는 막을 "산알막(sanal membrane)"이라고 불렀다. 산알체를 둘러싸는 막은 없었다. 산알의 형태를 도식화하면 다음과 같다.

봉한액 = 산알 + 산알액
산알 = 산알체 + 산알 형질 + 산알막

산알체는 포일겐 반응에 양성이고, 염기성 색소에 잘 염색된다. 따라서 연구진은 산알체의 정체는 DNA라고 판단했다. 이에 비해 산알 형질은 포일겐 반응에 음성이고 염기성 색소에 잘 염색되지 않는다. 또한 브라쉐 반응에서 양성으로 반응한다. 그 결과 산알 형질의 정체는 RNA로 추정됐다(<사진 9> 참조).

그렇다면 산알에 존재하는 DNA와 RNA는 당시 생물학계에서 알고 있던 그것과 분자구조가 동일할까. 혹시라도 포일겐 반응과 브라쉐 반응에 양성으로 나타난다고 해도 다른 어떤 구조물일 수 있지 않을까.

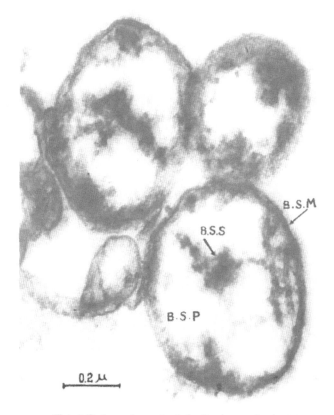

Photo 1. Electron micrograph of the Bonghan sanal (×117,000)

BSS—Bonghan sanalosome
BSP—Bonghan sanaloplasm
BSM—Bonghan sanal membrane

<사진 9> 산알의 전자현미경 사진

〈제4 논문〉에서 산알을 전자현미경으로 촬영한 모습을 보여준 사진이다. DNA 성분의 산알체(sanalosome),
RNA 성분의 산알 형질(sanaloplasm), 그리고 이들을 둘러싼 산알막(sanal membrane)이 표시돼 있다(The
Academy of Kyungrak, 1965b, Photo 1).

김봉한 연구진이 산알을 연구한 시기는 바로 서구 과학계에서 DNA의 구조와 기능을 밝힌 직후였다. <제4 논문>을 보면 연구진이 당시로서는 첨단의 지식과 기법을 인지하고 수용했다는 점을 알 수 있다.

DNA가 핵 안에서 이중나선의 형태로 존재한다는 사실은 1953년 4월 25일 왓슨(James Watson, 1928-)과 크릭(Francis Crick, 1916-2004)이 영국의 『네이처』에 제출한 논문 한 편을 통해 세상에 알려졌다. 당시까지 유전자의 실체가 DNA라는 사실은 과학계에서 받아들여졌지만, 과연 DNA가 어떤 모습으로 존재하는지는 확실치 않았다. DNA가 네 가지 종류의 염기(A, G, C, T)로 구성된다는 점, 핵산에는 RNA도 있고 염기(A, G, C, U)가 약간 다르다는 점도 알려져 있었다.

왓슨과 크릭은 여러 가지 선행연구에서 중요한 단서를 찾았다. 그 가운데 하나가 샤가프(Erwin Chargaff, 1905-2002)의 법칙이다. 핵산의 네 가지 염기는 다시 퓨린(A, G)과 피리미딘(C, T 또는 U)으로 구분된다. 퓨린 염기는 화학적으로 두 개의 고리로, 피리미딘 염기는 하나의 고리로 구성된다. 1949년 미국의 샤가프는 여러 생명체의 DNA에서 퓨린과 피리미딘의 양이 항상 동일하다는 사실을 규명했다. 즉 A의 양은 T의 양과 같고, G의 양은 C와 같다는 것이다.

왓슨과 크릭의 이중나선 모형은 이 사실을 정확히 반영해 만들어졌다. 인산과 당을 뼈대로 삼는 두 개의 나선 중간에 염기들끼리 결합해 있다. 이때 염기들은, A는 T와, G는 C와 항상 결합해 있다는 것이다. 바로 샤가프의 법칙에서 결정적인 영감을 떠올린 대목이다. 왓슨과 크릭은 이중나선 논문을 발표한 같은 해 5월 30일 『네이처』에서 세포가 분열할 때 DNA가 어떻게 자신과 동일한 DNA를 만들어내는지에 대한 연구결과를 발표했다. 이들 논문의 성과로 1962년 왓슨과 크릭은 노벨 생리·의학상을 수상했다. 현재까지 이어지는 분자생물학 또는 유전공학의 발전은 바로 왓슨과 크릭의 연구를 출발점으로 삼는다.

김봉한 연구진이 <제4 논문>을 발표한 시기는 1965년이다. 서구 생물학계의 떠들썩한 성과에 대해 연구진이 충분히 감지하고 있을 시점이다. 실제로 <제4 논문>에서 그 근거를 찾을 수 있다. 논문에서 샤가프라는 이름이 명시돼 있지는 않지만 바로 샤가프의 법칙 내용이 등장한다.

연구진은 토끼의 봉한관을 채취해 특정 산성 용액(레몬산-사탕 용액, citric acid-sucrose)에 용해시키고 초원심분리기를 사용해 순수한 산알을 얻었다고 밝혔다. 그리고 핵산 검출 기법을 활용해 한 개의 산알에서 DNA와 RNA 함유량을 얻어 제시했다. 즉 산알체와 산알 형질 각각에서가 아니라 산알 하나 전체에서 값을 얻었다. DNA(2.5 X 10^{-13}g)가 RNA(1.2 X 10^{-13}g)보다 두 배 정도 많았다.

여기서 대단히 흥미로운 점이 지적됐다. 연구진은 산알 하나에 포함된 DNA의 양이 일반적인 세포핵에서 염색체 하나의 DNA 양과 유사하다고 밝혔다. 또한 산알체가 원형, ㅅ형, Y형, x형, 간상형, 별 모양 등 다양한 형태를 띤다고 설명했다. 미리 얘기하면, 연구진은 산알체 하나가 우리가 알고 있는 염색체 하나일 것이라는 대담한 주장을 펼쳤다. 이에 대해서는 뒤에서 산알의 역할을 설명할 때 다시 살펴보도록 하겠다.

연구진은 DNA와 RNA의 네 가지 염기가 각각 상대적으로 어느 비율로 구성돼 있는지를 확인했다. 바로 샤가프의 법칙을 확인한 부분이다.

흥미롭게도 결과는 샤가프의 법칙과 일치했다(<그림 9> 참조). A와 T(또는 U), C와 G의 비율이 거의 1이었다. 산알 속의 DNA는 보통 세포핵 속의 DNA처럼 이중나선으로 존재하지 않을까 추정할 수 있지만 논문에 이 내용은 발견되지 않는다.

Table 5.

Composition of DNA bases

Base	Molar ratio of bases (mol. %)
Guanine	21.80
Adenine	28.30
Cytosine	21.20
Thymine	28.70

Table 6.

Composition of RNA nucleotides

Nucleotide	Molar ratio of nucleo-tides (mol. %)
Guanylic acid	30.21
Adenylic acid	21.10
Cytidylic acid	29.31
Uridylic acid	19.38

<그림 9> 산알의 염기 조성과 샤가프의 법칙

<제4 논문>에서 산알의 DNA와 RNA 염기 성분의 비율을 측정해 제시한 결과이다. DNA의 경우, 염기 A(Adenine)와 T(Thymine), C(Cytosine)와 G(Guanine)의 함량이 거의 일치함을 보임으로써 왓슨과 크릭이 1953년 논문에서 활용한 샤가프의 법칙을 동일하게 적용했음을 알려준다. RNA에서도 A(Adenylic acid)와 U(Uridylic acid), C(Cytidylic acid)와 G(Guanlic acid)의 함량 비율이 거의 일치한다(The Academy of Kyungrak, 1965b, p.41).

또 한 가지 연구진이 확인한 점은 DNA 염기 가운데 A와 T의 비율이 1.32에 해당하는 AT형이라는 사실이었다. 연구진은 AT형이 일반 동물 조직에서 나타나는 특징과 동일하다고 밝혔다. 또한 RNA에서는 A와 U의 비율이 1.34-1.50이라고 설명했다.

샤가프의 법칙과 AT형에 대한 설명은 사실 <제3 논문>에서도 유사하게 언급돼 있다. 다만 <제3 논문>에서는 봉한액 전체, 즉 <제4 논문>으로 보면 산알과 산알액 전체에서 얻은 값이었다. 이에 비해 <제4 논문>에서는 산알만을 대상으로 측정한 값이다. 그런데도 양 논문에서 제시된 값이 거의 유사하다는 결과를 토대로 봉한액에서 거의 모든 DNA와 RNA가 존재하는 곳이 산알이라는 추정이 가능하다. 실제로 논문에서는 DNA의 경우 이 추정을 사실로 확인시켜 주는 값을 제시했다. 즉 산알과 산알액 각각에서 DNA의 양을 분석하자, 산알과 산알액의 비율은 99.8 : 0.2로 나타났다. 여기서 알수 있듯이 산알액에는 산알에 비해 매우 미미하지만 DNA가 존재하기는 한다. 다만 그 의미가 무엇인지에 대해서는 논문에서 설명이 없다.

<제2 논문>에서는 아직 봉한액이나 산알, 산알액 등을 분리하지 못한 수준이어서 그랬는지, 봉한소체와 봉한관 전체에서 얻은 DNA와 RNA의 양을 측정한 값이 제시됐다. 즉 표층 봉한소체와 혈관 내 봉한소체를 채취해 갈아서 죽을 만든 재료로부터 함량을 측정했다. 여기서 제시된 값에는 봉한소체와 봉한관 자체를 구성하는 세포의 핵으로부터 나온 값도 포함됐을 것이다. 그래서 <제2 논문>에서의 정량적 자료로는 봉한체계 안에서 존재하며 이동하는 DNA와 RNA의 값을 추정할 수는 없다. 다만 <제2 논문>에서는 토끼의 몇 가지 조직들의 DNA 함량과 봉한체계의 그것을 비교한 점이 주목할 만하다. 봉한소체와 봉한관에서 DNA의 함량은 비장에 비해 3배, 간장과 신장에 비해 10배 이상, 혈액에 비해 30배 이상 높게 나타났다. 봉한체계가 다른 체내 기관에 비해 DNA의 활동과 훨씬 밀접한 연관성이 있다는 점은 분명해 보였다.

한편 산알에는 핵산만 존재하는 것이 아니었다. 단백질도 있었다. 산알 하나에서 차지하는 단백질의 함량(1.7×10^{-12}g)은 DNA보다 7배 정도 많았다. 단백질과 함께 지방과 탄수화물도 검출됐다. 또한 다양한 무기물질도 있었다. 건조한 산알에 마그네슘, 철, 칼슘, 구리,

망간, 아연, 코발트 등의 순서로 원소량이 검출됐다. 연구진은 DNA 와 RNA 외에 이 같은 성분들이 존재하는 의미를 다음과 같이 설명했다. "산알 속에 많은 양의 단백질과 중요 무기 성분들이 있다는 사실은 각종 효소의 존재와 관련된다." 효소에 대한 더 이상의 설명은 없다. 일반적으로 효소는 생리현상을 빠르게 일으키는 촉매 역할을 수행하며, 다양한 무기원소를 함유하고 있다.

이제 산알의 가장 바깥 부위인 산알막에 대해 살펴보자. 산알막은 주로 지방질과 단백질이 복합된 리포프로테이드(lipoproteid)로 구성돼 있다. 보통 세포의 막은 리포프로테이드를 포함해 다양한 성분으로 구성된다. 산알막도 최소한 보통의 세포막 성분을 갖추고 있음을 알 수 있다. 하지만 보통 세포의 막은 대부분 인지질로 구성된다. 산알막이 주로 리포프레테이드로 구성돼 있다는 말은 보통 세포의 막에 비해 상대적으로 단백질을 많이 함유하고 있음을 의미하는 듯하다.

산알막 가까이 있는 산알 형질에는 전자현미경으로 관찰되는 "과립상 물질들"이 존재한다. 대략 크기를 짐작하면 수십 nm(나노미터, 1 nm는 10^{-9} m) 수준인 듯하다. 이 물질의 정체에 대한 설명은 없다. 산알막이 보통의 세포막처럼 두 층으로 이뤄져 있는지에 대한 설명도 없다.

전체적으로 산알의 겉모습은 얼핏 생각하면 세포와 유사해 보인다. 마치 가운데 핵이 있고 주변에 세포질이 존재하는 것 같다. 그래서 산알을 '세포의 축소판' 정도로 인식할 수도 있다.

하지만 좀 더 생각해보면 산알은 세포와 전혀 다르다는 사실을 알 수 있다. 가장 중요한 지점은 산알에서 세포 내 소기관(미토콘드리아, 리보솜, 소포체, 골지체 등)이 발견되지 않는다는 사실이다. 산알에는 DNA, RNA, 단백질, 기타 각종 대사물질 등만 있다. 세포처럼 소기관이 있다면 산알 형질에서 발견돼야 할 텐데, 그렇지 않았다. 굳이 비유하자면 산알은 오히려 보통 세포의 핵과 유사한 구조라고 볼 수 있을 듯하다. 크기로 볼 때 '핵의 축소판'으로 불리는 게 더 어울려 보인다. 일단 산알체는 막으로 둘러싸여 있지 않다. 즉 산알체와 산알 형질은 세포의 핵과 세포질을 구분시키는 핵막처럼 어떤 구조물에 의해 분리돼 있지 않다. 다만 중심에 DNA, 주변에 RNA가 분포하고 있을 뿐이다. 이 같은 배치는 또 다른 흥미를 불러일으킨다. 보통 세포의 핵에서 DNA와 RNA의 배치와 반대이기 때문이다. 일반적으로 세포에서 DNA로 가득한 핵의 한 가운데에는 rRNA로 이뤄진 인(nucleolus)이 존재한다.

한편 산알에 DNA와 RNA, 단백질, 그리고 대사물질이 존재한다는 의미는 일반 세포에서 단백질이 만들어지는 과정을 떠올리게 한다. 왓슨과 크릭이 제안한 생물학계의 고전적인 설명에 따르면, DNA에서 네 개의 염기로 암호화된 정보는 mRNA와 tRNA를 매개로 세포질의 리보솜에서 단백질을 만들어낸다. 이른바 중심원리(central dogma)의 개념이다.

산알액의 성분을 살펴보면, 바로 DNA가 단백질을 만들어내는 과정, 그리고 DNA와 RNA의 대사과정 등에 필요한 여러 성분들이 포함돼 있음을 짐작할 수 있다. 이 성분들이란 질소(단백질 질소와 비단백질 질소), 환원당, 지질 등의 물질과 유리 모노 핵산 및 유리 아미노산이다. 여기서 '유리'라는 말은 분리돼 있다는 뜻이다. 즉 유리 모노 핵산이란 DNA나 RNA의 기본 구성물인 인산-당-염기가 나선으로 연결돼 있지 않고 제각기 여러 형태로 분리돼 존재하는 핵산을 의미한다. <제4 논문>에서 제시된 17 종류의 유리 모노 핵산 가운데에 는 세포의 활동에 에너지를 제공하는 ATP도 포함돼 있다. 한편 유리 아미노산 역시 단백질을 구성하지 않고 한 개 또는 두세 개가 떨어져 존재하는 아미노산을 뜻한다. 유리 모노 핵산과 유리 아미노산의 존재 는 각각 핵산과 단백질의 대사가 이뤄지고 있음을 시사하며, 여기에 질소, 환원당, 지질 등의 물질이 관여하고 있음을 짐작하게 한다.

(다) 호르몬과 히알루론산

산알액의 또 하나 특징적 구성물은 호르몬이다. <제4 논문>에서 는 산알액에 부신피질호르몬, 부신수질호르몬, 성호르몬 등이 존재 한다고 언급됐다. 사실 호르몬의 존재에 대한 예고는 <제2 논문>에 서부터 제시됐다. 표층 봉한소체의 속질에 분포하는 크롬친화성 세 포의 존재가 그것이다. 어떤 계기로 김봉한 연구진이 크롬과 잘 반 응하는 세포를 찾게 됐는지는 알 수 없다. 다만 「로동신문」 1963년 12월 14일 자에서는, 봉한소체가 특정 내장 기관들과 연결돼 있으므 로 봉한체계에서 만들어진 호르몬은 정확히 표적 기관에 전달될 수 있다고 설명됐다. 일반적으로 호르몬의 전달 통로는 혈관과 림프계 이며, 호르몬이 전신 순환을 통해 필요한 기관에 전달된다고 알려져 있기 때문이다.

호르몬의 성분에 대한 분석은 <제3 논문>에서 상세히 소개됐다. 다만 <제3 논문>에서는 순수 산알액이 아니라, 봉한액과 표층 봉한 소체를 대상으로 분석됐다.

먼저 아드레날린과 노르아드레날린이 상대적으로 많았다. 즉 봉한액과 표층 봉한소체의 경우 이들 호르몬은 심장과 혈액에 비해 수십 배 많은 양이 검출됐다. 보통 호르몬이 혈액을 통해 이동한다고 알려진 사실을 떠올려보면 매우 흥미로운 대목이다. 좀 더 자세히 보면, 표층 봉한소체가 봉한액보다 여러 배 많은 호르몬을 갖고 있었다. 또한 두 곳 모두에서 노르아드레날린이 아드레날린보다 양이 많았다.

한편 봉한액에서는 다른 호르몬도 검출됐다. 일반적으로 부신에서 분비되는 코르티코스테로이드, 난소에서 분비되는 에스트로겐, 17-케로스테로이드 등이 그것이다.

마지막으로 흥미로운 구성물은 당의 일종인 히알루론산이다. 사실 크롬친화성 세포를 찾게 된 계기보다 더 궁금해지는 부분이 바로 히알루론산의 발견 사례이다. 연구진이 당시에 어떤 이유에서 히알루론산의 양을 측정했는지 알 수 없다(<박스 2> 참조). 다만 「로동신문」 1965년 8월 4일 자에는 히알루론산의 구조와 역할이 당시에 잘 알려지지 않았지만, "학자들은 이 물질이 세포가 자라나고 또 새로 만들어지는 과정에서 중요한 역할을 하며 여러 가지 질병 특히 류머티즘 질환에 큰 관계가 있다고 보고 있다"라고 설명하고 있다.

<제3 논문>에서는 토끼의 혈관 내 봉한관으로부터 추출한 봉한액에서 히알루론산이 얼마나 많이 함유돼 있는지를 다른 조직과 비교하여 제시했다. 실험 결과 토끼의 간장에 비해 봉한액에서의 히알루론산 함유량은 여러 배 많았다. 이에 비해 소의 정충에서의 함유량과는 비슷했다.

연구진은 한편으로 혈전에서의 히알루론산 함유량도 측정했다.

혈전은 혈액이 응고된 결과물로서, 가느다란 혈관과 엉킨 모습이 봉한 구조물과 유사해 보일 수 있다. 짐작하건대 김봉한 연구진은 혈전이 봉한관과 다른 조직임을 알리기 위해 일부러 이 같은 조사를 한 것 같다. 예상대로 봉한액에서의 히알루론산이 혈전에 비해 월등히 많았다. 무려 25배에 달했다.

산알액의 성분은 어떤 의미를 던지고 있을까. 연구진은 <제4 논문>에서 산알액의 모든 성분들이 "산알로부터 세포가 형성될 때 물질대사에 이용된다고 본다"라고 간략히 밝혔다. 이제 산알이 세포로 자란다는 말이 무슨 뜻인지 살펴보자.

<박스 2> 김봉한이 히알루론산에 주목한 이유

김봉한 연구진이 히알루론산의 중요성을 인지한 계기는 무엇일까. 연구진의 논문에서는 이에 대한 설명이 없다. 다만 당시 소련 과학계의 영향으로 마련된 것일 수 있다는 추측은 가능하다. 이는 캐나다의 과학저술가 폴락(Felix Polyak)이 발간한 번역서(Khabarov, VN et al, 2015)에서 확인된다.

폴락은 책의 서문에서, 2012년 우연히 히알루론산 발견의 역사와 현대적 의미에 관해 상세히 기록된 소련 서적을 보고 흥미를 느껴 번역 작업에 착수했다고 밝혔다. 책의 제1장에는 20세기 중반 소련 과학자들이 상처 난 조직의 재생에 히알루론산이 중요한 역할을 담당한다는 사실을 인식했다고 소개돼 있다.

히알루론산의 존재는 1934년 메이어(Karl Meyer)와 팔머(John Palmer)가 *Journal of Biological Chemistry*에 처음 보고했는데, 소 눈의 유리체(vitreous body, 안구 중심부를 채우는 투명한 젤 형태의 구조물)

안에서 다당류(polysaccharide) 형태로 발견됐다. 저자들은 이 다당류를 유리 같다는 의미의 'hyaloid'와 다당류의 일종인 '우론산(uronic acid)'를 합쳐 히알루론산이라 명명했다. 이후 10여 년간 메이어를 비롯한 많은 과학자들이 동물의 관절액, 탯줄 등 다양한 기관에서 히알루론산을 추출했다. 1934년 미생물의 일종인 연쇄상구균(Streptococci)에서도 히알루론산이 발견됨으로써, 이후 히알루론산을 대량으로 얻을 수 있는 길이 열렸다. 1949년에는 개의 관절을 싸고 있는 얇은 막 내부 액체에서 히알루론산이 발견되면서 관절 질환 개체와 정상 개체의 비교 연구가 시작됐으며, 1950년대에 이르러 히알루론산이 세포 성장을 촉진한다는 사실까지 밝혀졌다.

한편 소련의 경우 2차 세계대전이 진행되던 1943년 동상에 걸린 군인 치료용 붕대가 개발됐는데, 이 붕대에는 탯줄 추출물이 활용됐고, 이 추출물은 'factor of regeneration'이라 불렸다. 이후 소련 보건부(USSR Ministry of Health)에서 이를 'Regenerator'라 공식적으로 불렀고, 당시 히알루론산은 탯줄에 풍부하다고 알려져 있던 물질이었다. 현재 히알루론산은 눈이나 관절 치료, 미용의학(aesthetic medicine)에 활발히 활용되고 있다.

(2) 세포의 갱신, 손상된 조직의 재생

김봉한 연구진의 발견 내용 가운데 가장 중요한 부분을 꼽으라면 단연 산알이라고 말할 수 있다. 연구진도 그렇게 생각한 듯하다. 5편의 논문 가운데 유일하게 글자별로 아래에 방점을 찍어 강조한 문장 하나가 있다. <제4 논문>의 결론에서다.

"모든 생명 과정의 바탕에는 산알의 운동이 놓여 있다."

산알의 역할을 두 가지로 요약해보자. 첫째, 산알은 세포로 자라고, 세포는 다시 산알로 돌아간다. 「로동신문」 1965년 8월 18일 자에서는 산알은 "생물체 내에서 살고 있으며 세포로 자라나는 능력이 있다"라면서 "산알이라는 말은 바로 이러한 특징에 따라 지어진 것"이라고 언급됐다. 또한 <제4 논문>의 서두에서 산알이란 "자라나서 세포로 되고 각 기관의 조직 세포는 봉한산알로 되어"라고 명시돼 있다. 그렇다면 생명체의 구조적, 기능적 기본 단위는 세포가 아니라 산알일 것 같다. 둘째, 이 순환 과정은 세포의 자기 갱신을 의미한다. 세포가 활동을 하다가 어느 시점에 이르면 산알로 변하고, 이 산알은 다시 세포로 변화한다. 특히 몸의 조직이 손상되면 산알은 그곳으로 가서 건강한 세포로 자라난다.

현재의 상식으로 인체는 하나의 세포(수정란)에서 영양분을 공급받으며 분열을 거듭해 형성된다. 새로운 세포는 오로지 기존의 세포가 절반으로 나뉘며 만들어진다. 모든 세포의 원조에 해당하는 줄기세포 역시 마찬가지이다. 그런데 핵산과 단백질, 그리고 무기물질로만 이뤄진 산알이 새로운 세포로 자라나고, 손상된 조직을 회복시키는 치료의 역할까지 수행한다는 것이다. 이 말이 맞는다면 산알은 현대적 의미로 '줄기세포의 근원적 생체물질'이라고 표현할 수 있다.

김봉한 연구진은 <제4 논문>의 제목이기도 한 '산알 학설'을 다양한 과학적 관찰과 실험을 거쳐 내놓았다. 그 내용을 찬찬히 좇아보자.

먼저 연구진은 체외에서 산알을 배양하며 그 변화 과정을 관찰했다. 산알을 실험실에서 배양하기 위해서는 당연히 체내 봉한체계에서와 거의 유사한 조건을 만들어줘야 한다. 연구진은 이에 성공했다고 밝혔다. 봉한액의 성분을 정량적으로 분석해 알아낸 이상 거꾸로 그 성분으로 배양액을 만들면 된다. 물론 간단치 않아 보인다. 분석된 성분 외에도 수소이온농도, 삼투압, 온도, 점도 등의 조건이 최적으로 유지돼야 한다. 연구진은 상세한 매뉴얼은 제시하지 않고 다음과 같이 표현했다.

"우리는 일련의 실험을 통하여 산알이 성장하는 데 적합한 배지를 만들어내었다."

산알은 배양액에서 관찰한 결과 "자기의 고유의 운동"을 수행한다. 흥미롭게도 산알은 "부단히 자전 운동을 하면서 이동한다"라고 한다. 또한 산알 내부의 산알체도 산알의 자전 운동과 무관하게 "부단히 움직"인다고 한다.

연구진이 현미영화촬영법(microcinematography)을 이용해 관찰한 산알의 변화 과정은 크게 두 단계를 거친다. 증식기와 융합기이다.

첫째, 증식기를 살펴보자. 산알체가 여러 형태로 변화하면서 산알막 밖으로 가느다란 실 모양의 산알체사를 내보낸다. 이후 산알체사를 중심으로 산알 형질이 형성된다. 이것이 점점 커지면서 새로운 산알로 자란다. 흡사 효모나 히드라처럼 자신의 몸 일부를 떼어내 자손을 만드는 무성생식을 연상케 하는 대목이다. 실제로 연구진은 원래의 산알을 "어미 산알(mother sanal)", 새로 형성된 작은 산알을 "딸 산알(daughter sanal)"이라고 불렀다. 이들 산알은 모두 산알체사로 연결돼 전체적으로 마치 포도송이 같은 모습을 띤다(<사진 10>에서 위의 왼쪽 사진 참조).

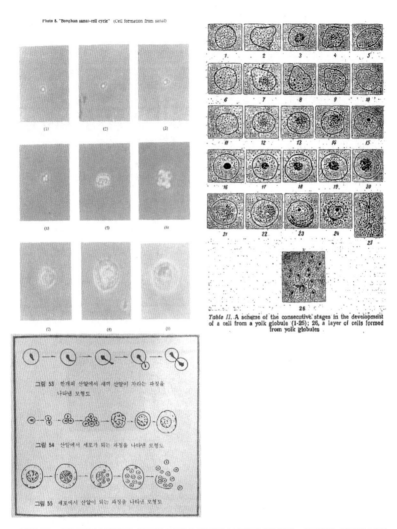

Photo 8. "Bonghan sanal-cell cycle" (Cell formation from sanal)

Table II. A scheme of the consecutive stages in the development of a cell from a yolk globule (1-25); 26, a layer of cells formed from yolk globules

그림 53 한개의 산알에서 새끼 산알이 자라는 과정을 나타낸 모형도

그림 54 산알에서 세포가 되는 과정을 나타낸 모형도

그림 55 세포에서 산알이 되는 과정을 나타낸 모형도

<사진 10> 김봉한의 '산알'의 세포화 과정과 레페신스카야의 '살아있는 물질'의 세포화 과정

〈제4 논문〉에 제시된 산알의 세포화 과정(위 왼쪽: The Academy of Kyungrak, 1965b, p.82)은 레페신스카야의 『세포의 기원』에 제시된 살아있는 물질의 세포화 과정(위 오른쪽: Lepeshinskaya, 1954, p.55)과 거의 유사해 보인다. 그러나 봉한학설에서 산알은 일단 증식기(위 왼쪽 사진 1-4)를 거친 후 융합하면서 핵을 형성한다는 점에서 살아있는 물질끼리의 융합만을 통해 핵을 형성하는 레페신스카야의 관찰 내용(위 오른쪽 사진 1-24)과는 다르다. 「로동신문」 1965년 8월 18일 재(아래)에는 산알의 세포화 과정과 세포의 산알화 과정을 간단히 그림으로 제시했다. 그림 내에서의 명칭은 「로동신문」에는 없고 후지와라 사토루(1993, 157쪽)가 붙인 것이다.

둘째, 융합기이다. 산알들 사이의 경계가 불명확해지면서 서로 융합하는 시기이다. 다만 산알체는 융합되지 않고 제각각 "남아 있다"라고 한다. 이후 주변에 엷은 막이 만들어진다. 연구진은 이를 가리켜 "핵양 구조물"이라고 불렀다. 즉 세포의 핵과 같은 모습이 형성된다는 의미이다. 이후 주변에 어떤 균질한 물질이 생기면서 점점 커진다. 바로 세포질의 형성을 의미한다. 거의 동시에 세포막이 만들어진다. 이로써 산알 하나에서 세포 하나가 형성된 것이다.

그렇다면 세포 내 소기관들은 언제, 어떻게 만들어질까. 연구진이 세포를 언급했다면 분명 소기관을 확인했음을 의미한다. 하지만 논문에서는 이에 대한 설명이 없다. 다만 영문판에서는 전자현미경으로 촬영한 사진에서 미토콘드리아가 핵막 바깥에 표시돼 있기는 하다(<사진 11> 참조).

연구진은 산알로부터 세포가 형성될 때 핵산과 단백질의 양이 어떻게 변화하는지를 조사했다. 토끼의 내봉한관에서 산알을 추출해 배양하면서 시간대별로 그 함량을 검사했다. 그 결과 산알이 완전한 세포로 자란 6일 후 DNA가 16배, RNA가 9배, 그리고 단백질의 질소는 32배 증가했다. 흥미롭게도 시간대별로 그 증가 추이가 달랐다. DNA는 배양 후 3일 경에 급격히 증가하고 이후에는 완만하게 늘어났다. 연구진은 급격한 증가 시기를 어미 산알로부터 딸 산알이 증식하는 시기로 파악했다. 이후 핵과 세포질이 형성될 때는 DNA 합성이 거의 일어나지 않는다는 것이다. 이에 비해 RNA와 단백질 질소는 3일 이후에도 양이 계속 증가했다. 또한 단백질의 기본 단위인 아미노산 역시 초기에는 거의 없다가 6일 경에는 다양한 종류와 양으로 발견됐다. 연구진은 "이러한 소견은 형태학적으로 세포 형질이 형성되고 세포가 자라나는 과정과 일치된다고 본다"라고만 설명했다.

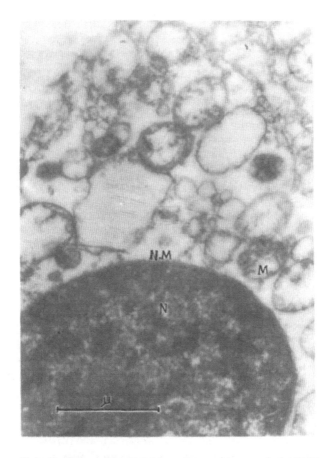

Photo 11. Electron micrograph of a cell grown from sanal (× 37,000)

N—Nucleus
NM—Nuclear membrane
M—Mitochondria

<사진 11> 산알이 세포로 자라는 과정의 일부

〈논문 4〉에서 산알이 세포로 자라는 과정의 일부를 전자현미경으로 촬영해 제시한 사진이다. 핵(nucleus) 오른쪽 위에 미토콘드리아(M-Mitochondria)가 보인다(The Academy of Kyungrak, 1965b, Photo 11).

연구진은 이번에는 세포가 어떤 변화를 거치는지 살펴봤다. 한마디로 산알이 세포로 변화하는 과정과 반대 과정을 거친다. 즉 산알은 다른 곳이 아닌, 세포의 핵에서 만들어지는 것이었다.

세포를 배양하다가 일정한 시간이 지나면 세포의 핵에서 "점상 구조물들(dot-like structures)"이 움직이기 시작한다. 이때의 점상 구조물은 산알체를 의미한다. 이 구조물들은 두 단계를 거치면서 산알로 성장한다. 첫째, 핵 안에서 어떤 물질이 산알체로 이동한다. 이때 점의 형태에서 약간 커진 둥그런 모습이 관찰된다. 둘째, 핵막이 파열되면서 이 둥그런 구조물이 세포질로 나온다. 여기서 또 한 번 세포질의 어떤 물질이 이동해 들어가 좀 더 커진다. 이때 비로소 "자기 특성을 완전히 가지게 된" 산알이 형성된다. 이후 일정 시간이 지나면 세포막이 파열돼 산알들이 세포 밖으로 나온다.

흥미롭게도 세포막이 파열되기 직전 세포질에서는 "산알과 검고 작은 과립들이 보일 뿐 그의 세포 형질의 구조물은 보이지 않는다"라고 한다. 작은 과립의 정체를 알 수 없지만, 일단 세포 내 소기관들이 어디론가 사라졌다는 의미이다.

산알과 세포 사이의 변화를 전체적으로 볼 때, 산알의 구조는 핵 안에서와 세포 바깥에서 다르다는 점을 알 수 있다. 연구진은 "산알의 융합 단계와 세포의 산알화 단계는 이 두 시기 간에 놓여 있는 과도적 단계"라고 표현했다. 연구진은 핵에서 산알이 형성되는 과정은 물론 산알이 융합돼 핵으로 만들어지는 과정 모두에서 산알이 일정하게 변화한다고 파악했다. 산알이 세포로 변했다가 다시 산알로 돌아오는 이 순환 과정은 산알의 "질적 변화"에 기초한다. 따라서 "세포는 산알의 단순한 기계적 집합에 의해 형성되는 것은 아니"며,

"세포는 산알의 순환 운동의 특수한 한 단계"에 나타나는 모습일 뿐이다(<그림 10> 참조).

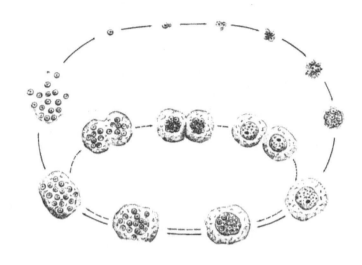

Fig. 4. Diagram of "Bonghan sanal-cell cycle"
(intracellular and extracellular)

<그림 10> 산알의 순환 운동과 세포 분열

〈제4 논문〉에서 세포의 분열 과정(안쪽 원)과 세포-산알 순환 과정(바깥쪽 원)을 비교한 그림이다. 흔히 새로운 세포는 기존의 세포에서 분열돼 발생하는 것으로 알려졌지만, 연구진은 세포의 산알화와 산알의 세포화가 근본적인 과정이며 세포의 분열 과정은 그 특수한 한 단계일 뿐이라고 주장했다(The Academy of Kyungrak, 1965b, Fig. 4).

연구진은 산알과 세포의 순환적 관계를 생체 내에서도 직접 확인했다고 밝혔다. 헤마톡실린-에오신(hematoxylin-eosin)으로 토끼와 돼지의 간장 조직을 염색해 세포 내 핵과 세포질의 전반적인 모습을 관찰했다. 여기서 연구진은 위상차현미경을 통해 조직 샘플을 관찰하는 동시에, 조직을 동결한 후 얇게 잘라 배양액에 넣어 녹여서도 관찰했다. 즉 정태적 상태와 동태적 상태를 비교했다.

간장에서 얼마나 많은 세포가 산알로 변했을까. 연구진은 특별한 질병이 없는 정상적인 상황에서 그 수치를 제시했다. 즉 토끼의 간장에서 산알로 변하는 세포의 수는 전체의 2-4% 정도라는 것이다. 반대로 산알이 세포로 변하는 수는 전체의 1-3%라고 밝혔다. 산알로 변하는 세포의 수가 산알로부터 형성된 세포의 수보다 약간 많다.

만일 토끼의 신체에 이상이 생기면 이 비율은 많이 달라진다고 한다. 간장을 손상시킨 후 재생되는 과정을 살펴보자. 초기에는 산알로 변하는 세포의 수가 증가한다. 이후 산알로부터 형성된 세포의 수가 더욱 증가하고 산알로 변하는 세포의 수는 줄어든다. 간장이 완전히 재생된 단계에 이르면 정상적인 상황에서의 수치를 유지한다. 또한 토끼에게 먹이를 주지 않으면 산알로 변하는 세포의 수가 매우 증가하는 반면, 산알로부터 형성된 세포의 수는 증가하지 않는다고 한다. 몸에 영양분 섭취가 중단되는 비상사태가 발생하면 상대적으로 세포의 수를 줄이고 산알을 비축한다는 의미일지 모르겠는데, 논문에서는 이에 대한 설명이 없다.

연구진은 이 같은 설명 직후에 토끼의 간장을 손상시키고 간장이 어떻게 재생되는지를 관찰한 실험 과정을 상세히 묘사했다. 지름 2 ㎜의 유리관으로 토끼의 간장을 찌른 후 시간대별로 간장 조직을 채취해 관찰했다. 손상된 지 12시간이 지나면 염증이 발생하고, 24시간이 지나자 간장의 세포들이 완전히 사멸했다. 그런데 바로 24시간이 지난 시점부터 손상 부위 주변의 모세혈관이나 결합조직에서 호염기성 구조물, 즉 산알이 많이 나타난다. 그리고 이들은 손상 부위로 모여든다. 2일 경에는 이보다 큰 핵양 구조물이 관찰된다. 그 크기는 3-5 ㎛ 정도이다. 3일 경에는 둥그런 모습을 갖춘 핵양 구조물 주위에 희미하게 세포질이 보인다. 마침내 7일 경에는 새로 만들어진 간장 세포들이 관찰된다. 이후 재생이 완전히 끝날 즈음에는 핵양 구조물의 수가 줄어들고 성숙한 세포들이 차 있는 모습이 나타난다.

한편 산알은 봉한체계 안에만 존재하지 않는다. 물론 대부분은 그 안에 존재한다. 하지만 <제4 논문>에서 산알은 혈액, 림프액, 조직액 내에 "거의 없다"라고 표현했다. 극히 일부이지만 산알이 봉한체계 바깥에서 존재하고 있음을 시사하는 대목이다.

만일 봉한체계에 이상이 생기면 어떤 일이 벌어질까. 연구진은 <제3 논문>에서 봉한관에 일부러 손상을 입힌 결과를 소개했다. 예상대로 여러 측면에서 생체에 이상 증세가 발생했다.

먼저 세포를 관찰한 실험이 있다. 말단봉한소관은 세포의 핵까지 연결돼 있다고 했다. 연구진은 장기 주변의 봉한관을 잘라낸 후 장기의 세포가 어떻게 변하는지 관찰했다. 예를 들어 간장에 혈액을 공급하는 정맥혈관인 간문맥의 내봉한관, 그리고 신장에 분포된 내봉한관과 외봉한관을 절단했다. 그러자 간장을 구성하는 실질 세포와 신장과 연결된 세뇨관의 핵이 사라지고 세포들이 사멸했다.

다음으로 신경계 주위의 봉한관을 절단하고 그 결과를 살펴봤다. 개구리의 좌골신경 주위 봉한관을 잘라내자 시간이 지날수록 척수반사 시간이 지연되고 그 과정이 매우 불안정해지는 현상이 관찰됐다. 또한 주변 신경을 검사한 결과 신경세포가 비정상적으로 변질됐다고 한다. 연구진은 이 사실로부터 봉한체계가 신경계에 "영양적 작용을 한다"라고 판단했다. 나아가 연구진은 신경을 둘러싸는 주위막을 제거하거나, 체내에서 봉한소관이 주변에 없는 신경섬유의 작용 등을 관찰했다. 그 결과 봉한체계는 "신경이 근육을 지배하는 과정에 대해서도 영양적 영향을 주면서 직접 그 수축에도 관계한다"라고 설명했다.

연구진은 봉한관이 체내 근육의 수축 운동에 직접 영향을 미치고 있다는 점도 관찰했다. 토끼의 내봉한관을 약물로 자극하고 생체에서 세 가지 종류의 근육별로 심장, 내장, 그리고 골격근의 상태를 살펴봤다. 심장의 경우 박동수에서 변화가 왔다. 박동수가 많아지는 경우도 있고 적어지는 경우도 있었다. 박동력에서도 변화가 나타났다. 내장의 경우 정맥 내봉한관을 자극하면 수축 빈도와 수축력이 증가한 반면, 동맥 내봉한관을 자극하면 수축 빈도는 늘지만 수축력은 떨어졌다. 골격근에 대해서는 수축에 일정한 영향을 미쳐 그 긴장도를 강화한다고 설명했다.

흥미로운 점은 이들 모든 과정에서 봉한관 자체의 기계적 운동에 앞서 근육의 반응이 발생한다는 사실이었다. 즉 봉한관의 전기 신호 변화가 먼저 각 근육에 도달해 영향을 미친다는 것이다.

(3) 전기적 정보전달과 기계적 운동

봉한체계에서는 산알은 물론 호르몬과 히알루론산 같은 생체물질이 흐른다. 그런데 또 하나 흐르는 존재가 있다. 전기 신호이다.

표층 봉한소체에서 독특한 전기 신호가 발생하고 이것이 내장 기관의 상태에 따라 변화할 수 있다는 점은 <제1 논문>에서 제시됐다. 연구진은 <제2 논문>과 <제3 논문>에서 각각 표층 봉한소체와 일반

봉한관에서 발생하는 전기 신호를 상세히 분석했다. 그 결과 전체적으로 표층 봉한소체와 봉한관 사이에서는 독특한 전기 신호가 흐르고 있다고 밝혔다.

봉한체계에서 전기 신호가 흐른다는 것은 두 가지 의미를 갖는 듯하다. 하나는 어떤 생체 정보를 전기 형태로 전달한다는 것이다. 그리고 다른 하나는 봉한액을 이동시키는 근육운동의 원인으로 작용한다는 점이다.

먼저 <제2 논문>을 살펴보자. 토끼의 표층 봉한소체에서 세 가지 종류의 주기를 가지는 독특한 전기 신호를 발견했다. 하나는 <제1 논문>에서 밝힌 대로 0.1mV의 평균 진폭을 갖는 전파가 3-6초의 주기로 나타난다(ㄱ파). 그런데 주기가 7-10초인 전파(ㄴ파)와 20-25초인 전파(ㄷ파)를 새롭게 발견했다. 연구진은 "이러한 생물 전기적 변화는 다른 피부 부위에서는 인정되지 않는 독특한 변화"라고 파악했다. 또한 결론에서는 "ㄱ파와 ㄴ파는 직접 봉한소체의 근층 활동과 관련되고 ㄷ파는 봉한소체 내 세포들의 분비 활동과 관련되는 것으로 추측된다"라면서 각 전파의 역할을 예측했다.

연구진은 이 같은 세 종류의 전기 신호를 배양액에서는 물론 생체에서도 동일하게 관찰했다고 밝혔다. 다만 같은 동물에서 표층 봉한소체마다, 같은 소체에서도 시간마다, 그리고 동물의 상태에 따라 전기 신호가 상이하게 나타난다고 설명했다.

동물을 급사시켰을 때도 전기 신호가 나타났다. 당연히 이 신호는 점차 약해졌는데, 흥미롭게도 사후 30분까지 계속 나타나기도 한다고 밝혔다.

연구진은 이 전기 신호가 중추신경계와는 연관성이 없다는 점을 분명히 했다. 토끼의 표층 봉한소체를 떼어내 적당하게 온도와 습도를 유지해주면 일정 시간까지 전기 신호가 발생했다는 이유에서다.

표층 봉한소체에서 독특한 전기 신호가 발생하고 있다면 이 신호는 어디론가 전달될 것이다. 연구진은 한마디로 표층 봉한소체를 "흥분성 조직"이라고 표현했다. 이곳에 어떤 자극을 가하면 세 가지 전파의 발생 빈도에 변화가 생기며, 이 변화는 주변의 다른 표층 봉한소체에 영향을 미친다는 것이다.

연구진은 표층 봉한소체의 겉질이 활평근양 세포로 이뤄졌다는 점에 착안, 평활근을 수축하는 물질을 투여했다. 아세틸콜린과 필로카르핀 같은 콜린계열의 물질이었다. 일반적으로 아세틸콜린은 자율신경계의 일종인 부교감신경의 작용을 촉진한다. 근육의 경우 심장근이나 평활근을 수축시킨다.

표층 봉한소체에서 전기 신호는 활성화됐다. 다만 소체별로 특정 전파가 많이 나타나거나 적게 나타나는 정도가 달랐다. 논문의 표현을 보면, 물질을 투여한 후 활성화 반응은 대체로 두 단계로 구분되는 것 같다. 즉 "봉한소체의 생물 전기적 활성은 이러한 약물들을 작용시킨 직후에 약화되었다가 곧 강화되기 시작하여 약 30분 후에는 더 강화된다"라고 한다.

연구진은 표층 봉한소체가 한의학에서 말하는 경혈의 실체라고 봤기 때문에, 소체에 한의학의 치료방법을 적용하고 어떤 변화가 발생하는지도 관찰했다. 즉 침, 뜸, 그리고 흔히 약침의 재료로 사용되는 염화칼슘, 초산, 노보카인 용액 등을 처리했다. 그러자 표층 봉한소체에서 전기 신호가 일정한 패턴으로 변화했다. 특이한 사실은 자극이 강하다고 해서 반응이 강하게 나타나지 않는다는 점이었다. 연구진은 "봉한소체의 기능 상태에 적합한 세기의 자극을 주는 경우에 자극 효과가 가장 현저하게 나타나며 강한 자극을 반복해서 준다고 하여 그 효과가 커지는 것이 아니"라고 설명했다.

표층 봉한소체와 내장 기관 간의 연관성을 확인하는 실험도 <제1 논문>과 유사하게 진행했다. 가령 토끼의 대장을 식염수로 자극하면 대장의 운동이 변화하는데, 이에 따라 소체의 전기 신호도 변화한다고 했다.

나아가 연구진은 하나의 표층 봉한소체에 자극을 가했을 때 주변의 소체에서 전기 신호의 변화가 발생한다는 사실을 지적했다. 즉 소체 사이에서 전기 신호가 전달된다는 것이다. 전달의 속도도 제시했다. 초속 3.0 ㎜ 정도였다. 일반적인 신경세포 사이의 신호전달 속도보다 상당히 느리다.

신호전달 방향은 어떨까. 양쪽이었다. 하나의 소체에 자극을 가하면 양쪽에 연결된 소체 모두에서 전기 신호의 변화가 관찰됐다. 이 부분은 뒤에서 설명하겠지만, 표층 봉한소체에 방사성동위원소를 주입했을 때 봉한액이 양쪽으로 흐른다고 관찰한 내용과 맥이 닿는 것 같다. 즉 표층 봉한체계에서는 봉한액과 전기 신호가 모두 양쪽으로 전달되는 것이다.

<제3 논문>에서는 봉한관에서 나타나는 전기적 특성을 소개했다. 전반적으로 표층 봉한소체에서의 관찰 결과와 유사했다. 연구진은 토끼의 내봉한관에서 세 가지 종류의 전파의 존재를 확인했다. 다만 표층 봉한소체에 비해 진폭이 낮으며 ㄷ파가 거의 나타나지 않았다. 또한 내봉한관을 분리해 시험관에서 관찰한 결과 30-40분 후에 전파가 사라졌다. 표층 봉한소체에서도 그 시간은 30분 정도였다. 이

번에는 온도를 25℃ 아래로 낮춰봤다. 그러자 전파가 역시 사라졌다. 그런데 생체 온도까지 온도를 올리자 전파가 다시 나타났다.

한편 분리한 내봉한관 또는 생체에서 혈관 내봉한관의 한쪽 끝을 전기 또는 약물로 자극했을 경우 다른 끝에서 전기 신호가 변화했다. 이때 확실히 두 가지 종류의 반응이 나타났다. 즉 자극 직후에 진폭이 낮은 변화가 발생했고, 일정한 시간이 지나면 진폭이 높은 변화가 나타났다. 첫 변화가 나타날 때 전달속도는 초속 1-3 ㎜ 정도였다.

신호전달 방향은 양쪽이었다. <제2 논문>에서 봉한액이 심층 봉한관에서 한쪽 방향으로만 흐른다고 설명한 것과 달랐다. 심층 봉한관에서 전기 신호는 봉한액과 달리 양쪽 모두로 전달되는 것이다.

이제 봉한체계에서 발생하는 전기 신호가 봉한액을 이동시키는 동력, 즉 봉한관의 기계적 운동을 일으키는 측면에 대해 살펴보자. 한마디로 말하면, 봉한관에서 전기 신호의 변화가 발생하면 일정 시간이 지난 후 기계적 운동이 일어난다. 근육의 운동이 신경계의 작용으로 발생하는 것처럼 말이다.

사실 봉한체계가 기계적인 운동을 수행할 것이라는 사실은 그 해부학적 구조를 통해 이미 예상할 수 있었다. 표층 봉한소체의 겉질과 봉한소관을 둘러싼 외막 등 곳곳에서 활평근양 세포를 발견했기 때문이다.

연구진은 <제3 논문>에서 봉한관을 분리해 실제로 어떤 형태의 운동이 일어나는지 관찰했다. 그대로 둔 채, 그리고 약물을 주입한 채 살펴봤다. 그 결과 일반적인 내장 기관의 연동운동과 비슷하면서도 차이가 있는 양상이 드러났다. 봉한관의 운동은 세 가지 종류로 구분된다. 종축 방향으로 연속적으로 발생하는 종운동, 횡축 방향으로 빠르게 박동하는 횡운동, 두 가지 혼합된 파상형 운동이 그것이다. 이 가운데 가장 크고 자주 일어나는 것은 횡운동이라고 한다. 또한 여러 조건이 맞으면 분리된 봉한관이 30분 이상 계속 운동을 한다.

분리된 표본 상에서 관찰한 봉한관의 운동 속도는 초속 0.1-0.6 ㎜로 확인됐다. 전기 신호의 전달속도보다 상당히 빠른 값이다.

그런데 봉한액이 흐를 수 있게 만드는 좀 더 근원적인 동력은 없을까. 혈액의 경우 심장의 박동이 그 흐름을 만드는 주요 동력이다.[20] 혹시 심장의 박동이 봉한액의 흐름에도 영향을 주지 않을까.

<제2 논문>에서는 내봉한관의 경우 심장박동이 순환의 동력일 것으로 추측됐다. 혈액과 림프액의 순환 동력과 같다는 의미였다. 이렇게 생각해서였는지, <제2 논문>에서는 내봉한관 속의 봉한액이 한쪽 방향으로 움직이되 그 방향이 혈액의 순환 방향과 일치한다고 설명됐다. 하지만 <제3 논문>에서는 다른 설명이 등장한다. 내봉한관에서 봉한액의 흐름이 혈액의 흐름과 반대되는 사례를 관찰했다는 것이다. 즉 "봉한액의 순환 방향은 일반적으로 혈류의 방향과 일치되나 반대로 되는 경우도 있다"라고 했다. 연구진은 부신의 동맥과 내장으로 연결된 큰 혈관에서 이 사실을 발견했다고 한다.

---

20) 일반적으로 혈액을 움직이게 하는 동력을 살펴보자. 먼저 심장에서 모세혈관 직전까지의 동맥 부위에서 동력원은 두 가지이다. 그 하나는 쉽게 짐작할 수 있듯이 심장의 수축이다. 심장이 불끈 수축하면서 혈액을 온몸 곳곳으로 힘차게 뿜어낸다. 그리고 다른 하나는 동맥 자체의 수축이다. 동맥의 벽을 구성하는 근육이 수축함으로써 내부에서 혈액이 흐르게 된다. 이 근육이 평활근이다. 그런데 모세혈관에는 평활근이 없다. 모세혈관 직전까지 밀려온 동맥의 혈액은 모세혈관에서는 근육의 수축 없이 천천히 정맥 부위의 모세혈관으로 이동한다. 이후 혈액은 혈압 차이, 정맥 평활근의 수축 등에 힘입어 심장까지 이동한다. 여기서 혈압 차이란 정맥 모세혈관 부위와 심장 우심방 사이의 혈액 압력 차이를 의미한다. 심장의 수축으로 우심방에는 혈액이 빠져나가면서 압력이 거의 제로에 가까워진다. 이 압력 차이가 정맥 모세혈관으로 밀려나온 혈액이 심장까지 도달할 수 있는 동력으로 작용한다. 림프액은 어떨까. 림프관은 정맥부터 심장에 이르는 혈관 주변에 분포한다. 그리고 림프액의 이동 동력은 주로 림프관을 구성하는 평활근의 수축이라고 알려져 있다.

혈액과 반대 방향으로 봉한액이 흐른다는 사실 자체도 흥미롭지만, 심장박동이 봉한액의 순환 동력이 아니라는 점을 시사한다는 데서 의미가 큰 관찰이었다. 실제로 <제3 논문>에서 "내봉한관 체계에는 심장과 같은 중심이 없"다고 설명돼 있다.

결론적으로 김봉한 연구진은 봉한액이 움직이는 원인을 봉한관 고유의 운동에서 찾았다. 봉한관이 해부학적으로 혈관이나 림프관과 다른 구조물이기 때문에 봉한액의 이동 동력은 혈액과 림프액의 경우와는 다를 가능성이 크다. 당연히 심장의 수축은 제외된다. 김봉한 연구진은 봉한액이 외부의 어떤 힘에 의해서가 아니라 봉한관 고유의 연동운동을 통해 한쪽으로 밀려 나갈 것이라고 파악했다.

(4) 새로우면서 근원적인 순환체계

김봉한 연구진은 봉한체계가 온몸을 연결하는 하나의 시스템이라고 파악했다. <제2 논문>에서는 혈관, 림프관, 그리고 심장 안에서 봉한관이 연결돼 나타난다고 보고됐다. 또한 <제3 논문>에서 <그림 7>과 같이 전체 봉한 구조물이 연결돼 있는 것으로 제시됐다.

연구진은 이 같은 해부학적 연결 시스템에서 한 걸음 나아가 봉한체계 내부에서 봉한액이 여러 방향으로 흐르면서 순환체계를 형성하고 있는 것으로 파악했다. 이미 <제2 논문>에서 봉한소체 및 봉한관으로의 색소 주입 실험을 통해 봉한체계가 "독특한 순환 계통(unique circulating system)"으로 기능할 것으로 예측됐다. 또한 <제3 논문>에서 혈관 내부 봉한액의 흐름이 혈액과 반대로 진행된다고 보고했다는 점에서 봉한체계가 기존의 순환계와는 다르다고 예고됐다.

순환체계로서의 봉한체계의 특성은 산알의 존재를 보고한 <제4 논문>에 종합적으로 정리돼 있다. 봉한체계 안에서 산알은 세포로 자라고 다시 산알로 돌아오는 순환 운동을 진행한다. 이 과정에서 또 하나의 순환 운동이 벌어진다. 김봉한 연구진은 산알이 온몸을 돌면서 세포로 변한다고 주장했다. 산알은 세포에서 나온다. 그렇다면 산알의 전신 순환은 각 조직의 세포에서 시작된다.

연구진은 이를 증명하기 위해 방사성동위원소를 동원한 현미방사선자가촬영법(microradioautography)을 활용했다. 우선 인(P)의 방사성동위원소인 P^{32}를 산알 안에 끼워 넣었다. 산알이 포함된 배양액에 $Na_2HP^{32}O_4$를 주입하는 방식을 통해서였다. 산알은 DNA, RNA, 단백질 등으로 구성돼 있으며, 인 원소는 이들 각각에 모두 포함돼 있다. 여기서 P^{32}가 이들 가운데 어느 인과 대체됐는지는 논문에서 제시되지 않았다.

연구진은 P^{32}로 표식된 산알을 장기의 내봉한관에 주입하고 시간대별로 그 추이를 살펴봤다. 그 결과를 종합하면 이렇다. 산알은 장기에서 형성돼 표층 봉한소체로 이동한다. 표층 봉한소체를 거친 산알은 점차 커져 핵양 구조물로 자라며, 이 핵양 구조물이 장기로 돌아가 이곳에서 세포로 자라난다. 연구진은 이런 사실을 관찰한 후 "조직 세포에서 산알화된 산알이 봉한관을 따라서 표층 봉한소체에 운반되며 다시 심층 봉한소체로 운반되어 각 장기 내 소체를 거쳐서 조직 세포를 형성"한다고 표현했다. 대체로 <그림 7>에서 제시된 봉한체계를 통해 산알이 움직이고 있다는 의미이다.

흥미로운 점은 조직에서 생성된 산알은 모두 표층 봉한소체를 거친다는 설명 부분이다. 피부 아래에 있는 소체는 다른 위치의 소체에 비해 남다른 역할을 한다는 것을 의미한다. 피부는 내장과 달리 햇빛을 직접 받는 부위이다. 연구진은 "산알이 표층 봉한소체에서 받을 수 있는 작용은 광화학적 영향이 중요한 하나가 아닌가 생각"했다. 그리고 이를 살펴보기 위해 새로운 실험을 고안했다. 햇빛을 차단한 채 산알의 변화를 관찰하는 실험이었다.

그 결과 햇빛을 받지 못한 상황에서는 산알이 제대로 세포로 자라지 못했다고 한다. 연구진은 간장 세포에서 얻은 산알을 암실에서 배양했다. 보통의 조건에서 산알은 4일경에 104개의 세포로 자라났다. 하지만 암실에서는 32개만 형성됐다. 비장을 비롯한 다른 조직의 세포에서 비슷한 결과를 얻었다고 한다. 햇빛이 산알의 성숙 과정에 어떤 핵심적인 역할을 수행할 것임을 알려주는 대목이었다.

또한 연구진은 표층 봉한소체의 기능이 한의학의 경험적 지식과 어느 정도 일치한다는 점을 보여줬다. 연구진에게 표층 봉한소체는 한의학에서 말하는 경혈의 실체이다. 한의학에서 경혈은 제각기 내장들과 고유하게 연결돼 있다. 어느 내장에 이상이 생겼느냐에 따라 침놓는 자리가 다르다는 점을 떠올리면 쉽게 수긍이 가는 내용이다. 그렇다면 표층 봉한소체의 산알은 어느 한 종류의 장기가 아닌, 다양한 장기의 세포로 자랄 수 있어야 한다.

연구진은 이를 밝히기 위해 이번에는 사람의[21] 표층 봉한소체를 대상으로 실험했다. 79개 경혈 부위에서 소체를 찾아 여기서 산알을 채취하고 344회에 걸쳐 시험관에서 배양했다. 실험 결과는 연구진

---

[21] 5편의 논문에서 실험 대상은 주로 토끼를 비롯한 다양한 동물이었으며 사람도 포함돼 있다고 나온다. 그런데 본문에서 사람을 대상으로 실험했다고 적시된 부분은 피부 아래, 즉 표층 봉한소체에 대한 실험에 한정돼 있다.

의 기대대로였다. 각 표층 봉한소체마다 산알이 제각각의 세포로 자란 것이다. 연구진은 이 사실로부터 여러 조직의 산알이 표층 봉한소체를 거쳐 다시 원래의 조직으로 돌아간다는 순환 과정을 확인시켜준다고도 해석했다.

사실 김봉한 연구진은 <제2 논문>에서부터 봉한체계 속에 존재하는 물질이 순환한다는 점을 주장하기 시작했다. 다만 산알 자체가 아니라 산알과 산알액 전체를 의미하는 봉한액의 순환을 설명하려 했다. 방사성동위원소 P^{32}는 <제2 논문>에서부터 활용됐다.

연구진은 토끼를 대상으로 봉한소체에 $Na_2HP^{32}O_4$와 $K_2HP^{32}O_4$를 주입하고 표층 봉한소체와 심층 봉한소체 각각에서 시간대별로 P^{32}의 이동을 추적했다. 여기에는 방사능 측정법(dosimetry of radioactivity)과 방사선 자가촬영법(radioautography) 등 두 가지 기법이 활용됐다.

먼저 표층 봉한소체의 경우 P^{32}를 주입한 지 3시간 후 방사선의 분포를 측정한 결과 봉한소체와 연결된 봉한관에서 주위보다 훨씬 높은 수준의 방사선이 관찰됐다(<그림 11> 참조). 봉한관의 주위에서도 상대적으로 낮은 수준이지만 방사선이 측정된 것은 봉한소체 내에 분포한 혈관이나 림프관을 통해 P^{32}가 이동한 결과라고 설명했다. 봉한소체와 연결된 한쪽 봉한관을 일부러 절단했을 때는 절단된 부위와 연결돼 있던 봉한소체에서 상대적으로 낮은 수준의 방사선이 관찰됐다. 전체적으로 보면 대퇴부와 복부를 따라 P^{32}가 한 줄로 죽 이어지는 모습이었다. 여기서 흥미로운 점은 봉한소체를 중심으로 P^{32}가 양쪽 방향으로 이동한다는 사실이다. 봉한액이 이동을 한다면 어느 한 방향으로 갈 것 같은데 표층 봉한관에서는 양쪽으로 모두 흘러간다는 것이다.

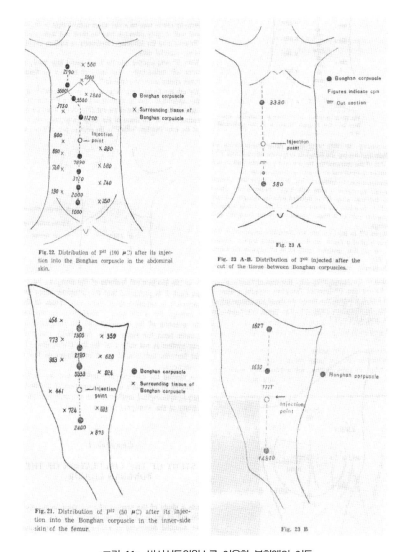

Fig. 22. Distribution of P³² (100 μC) after its injection into the Bonghan corpuscle in the abdominal skin.

Fig. 23 A

Fig. 23 A-B. Distribution of P³² injected after the cut of the tissue between Bonghan corpuscles.

Fig. 21. Distribution of P³² (50 μC) after its injection into the Bonghan corpuscle in the inner-side skin of the femur.

Fig. 23 B

<그림 11> 방사성동위원소를 이용한 봉한액의 이동

〈제2 논문〉에서 방사성동위원소(P³²)를 봉한소체(Bonghan corpuscle)에 주입한 후 이동 상황을 관찰한 결과를 보여주는 그림이다. 복부의 주입지점(injection point) 위와 아래로 봉한관으로 연결된 봉한소체들에서는 높은 수치의 방사선이 측정됐지만 주변에서는 상대적으로 낮은 수치가 측정됐다(위 왼쪽). 또한 주입지점 아래 봉한관 부위를 절단하자 아래의 봉한소체에서는 상대적으로 낮은 수치가 측정됐다(위 오른쪽). 대퇴부(아래 왼쪽과 오른쪽)에서도 동일한 실험결과가 제시됐다(The Kyungrak Research Institute, 1964, pp. 14~17).

방사선 자가촬영법은 방사능 측정법의 결과를 좀 더 확실히 확인하기 위해 사용됐다. P^{32}를 주입한 후 방사선 자가촬영을 실시하자 방사능 측정법에서 방사선이 높게 나타난 부위가 필름에서 정확히 음영의 반점으로 나타났다.

심층 봉한관에 대해서는 외봉한소체, 그리고 내봉한관에 P^{32}를 주입하면서 동일한 실험을 수행했다. 역시 이 원소가 봉한관을 따라 이동하는 모습이 관찰됐다. 그런데 표층 봉한관과 비교해 중요한 차이가 있었다. 그 흐름이 한쪽 방향으로 진행된 것이다. 다만 논문에서는 이같은 제한된 방향성이 어떤 의미를 갖는지에 대해 설명되지 않았다.

봉한액은 얼마나 빠른 속도로 이동할까. 논문에서는 "혈액 순환 속도보다 느리며 맥관 외봉한관에서는 더욱 느리다"라고만 서술돼 있다.

봉한액의 순환에 대한 실험은 <제3 논문>에서도 소개됐다. 이번에는 외봉한소체 내부의 봉한소관은 물론 크롬친화성 세포의 핵, 둥근 핵양 구조물, 호염기성 과립들이 P^{32}에 표식된 것을 봤다고 밝혔다. 특히 내봉한관과 외봉한관에 주입한 P^{32}, 그리고 어떤 색소가 말단봉한소관에서 세포의 핵까지 도달하는 모습을 관찰했다고 한다. 한 세포의 핵에서 출발해 다시 동일한 세포의 핵으로 돌아오는 봉한체계의 구조를 여기서 부분적으로 확인한 셈이었다.

심층 봉한관에서 봉한액이 한쪽 방향으로만 이동한다는 점은 <제3 논문>에서 다시 확인됐다. 또한 P^{32}가 내봉한관을 지나 외봉한관까지 도달했다는 점을 보여주면서, 봉한체계 안에서 봉한액이 순환할 수 있다는 가능성을 일부 제시했다.

이상과 같은 여러 실험 결과를 통해 연구진은 봉한액, 특히 산알이 온몸을 순환한다고 결론지었다. 그런데 이 순환로는 혈관이나 림프관의 순환로와 커다란 차이가 있다. 혈관과 림프관은 순환의 중심기관으로 심장이 존재한다. 하지만 봉한체계의 순환로에는 중심기관이 없다. 연구진은 이 순환체계가 "다순환 체계(Multi-circulation System)"라고 밝혔다(<그림 12> 참조). 신체 부위별로 독자적인 여러 순환로가 존재하고, 각각의 순환로가 복잡하게 서로 연결돼 있다는 것이다. 예를 들어 내분비 기관은 많은 순환로와 연결돼 있으며, 그 결과 난소에서 나가는 봉한액은 수많은 내장 기관으로 이동한다. <제3 논문>의 결론 부분에서 제시된 설명을 살펴보자.

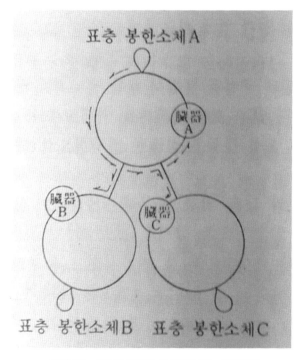

<그림 12> 다순환 체계를 구성하고 있는 봉한체계

「로동신문」 1965년 7월 21일 자에 다순환 체계의 개념이 간략히 소개된 그림이다. 생체 내 장기별로 제각각의 봉한 순환로가 존재하고, 각 순환로들이 서로 연결돼 있는 형태이다. 그림 내에서의 명칭은 「로동신문」에는 없고 후지와라 사토루(1993, 187쪽)가 붙인 것이다.

봉한액 순환로는 혈액 순환로와는 달리 단일하지 않으며 호상 연결되면서 상대적으로 독립된 다수의 순환로로 되어 있다. 하나의 봉한액 순환로에 주입한 색소나 동위원소는 국한된 일정한 부위에서만 순환한다. 그러나 봉한액은 순환로 간의 연결로를 따라서 한 순환로에서 다른 순환로로 순환하기도 한다.

연구진은 봉한 순환체계가 기존의 혈관계나 림프관계와 다를 뿐아니라, 이들보다 근원적인 체계라고 주장했다(<박스 3> 참조). 사실이 같은 판단은 내봉한관의 존재를 알린 <제2 논문>에서 예고돼 있었다. 혈관이나 림프관 안에 봉한관이 있다는 말은, 발생 순서상 봉한관이 혈관이나 림프관보다 먼저 만들어졌을 것이기 때문이다.

<제3 논문>에서 연구진은 아예 생명체가 발생하는 과정을 관찰하면서 봉한체계의 근원적 존재감을 알려줬다. 닭의 유정란이 실험 대상이었다. 발생 초기에 유정란 안에서 호염기성 과립들이 관찰되고 7-8시간 후에는 특수한 세포군이 나타났다. 이후 봉한관으로 자라날 세포들이었다. 연구진은 이 세포를 "봉한관아 세포(primitive cells of the Bonghan duct)"라고 불렀다. 10시간 후에는 봉한소관 하나로 발달할 원시 봉한관의 형태가 등장하며, 20시간에 이르면 이를 둘러싸면서 혈관이 형성됐다고 한다. 최종적으로 봉한소관의 묶음으로 형성되는 봉한관이 보이는 시기는 48시간 경이었다. 이 결과를 통해 연구진은 봉한관이 혈관보다 먼저 발생했으며, 신경보다도 먼저 생겼다고 밝혔다.

<박스 3> 고등생명체의 두 가지 순환계, 혈관계와 림프관계

사람을 비롯한 고등동물의 몸을 구성하는 순환계(circulatory system)는 크게 혈관계와 림프관계 두 가지다. 각각 혈액과 림프를 전신에 순환시키는 기관을 의미한다. 이들은 몸의 구석구석에서 고유의 기능을 수행하는 생명체의 기본 단위, 즉 세포가 살아갈 수 있도록 중요한 역할을 수행한다.

우리의 몸은 생명을 유지하기 위해 기본적으로 산소, 영양분, 그리고 수분이 필요하다. 산소는 코로 들이마시면서 얻고, 영양분과 수분은 입으로 먹으면서 얻는다. 이들이 신체 모든 부위의 세포에 전달돼야 한다. 각 세포는 이들로부터 활동에 필요한 에너지를 얻은 후 이산화탄소와 노폐물을 만들어낸다. 이산화탄소는 코로 내뱉고, 노폐물과 남은 물은 배설기관을 통해 몸 밖으로 배출한다. 이처럼 세포의 생존에 필요한 성분을 온몸 구석구석으로 보내고 불필요한 성분을 몸 밖으로 내보내려면 이들 성분을 운반할 수 있도록 온몸에 연결된 통로가 필요하다. 이 통로 전체를 가리켜 혈관계라고 부른다.

혈액에서 산소와 이산화탄소를 운반하는 역할은 적혈구가 담당한다. 적혈구는 말 그대로 붉은 혈세포(red blood cell)라는 의미이다. 적혈구 안에서 산소와 이산화탄소와 결합하는 단백질을 헤모글로빈이라 부르는데, 산소와 결합한 헤모글로빈은 선홍색, 산소를 잃고 이산화탄소와 결합한 헤모글로빈은 검붉은 색을 띤다. 그래서 산소가 풍부한 동맥혈과 산소가 결핍된 정맥혈에서 색깔의 차이가 난다.

영양분과 노폐물, 그리고 수분은 혈장의 구성성분이다. 혈장의 90% 이상은 수분이며, 나머지는 영양분과 노폐물을 비롯해 몸의 생리 기능에 필요한 온갖 요소들을 포함하고 있다.

그렇다면 백혈구는 어떤 역할을 수행할까. 백혈구는 하얀 혈세포

(white blood cell)라는 이름대로 특정 색깔이 없는 혈구를 지칭한다. 주요 기능은 인체의 면역작용이다. 즉 백혈구는 박테리아나 바이러스, 단백질 등 병원성 이물질이 몸에 침투하거나 발생했을 때 이들과 싸워 생체 기능을 방어한다. 또한 몸 안에서 수명이 다하거나 손상된 세포를 제거하는 데에도 기여한다. 백혈구는 몸에서 제거해야 할 대상이 발생하면 해당 부위로 이동해 혈관 벽 틈새를 뚫고 나가 기능을 수행한다.

백혈구의 활동이 필요하지 않은 평상시, 혈관 안을 흐르는 혈액은 폐에서 산소를, 소화기관에서 영양분과 수분을 얻어 세포들에 전달한다. 심장의 펌프작용으로 분출된 혈액은 동맥을 타고 이동한다. 혈관은 심장 부근에서는 굵지만 세포와 만나는 지점에서는 가늘어진다. 혈액과 세포 간의 물질교환은 이 가늘어진 모세혈관에서 이뤄진다. 모세혈관과 세포 사이의 간격은 평균 0.01 ㎜ 정도에 불과하다. 모세혈관 속의 혈액은 정맥을 타고 다시 심장으로 향한다.

림프관계를 보면 혈관계와 분명 차이가 있다. 혈관계는 심장을 중심으로 온몸 세포 주변의 모세혈관과 연결된 닫힌 구조이다. 그런데 림프관계는 한쪽 끝은 심장에, 다른 쪽 끝은 모세혈관과 마찬가지로 온몸의 세포 주변에 분포하고 있는 열린 구조이다. 혈관계와 비교한다면, 온몸의 세포에서 출발하는 정맥이 심장까지 도달하는 부위만 림프관계가 존재한다. 심장에서 온몸의 세포 주변까지 도달하는 별도의 림프관계가 존재하지 않는다. 림프관계 속에 존재하는 액체인 림프는 개념적으로 절반은 림프관계, 나머지 절반은 동맥 혈관계를 따라 흐르는 셈이다.

림프관계의 역할은 무엇일까. 혈관계의 역할을 혈액의 구성성분에서 찾을 수 있듯이, 림프가 어떤 성분으로 이뤄졌는지를 알면 해답이 주어진다. 림프는 크게 세포 성분인 림프구, 그리고 혈액의 혈장과 유사한 성분으로 이뤄진 액체로 구성된다. 림프구의 역할은 우리 몸의 면역기능을 담당한다.

면역기능이라면 혈관계에서도 들어본 얘기다. 혈액 내 백혈구가 바로 면역기능의 대명사이기 때문이다. 림프구는 바로 백혈구의 일종이다. 혈관 내 세포에서 적혈구가 차지하는 비율은 99% 이상이며, 나머지는 백혈구와 혈소판이다. 이 백혈구 가운데 림프구가 차지하는 비율은 30% 정도이다. 이에 비해 림프관 내 세포의 99% 이상이 림프구로 구성된다.

백혈구는 적혈구와 달리 크기와 모양새가 다양하다. 광학현미경으로 관찰할 때 세포질 안에 과립을 가진 종류를 과립백혈구, 그렇지 않은 종류를 무과립백혈구라 부른다. 과립백혈구는 과립의 염색 특성에 따라 호중성백혈구(neutrophils), 호산성백혈구(eosinphils), 그리고 호염기성백혈구(basophils)로 구분된다. 이에 비해 무과립백혈구는 단핵구(monocyte)와 림프구(lymphocyte)로 구분된다. 이 가운데 림프구는 이물질에 감염된 생체 세포를 공격하는 T림프구, 이물질 자체를 공격하는 B림프구, 그리고 바이러스에 감염된 세포나 암세포를 공격하는 NK(Natural Killer) 세포로 흔히 구분된다.

혈액 내 혈구 성분인 적혈구와 백혈구, 혈소판은 모두 뼈 안쪽의 골수(bone marrow)에서 만들어진다. 다만 림프구는 골수에서 기원하지만 이후 가슴샘이나 지라 같은 림프기관으로 이동해 제각각의 림프구로 성장한다. 이들은 한편으로 림프관을 따라 이동하며 면역작용을 수행하고, 다른 한편으로 림프결절이라 불리는 섬유 주머니에 모여 상시로 주변 조직의 보호를 위해 대기한다.

그렇다면 온몸 세포에 분포된 림프관에서는 어떤 일이 벌어질까. 이 부위의 림프관을 모세혈관과 마찬가지로 모세림프관이라 부른다. 모세

림프관은 모세혈관이 주변 세포로부터 흡수한 혈장 성분의 나머지 부분, 즉 미처 모세혈관에서 흡수되지 못하고 새어나간 부분을 흡수한다. 인체에서 하루에 새어나가는 혈장 성분의 양은 4L 정도이다. 모세림프관이 이 손실분을 흡수해 심장으로 이동시켜 다시 동맥으로 흘려보낸다. 그 결과 생체의 총 혈액 양이 일정하게 유지될 수 있다.

(5) 기존 세포 발생설과의 차이

산알과 세포의 상호변화 과정이 맞든 틀리든, 세포가 분열하면서 새로운 세포가 형성된다는 사실은 당시나 지금이나 과학계에서 상식으로 받아들여지고 있다. 김봉한 연구진 역시 일반적인 세포의 분열 양상을 인정하고 있다. 다만 세포의 분열은 산알과 세포의 상호변화 과정에서 벌어지는 "특수한 한 형태"로 봤다.

연구진이 묘사한 세포의 분열 과정은 이렇다. 먼저 세포핵에 실모양으로 퍼져 있는 염색질 안에서 점상 구조물들이 발생하고, 핵막이 터지면서 이들이 세포질로 나온다. 세포가 분열할 때는 흩어져 있던 산알들이 세포 중심에 늘어서고, 장차 분리될 양쪽 세포 쪽으로 이동한다. 이후 양극에서 산알들이 융합해 핵양 구조물을 형성하고, 세포질이 반으로 갈라지면서 두 개의 세포가 만들어진다.

전체 과정은 현대 생물학 교과서에 등장하는 세포의 분열 과정과 대체로 동일하다. 다만 '염색체'라는 용어가 산알로 대체돼 있다. 보통 세포가 분열할 때는 미리 두 배로 복제된 염색질이 모여 굵은 염색체 쌍을 형성하고, 이들이 세포 한 가운데 늘어서 있다가 각 쌍이 절반으로 나뉘어 양쪽 세포 끝의 중심체를 향해 얇은 구조물에 딸려 이동한다. 사람의 경우 세포에 들어 있는 염색체는 23개이다.

연구진의 표현대로라면 산알은 세포가 분열할 때 염색체에 해당한다는 말일까. 그렇다. 좀 더 정확히 말하면 연구진은 산알체가 바로 염색체라고 판단했다. 산알이 양쪽으로 이동하기 직전 산알체의 모습은 간상, 사상, 점상 등 다양하다. 연구진은 이 모습이 일반적으로 알려진 염색체의 모습과 유사하다고 봤다. 산알체의 DNA 함유량도 염색체의 그것과 비슷했다고 한다. 또한 세포가 분열할 때 산알의 수를 헤아려보니 염색체의 수와 같았다는 것이다.

연구진은 이 현상을 왕개구리 올챙이의 각막 상피세포가 분열할 때, 8일 된 닭의 유정란 표피 세포가 분열할 때, 그리고 유정란의 배반 세포가 분열할 때 관찰한 모습을 통해 서술했다. 그리고 이는 산알과 세포의 상호변화 과정이 하나의 세포 안에서 축약적으로 발생하는 것으로 볼 수 있다고 했다.

세포의 일반 분열 과정에서 나타난 산알의 모습은, 산알이 세포로 성장하는 과정에 나타나는 모습과는 차이가 있다. 즉 연구진은 일반적으로 산알이 세포로 변할 때는 산알체사가 돌출돼 딸 산알이 형성되는 출아 방식을 제시했다. 이들이 모여 핵양 구조물이 된다는 설명이었다. 그러나 세포 분열이 일어날 때는 핵 안에 존재하는 산알들이 양쪽으로 분리됐다가 각각 융합해 두 개의 핵이 형성되는 방식이다.

연구진이 <제4 논문>에서 산알과 세포의 상호변환 과정에 대한 '일반론'을 소개했다면, <제5 논문>에서는 '각론'에 해당하는 구체적인 조직 세포에 대한 실험 결과를 제시했다. 혈액과 림프액의 주요 성분인 혈구가 그 분석 대상이었다.

사실 인체에서 미스터리로 남아 있는 많은 현상 가운데 한 가지 사례가 혈구의 생성이다. 인체 내에서 적혈구와 백혈구의 수는 엄청나게 많다. 백혈구는 1 $\mu\ell$ 안에 7천 개 정도가 있다. 적혈구는 1 $\mu\ell$ 안에 520만 개나 들어 있다. 성인의 혈액 속에 있는 적혈구의 수는 무려 25조 개에 달한다.

이 막대한 양의 혈구들은 무엇으로부터 만들어질까. 현대 의학계에서는 조혈 줄기세포가 분화돼 다양한 혈구가 생성되며, 이 혈구들이 분열하면서 그 수가 늘어난다고 보고 있다. 그런데 특이하게도 적혈구는 다른 혈구들과 달리 성숙하는 과정에서 핵이 사라진다.

김봉한 연구진은 <제5 논문>에서 혈구의 생성 과정을 완전히 새롭게 설명했다. 산알학설의 관점에서 보면 세포의 일종인 혈구 역시 산알에서 만들어져야 한다. <제5 논문>은 이를 증명했다고 주장한 논문이다.

연구진은 논문의 서론에서 혈구의 생성에 대한 기존의 해석에 문제를 제기했다. 즉 세포가 세포에서만 분열해 발생한다는 관점에서 본다면 인체에서 관찰되는 막대한 수의 혈구가 어떻게 생기는지 설명하기 어렵다는 것이다. 다만 혈구의 양은 논문에서 구체적인 수치로 제시돼 있지는 않다.

<제5 논문>의 한 가지 주요 내용은 적혈구와 백혈구의 기원을 산알학설로 설명한 것이다. 그리고 다른 한 가지는 일반적으로 혈구가 생성되는 기관으로 알려진 조혈장기에 대한 새로운 해석이다.

먼저 적혈구부터 살펴보자. 사실 <제4 논문>에서 제시한 산알의 개념으로 적혈구를 설명하는 것은 뭔가 어색하다. 적혈구에는 핵이 없다. 즉 DNA가 없다는 뜻이다. 다만 RNA는 갖고 있다. 그런데 <제4 논문>에서 설명된 산알은 주로 DNA로 구성된다. RNA는 일부에 불과하다. 바로 이 지점이 이전 논문들에 비해 <제5 논문>에서

가장 흥미롭게 지적된 부분이다. 한마디로 적혈구 산알에는 산알체가 없다. 그런데 연구진은 RNA만을 포함한 적혈구 역시 산알의 관점에서 분석한 것이다.

연구진은 토끼의 혈액에서 적혈구를 추출한 후 "여러 가지 방법"을 통해 산알들을 얻었다고 밝혔다. 보통 하나의 적혈구에서 10-20개의 산알을 얻었다고 한다. 배양액에서 산알의 모습을 관찰하자 4일 경에 6-7 ㎛ 크기의 적혈구가 자라났다.

적혈구 산알도 출아 방식으로 융합돼 나갈까. 명확하지 않다. 논문에서는 "인공적으로 산알을 위축시켜보면 몇 개의 산알이 융합되어 가는 과정이 역시 보인다"라고만 서술돼 있다.

연구진은 산알이 적혈구로 자라는 과정에서 어떤 생화학적 변화가 생기는지 살펴봤다. 3일경까지 RNA의 양은 감소하고 헤모글로빈의 양은 증가했다. 이 과정에서 씨토그롬산화효소와 카탈라아제의 활성도는 급격히 떨어졌다. DNA는 당연히 발견되지 않았다. 연구진은 이런 사실들에 비춰볼 때 "초기 적혈구 산알에서 물질대사가 왕성하게 진행되며" 이후 적혈구가 성숙하면서 물질대사가 점점 줄어든다고 설명했다. 이 같은 결과를 바탕으로 연구진은 "적혈구 형성의 유전적 특성이 RNA와 단백질을 주요 성분으로 한 산알에 의해서 규정된다는 문제를 제기한다"라고 말했다.

연구진은 산알이 세포로 자라는 과정, 그리고 세포가 산알로 변하는 과정 모두를 배양액에서 뿐만 아니라 생체에서도 관찰했다고 밝혔다. 전자현미경을 통해서다.

논문에 따르면 적혈구가 산알로 변하는 장소는 주로 표층 봉한소체였다. 표층 봉한소체의 속질에는 모세혈관이 확장돼 동굴 모양이 형성돼 있다. 바로 여기에서 적혈구의 산알화가 진행된다는 것이다. 이 산알은 어디로 흘러갈까. 일단 속질 안에 있는 봉한관동으로 들어가고 이후 표층 봉한소체 아래에 연결된 혈관의 내봉한관으로 흘러간다. 여기까지의 과정은 외봉한소체에서도 발견된다고 한다.

한편 내봉한관을 따라 이동하던 적혈구 산알은 내봉한소체에 이르러 이곳에서 적혈구로 자라난다. 그리고 성숙한 적혈구는 혈액 속으로 들어가게 되는 것이다. 이 같은 적혈구 산알의 세포화 과정은 주로 혈관 내봉한소체에서 일어나지만, 드물게는 림프관 내봉한소체에서도 발생한다고 한다.

연구진은 내봉한소체가 산알이 적혈구로 만들어지는 장소라는 점을 증명하기 위해 일부러 토끼에게 빈혈을 일으키고 내봉한소체의 추이를 관찰했다. 염기성 페닐히드라진 용액을 토끼에게 반복 주사하자 말초 혈관에서 적혈구의 수가 주입 전에 비해 24% 정도 감소했다. 내봉한소체는 어떻게 변했을까. 적혈구의 수를 늘리는 방향으로 변화했다. 즉 내봉한소체의 크기가 1.5-2배로 커졌다. 흥미롭게도 내봉한소체의 수도 증가했다. 내봉한소체에 연결된 봉한관의 굵기는 확장됐다. 그리고 내봉한소체 내부에서 적혈구 형성이 왕성해졌다. 이내 증가한 적혈구는 투액 적혈구였으며, 유액적혈구는 별다른 변화가 없었다. 페닐히드라진을 처리한 실험은 <제3 논문>에서도 등장한다. 이 용액을 이용해 골수와 말초 혈액의 적혈구를 파괴하자 내봉한소체에서 적혈구 형성이 왕성해지고 내봉한소체의 크기가 커진다고 했다. 반대로 내봉한체계에 손상을 주면 점차 빈혈이 오는 현상을 관찰했다고 한다.

내봉한소체에서 산알이 적혈구로 자란다는 설명은, <제3 논문>에서 조혈 세포가 내봉한소체의 내부에서 발견됐다는 말과 무리 없이 연결된다. 또한 <제3 논문>에서는 내봉한소체의 피막이 어느 순간 파괴되면서 내부의 조혈 세포가 혈관이나 림프관으로 흘러 들어간다는 설명이 등장하는데(<그림 13> 참조), 이 설명과도 일맥상통한다. 혈액을 장기의 일종으로 본다면, 장기(혈액)에서 세포(적혈구)의 산알화가 진행되고 산알이 봉한체계를 거치면서 성숙해져 다시 장기(혈액)에서 세포(적혈구)로 자란다는 점에서 산알학설의 일반적인 관점에서도 타당해 보인다.

한편 논문에서는 일반 적혈구가 아니라 핵이 있는 적혈구도 관찰했다고 밝혔다. 그렇다면 무핵 적혈구는 일반적으로 알려진 바와 같이 유핵적혈구가 분열되는 과정에서 생긴 것이 아닐까. 연구진은 그렇지 않다고 단언했다. 유핵적혈구는 오로지 유핵 산알에서 형성되며, 유핵적혈구에서 핵이 사라지는 과정은 찾아볼 수 없었다는 것이다. 즉 무핵 적혈구는 유핵적혈구와 무관하게 산알과 세포의 상호변화 과정을 겪는다는 설명이다. 유핵적혈구가 산알로 변하는 과정은 외봉한소체와 내외봉한소체의 봉한관동 등에서 관찰됐다고 한다.

연구진은 적혈구에 이어 백혈구에 대해서도 설명했다. 즉 과립백혈구와 림프구(무과립백혈구의 일종)도 적혈구의 경우처럼 산알과 세포가 여러 봉한소체에서 발견했다고 보고했다. 산알이 과립구와 림프구로 자라는 모습은 특히 림프관의 내봉한소체에서 잘 나타났다.

Fig. 2. Morphological dynamics of the internal Bonghan duct (The first stage)

Fig. 3. Morphological dynamics of the internal Bonghan duct (The second stage)

Fig. 4. Morphological dynamics of the internal Bonghan duct (The third stage)

Fig. 5. Morphological dynamics of the internal Bonghan duct (The fourth stage) (1)

Fig. 6. Morphological dynamics of the internal Bonghan duct (The fourth stage) (2)

<그림 13> 림프관 내 봉한소체의 형태 변화

〈제3 논문〉에서 림프관 내부의 봉한소체가 변화되는 모습을 보여주는 그림이다. 1단계(맨 위)에서 봉한소체는 불투명하고 유백색 덩어리로 보이는데, 그 내부에서는 호염기성 과립들이 점차 커진다. 이 과립들은 핵양 구조물과 핵의 형태로 바뀌고, 4단계에 이르면 림프구 모습이 세포가 다수 나타난다. 4단계의 어느 순간(맨 아래)에는 피막이 파괴되고, 그 구멍을 통해 성숙한 세포들이 밖으로 떨어져 나간다(The Academy of Kyungrak, 1965a, Fig. 2-6).

한편 연구진은 혈구의 형성이 기존에 알려진 조혈 기관에서도 발생한다는 점을 지적했다. 하지만 중요한 차이가 있었다. 골수, 림프결절, 비장 등의 조혈 기관을 상세히 관찰하면 내부에 봉한관동이 특히 잘 발달해 있어 혈구 산알이 세포로 자라는 일이 왕성하게 진행된다는 것이다. 즉 기존에 알려진 조혈 기관의 정체가 사실은 봉한체계일 수 있다는 점을 시사하는 대목이다. 연구진의 말을 그대로 옮기면 "조혈 장기인 골수, 림프결절, 비장 등 기관을 세밀히 관찰하면 그것들은 마치 봉한소체와 같이 망상 조직 속에 혈관망과 더불어 봉한관동이 발달해 있으며 그 속에서는 혈구 산알의 세포화 과정을 보게 되며 그 혈관, 림프관 내에서는 혈구들의 산알화 과정을 보게 된다"는 것이다.

연구진은 이 같은 내용을 확인하는 방편으로 현미방사선자가촬영법을 동원해 생체 내에서 산알이 세포로, 세포가 산알로 변하는 과정을 관찰하기도 했다. 적혈구는 C^{14}-아데닌, 백혈구는 $Na_2HP^{32}O_4$로 표식하고 봉한소체와 골수, 림프결절 등에서 어떤 변화를 보이는지 확인했다.

전체적으로 혈구가 '산알-세포' 순환을 거치는 장소는 <제5 논문>에 따르면 일반 세포의 경우와 다소 다르다. 먼저 일반 세포가 산알로 변하는 위치는 <제3 논문>과 <제4 논문>에서 각 기관의 세포가 원래 있던 자리였다. 또한 산알이 세포로 변하는 위치는 봉한소체 내부였다. 이에 비해 혈구는 산알화와 세포화 모두 봉한소체 내부에서 발생하는 것이다. 다만 <제5 논문>의 결론에서 혈구의 산알화 과정은 "각 봉한소체 내 혈관, 림프관에서" 진행된다고 명시됐다.

물론 연구진은 기존에 알려진 바와 같이 혈구의 분열로 새로운 혈구가 생성된다는 사실은 인정했다. 다만 봉한체계를 통해 생성되는 과정이 주된 과정이며, 이를 통해서만 막대한 양의 혈구 갱신을 보장할 수 있다고 주장했다. 이에 비해 혈구의 분열로 혈구가 생성되는 과정은 "극히 일부"일 뿐이라고 한다.

(6) 기능의 근거, 어디까지 제시됐나

산알이 생체 내 봉한체계를 통해 순환하면서 새로운 세포로 자라나고, 조직이 손상됐을 때 산알이 해당 부위로 몰려가 '건강한' 세포로 대체된다는 점이 봉한 구조물의 핵심 기능이다. 그런데 5편 논문의 기능에 대한 설명에서 근거가 충분히 제시되지 않아 보이는 부분과 자체적으로 상충하는 주장이 발견된다.

첫째, 봉한체계 외형과 내부 구조물의 해부학적·조직학적 설명에서처럼, 일부 부위에서의 관찰 내용을 온몸으로 일반화한 부분이다. 우선 전신 순환에 대한 설명이 그렇다. 순환이라는 용어가 처음 등장한 <제2 논문>의 경우, 봉한액이 봉한관에서 부분적으로 '이동'하는 현상을 보여줬을 뿐이었다. 연구진이 <제3 논문>과 <제4 논문>에서 봉한액과 산알이 복잡한 경로를 통해 이동한다는 증거를 폭넓게 제시했지만, 각 부위별로 이동하는 내부 물질이 '전신에 서로 연결돼 있다'라는 점을 보여주는 실험적 증거는 나타나지 않았다. 순환이라는 말이 성립하려면 최소한 어떤 한 지점에서 출발한 물질이 이 지점으로 도착했음을 보여줘야 한다. 예를 들어 방사성동위원소를 한 봉한소체에 주입했을 때 제자리에 돌아왔음을 보여줄 필요가 있다.

봉한체계가 동물과 식물 모두에게 공통으로 존재한다는 연구진의 주장도 그렇다. 새로운 순환체계가 포유류에서 발견됐다는 주장만으로도 믿기 어려운 상황에서 많은 동물과 식물에서 공통으로 존재한다는 언급에 어리둥절해지기까지 한다.

연구진은 <제4 논문>의 결론 앞부분에서 간략히, 동물의 경우 인간을 포함한 포유류뿐 아니라 무척추동물의 일종인 히드라, 어류, 양서류, 파충류, 조류 등에서 그 존재를 확인했다고 밝혔다. 동물 사이에서 봉한관의 구조는 비슷하다고 한다. 다만 포유류의 경우, 봉한관의 내피세포 핵이 좀 더 크고 뚜렷하며, 봉한소체의 구조는 오히려 좀 더 단순하다고 서술했다. 식물에 대해서는 "경락 계통은 동물에서뿐만 아니라 식물계에도 존재한다"라고 한 문장으로 설명했다. 종합적으로 연구진은 봉한체계가 "다세포 체계를 가진 모든 생물에 있다고 생각된다"라고 밝혔다.

봉한체계가 범 생명체에 두루 존재한다면 당연히 산알도 그럴 것이다. 실제로 연구진은 <제4 논문>에서 산알은 동물과 식물 모두에서 발견했다고 밝혔다. 예를 들어 왕개구리 수정란의 64 분할구, 닭의 종란 배반 세포, 해바라기 발아유식물의 유근 세포에서 산알을 발견했다는 것이다. 체내에서 산알이 세포로, 세포가 산알로 변하는 모습도 관찰했다고 한다. 산알의 크기와 형태는 생명체별로 거의 유사했다.

둘째, 논문 전체를 비교해볼 때 상충하는 내용이 발견된다. 산알이 세포로 자라는 장소가 그것이다. <제4 논문>에서는 산알이 봉한체계를 따라 순환하면서 핵양 구조물로 자란 후 세포가 형성된다고 했다. 그런데 <제3 논문>의 <그림 7>에 따르면 세포 양쪽에 말단봉한소관이 연결돼 있다. 그렇다면 <그림 7>에서 산알로부터 성장한 세포가 등장하는 지점이 드러나야 하는데, 폐쇄된 회로 어디에도 그럴 만한 장소가 보이지 않는다.

사실 성장한 세포의 위치를 짐작할 수 있는 단서는 <제3 논문>에서 제시돼 있다. 연구진은 내봉한소체 안에서 장기의 조직 세포를 발견했다고 밝힌 바 있다. 또한 혈관과 림프관의 내봉한소체를 장기간 관찰한 결과 소체의 모습이 역동적으로 변화한다는 사실을 확인했다고 한다. <제3 논문>에서는 그 과정을 림프관의 사례를 들어 상세히 설명했다(<그림 13> 참조). 요약하면 이렇다. 림프관 내봉한소체 안에 호염기성 과립들이 점점 커지다가 핵양 구조물로 변화한다. 그리고 이들이 다수의 림프구로 자라난다. 이 과정이 진행되는 동안 내봉한소체를 둘러싸는 피막이 점점 뚜렷해지다가 어느 순간 파괴된다. 파괴된 피막을 통해 성숙한 림프구가 림프관 안의 림프액으로 빠져나간다. 그렇다면 혈관에서도 마찬가지로 내봉한소체에서 성숙한 장기 세포가 파괴된 피막을 통해 혈액으로 흘러 들어갈 것이라고 짐작할 수 있다. 그리고 이 세포가 혈관과 연결된 주변의 장기에 도달할 것으로 보인다. 전체적으로 보면, 산알에서 성장한 세포는 <그림 7>에서저럼 원래 산알로 변한 세뇨의 위치가 아니라 그 이전의 봉한체계 어디에선가 존재하는 것으로 추정할 수 있다. 이런 문제 때문이었는지, 영문판 <논문 4>의 결론 바로 앞부분에는 봉한소체에서 산알이 세포로 변하는 과정, 그리고 세포로부터 발생한 산알이 봉한소체로 들어가는 과정이 별다른 설명 없이 소개돼 있다(<그림 14> 참조).

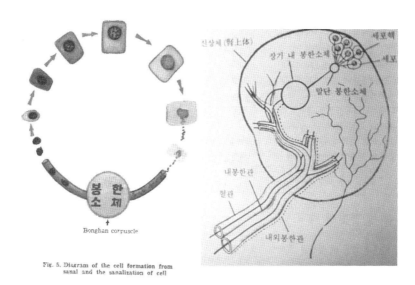

<그림 14> 봉한 구조물과 산알-세포의 형성

〈제4 논문〉에서 봉한소체를 중심으로 산알과 세포가 형성되는 모습을 표현한 그림이다(왼쪽). 봉한소체 왼쪽 봉한관을 통해 나온 산알이 핵양 구조물로 커지면서 봉한관을 벗어난다. 그리고 이 핵양 구조물은 세포로 자라난 후다시 산알로 변해 오른쪽 봉한관으로 들어온다(The Academy of Kyungrak, 1965b, Fig. 5). 이 그림에 따르면 말단봉한소관은 세포에 한쪽으로만 연결돼 있을 것으로 추정된다. 세포에서 발생한 산알이 봉한소체를 거친 후 그외부에서 세포로 자라는 것으로 묘사됐기 때문이다. 「로동신문」 1965년 7월 21일 자에서도 이 같은 상황이 그림으로 소개됐다(오른쪽). 즉 말단봉한소체가 세포핵의 한쪽 방향에서만 연결돼 있다. 그림 내에서의 명칭은 「로동신문」에는 없고 후지와라 사토루(1993, 124쪽)가 붙인 것이다. 이와 달리 〈제3 논문〉에 제시된 〈그림 7〉에서는 세포핵에 연결된 말단봉한소관을 통해 배출된 산알이 오로지 봉한체계 안에서 세포로 성장해 다시 세포핵으로 들어오는 듯한 모습으로 표현돼 있었다.

　여기서 한 가지 의아스러운 대목이 떠오른다. <그림 14>의 설명이 맞는다면 <그림 7>에서 세포로 들어오는 것으로 묘사된 말단봉한소관의 정체는 무엇일까. 혹시 말단봉한소관은 나가는 것만 있는것이 아닐까. 실제로 <제3 논문>의 <사진 8>에서는 텍스트에서의설명과 달리 말단봉한소관이 세포에 한쪽만 연결돼 있다.

　하지만 이처럼 상충하는 내용이 있다고 해서 연구진이 거짓으로보고했다고 판단하기는 어려워 보인다. 연구진은 5편의 논문에서 시종일관 관찰 내용을 충실하게 서술하고 있다. 무엇보다 초창기에 잘못 관찰한 내용은 후속 논문들에서 수정돼 보고됐다. 일례로 연구진은 <제1 논문>에서 경맥 안의 내용물에 대해 "무색투명하며 혈구 및 기타 유형 성분을 포함하지 않고 있다"라고 서술했다. 또한 경맥의 관상 구조물은 주변의 림프결절에 들어가지 않는다고도 했다. 하지만 후속 논문들에서 이 언급들은 부분적으로 또는 대폭 수정됐다. 혈관 내 봉한액이 처음에는 혈액과 같은 방향으로 흐른다고 했다가 후속 논문에서 역류하는 모습도 관찰됐다고 수정한 사례도 그렇다.

짐작하건대 연구진은 서로 일치되지 않는 두 가지 사실을 관찰했을 경우, 있는 그대로 서술했을 것이다. 다만 사실들 사이에서 일치되지 않는 부분에 대한 종합적 판단이 이뤄지지 않았을 수 있다. 어쩌면 불일치된다는 사실 자체를 몰랐을 수도 있고, 알았다 해도 일단 판단을 유보했을 수도 있다.

이렇게 추측한 첫 번째 이유는 김봉한 연구진이 여러 소집단으로 나뉘어 구성됐을 것이기 때문이다. <제3 논문>과 <제4 논문>은 하나의 학술지에 동시에 게재됐다. 김봉한 연구진은 제각기 분야별로 다양한 소집단을 형성해 연구를 진행했을 것이다. 즉 <제3 논문>과 <제4 논문>은 전체 연구진 내에서 각기 다른 소집단들이 작성했을 것이다. 그 결과 두 논문 사이에 서로 일치되지 않는 지점에 대한 종합적 고찰이 이뤄지지 않은 채 그대로 게재될 수 있다.

두 번째 이유는 5편의 논문이 여전히 연구가 진행되는 과정에서 나오던 결과물이라는 데 있다. 5편의 논문은 봉한학설 전체의 골격과 대표적 사례를 제시하고 있을 뿐, 봉한학설의 완성본을 의미하지 않는다. 김봉한 연구진은 북한 사회에서 갑작스럽게 사라졌다. 그렇지 않았다면 연구진은 계속 수정과 보완 과정을 거쳐 더 많은 논문들을 발표했을 것이다.

단적인 예로 <제5 논문>은 텍스트 분량으로 불과 6쪽으로 구성돼 있다. <제3 논문>과 <제4 논문>에 비해 양이 상당히 적다. 그렇다고 해서 김봉한 연구진이 <제5 논문>을 작성할 즈음 연구내용이 이전에 비해 빈약해진 것이 결코 아니다. 「로동신문」 1965년 10월 9일자 기사에 따르면 연구진은 당시 수십 분야의 연구를 수행했으며, 혈구에 대한 연구는 그 방대한 내용 가운데 한 가지였음을 짐작할 수 있다. 기사에 따르면 경락연구원 학술발표회가 10월 4일-8일에 진행됐는데, 여기서 <제3 논문>과 <제4 논문> 이후 연구를 심화 발전시키는 과정에서 달성된 성과들이 발표됐다. 이론 생물학, 유전학, 세포학, 발생학, 생리학, 생화학, 미생물학, 해부학, 조직학, 병리학 등 광범위한 분야에 걸쳐 60여 편의 논문이 발표됐다고 한다. <제5 논문>은 이 가운데 한 편에 불과했다.

❖ 참고문헌

(봉한학설 논문-한글판과 영문판 병기)

김봉한, 「경락 실태에 대한 연구」, 『조선 의학』, 제9권, 제1호, 5-13쪽, 1962.

Bong Han Kim, *Great Discovery in Biology and Medicine-Substance of Kyungrak*, Foreign Languages Publishing House, Pyongyang, DPRK, 1962.

경락연구소, 「경락 계통에 관하여」, 『과학원통보』, 제11-12권, 제6호, 6-35쪽, 1963.

The Kyungrak Research Institute(1964), *On the Kyungrak System*, Pyongyang, DPRK.

경락연구원, 「경락 체계」, 『과학원통보』, 제2호, 1-38쪽, 1965a.

The Academy of Kyungrak, "Kyungrak System", *Proceedings of the Academy of Kyungrak of the DPRK*, Medical Science Press, Pyongyang, DPRK, 2, pp. 9-67, 1965a.

경락연구원, 「산알 학설」, 『과학원통보』, 제2호, 39-62쪽, 1965b.

The Academy of Kyungrak, "Theory of Sanal", *Proceedings of the Academy of Kyungrak of the DPRK*, Medical Science Press, Pyongyang, DPRK, 2, pp. 69-104, 1965b.

경락연구원, 「혈구의 ≪봉한 산알-세포환≫」, 『조선 의학』, 제12호, 1-6쪽, 1965c.

(국문 자료)

김근배, 「과학과 이데올로기의 사이에서: 북한 '봉한학설'의 부침」, 『한국과학사학회지』 제21권, 제2호, 한국과학사학회, 194-220쪽, 1999.

김두종, 『한국의학사』, 탐구당, 1979.

김소연, 『죽을 문이 하나면 살 문은 아홉』, 정신세계사, 2000.

김훈기, 『물리학자와 함께 떠나는 몸속 기氣 여행』, 동아일보사, 2008.

박미용, 『봉한학설의 전개과정과 북한의 정치・사회・과학적 상황』, 서울대학교 대학원 교육학 석사학위 논문, 2006.

서울대학교출판부, 『서울대학교 40년사』, 1986.

신동원, 김남일, 여인석, 『한 권으로 읽는 동의보감』, 들녘, 1999.

연세대 의학사연구소, 「원로의사 인터뷰 2-경성여자의학전문학교 제1회 졸업생, 홍숙희」, 『延世醫學史』, 제12권, 제2호, 105-136쪽, 2009.12.

우석대학교, 『우석대학교 요람』, 1971.

「로동신문」

(영문자료)

Wang, X, H Shi, HY Shang, YS Su, JJ Xin, W He, XH Jing, B Zhu, "Are Primo Vessels(PVs) on the Surface of Gastrointestine Involved in Regulation of Gastric Motility Induced by Stimulating Acupoints ST36 or CV 12?", *Evidence-Based Complementary and Alternative Medicine*, Article ID 787683, 2012.

Khabarov, VN, PY Boykov, MA Selyanin, F Polyak (Translation Editor), *Hyaluronic Acid: Production, Properties, Application in Biology and Medicine*, John Willey & Sons Ltd, 2015.

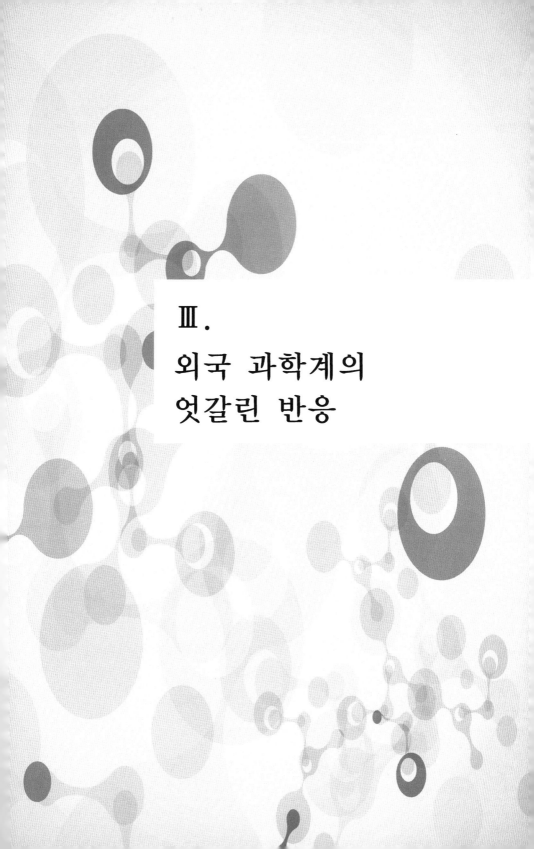

Ⅲ.
외국 과학계의
엇갈린 반응

1. 북한의 대대적 지원과 국제적 재현 시도

김봉한 연구진의 성과는 <제1 논문>의 발간 때부터 당과 과학계로부터 대단한 주목을 받았다. 한글판 <제1 논문>의 권두언에서는 "세계 과학의 보물고에 탁월한 기여를 한 우리나라 의학 과학의 빛나는 성과"라는 칭송과 함께 "이 연구는 새로운 실험적 방법을 도입하여 생체 내에서 경락의 실체를 찾아내고 그의 제반 특성들을 과학적으로 해명한 것으로써 현대 생물학 및 의학의 발전에서 새로운 단계를 개척한 위대한 발견"이라고 의미를 부여하였다(김봉한, 1962, 3쪽). 또한 영문판 <제1 논문> 앞에는 김일성 수상의 축사가 2쪽 분량으로 수록됐다.

이후 북한 사회에서 김봉한의 사회적 지위는 급부상했다. 1962년 1월 생물학 박사학위를 받고 교수 학직증을 얻었고, 2월 국가명예표창으로 제4회 인민상을 받았으며, 1964년 3월 비날론의 발명자로서 최고의 과학자 지위를 누린 리승기의 자리를 차지하였다. 1965년 9월경에는 과학영화 「경락 세계」가 만들어져 상영됐다. 여기에는 <제3 논문>과 <제4 논문>의 핵심 내용이 실험 장면과 함께 생생하게 담겨 있었던 것으로 보인다(박미용, 2006, 25쪽, 46-47쪽). 심지어 김봉한 기념 우표가 발행되기도 했다(<그림 15> 참조).

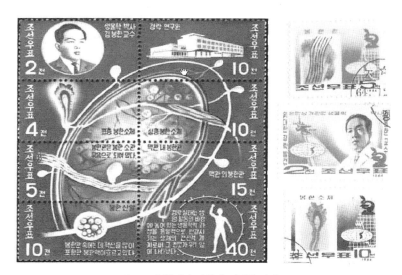

<그림 15> 북한에서 발행된 김봉한 기념 우표

김봉한 연구진의 과학적 성과를 기념하기 위해 북한에서 발행된 우표들이다. 우표 곳곳에 봉한학설의 핵심 내용을 그림과 글로 상세히 표현한 것이 특이하다. 이 자료들은 인터넷에 출처 없이 올라 있었다.

연구진에 대한 당의 지원 역시 크게 증가했다. 「로동신문」에 사진으로 소개된 <제1 논문>과 <제2 논문>의 연구진은 모두 6명씩이었다. 이후 연구진은 대폭 확장됐다. 『조선중앙연감』(1965)에 따르면, 1964년 2월 17일 내각은 경락 계통의 연구 사업을 확대 발전시키기 위해 "평양 의학대학 경락연구소를 개편하여 조선 민주주의 인민 공화국 경락연구원을 조직하기로" 결정했다. 이에 따라 "4월 25일에는 조선경락학회가 결성되었다"라고 한다. 원장은 김봉한이었고, 연구실은 40여 개에 달했다.

북한은 <제1 논문> 발간 직후부터 김봉한 연구진의 성과를 대외적으로 적극 알려 나갔다(박미용, 2006, 27-30쪽). 예를 들어 1962년 2월 김봉한은 북한 주재 외국 기자들과 각국 대사관 관계자들 앞에서 기자회견을 열었다. 1964년 1월에는 북한 주재 외교 대표 앞에서 강의를 펼쳤다. 외국에 주재하는 북한 대사들 역시 각국에서 기자회견을 주최했는데, 1964년 3월 중국을 시작으로 동독, 몽골, 체코슬로바키아, 쿠바, 루마니아, 인도네시아, 알제리 등에서 행사가 열렸다. 인도네시아와 쿠바 의학자들을 북한으로 초청해 설명하는 일도 있었다. 소련이나 동독의 과학자들은 자발적으로 김봉한 연구실을 방문하기도 했다. 연구진의 논문들은 영어는 물론 중국어, 러시아어, 일본어 등으로 번역됐다.

초창기 외국의 반응은 대부분 긍정적이었던 것으로 보인다. 「로동신문」 1962년 3월 15일 자는 여러 사회주의 국가들뿐 아니라 자본주의 국가들에서도 비중 있게 연구진의 성과를 다뤘다고 전했다.[22] 예를 들어 1월 31일 자 미국의 UPI 통신이 연구성과를 상세히 소개했으며, 2월 23일 자 프랑스의 AFP 통신사는 그 성과를 "17세기 영국의 혈액 순환 발견자 윌리암 하베이의 발견과 대등한 것"이라고 강조했다고 한다. 이어 「로동신문」 6월 9일 자에는 루마니아, 알바니아 등 사회주의 국가들의 주요 과학자 회의에서 연구진의 성과가 논의됐으며, 중국, 인도, 월남, 서독, 소련 등에서 주요 신문기사로 소개되거나 과학자의 축하 전문이 왔다고 전했다.[23]

---

22) 사회주의 국가 가운데 가장 먼저 반응을 보인 나라는 중국이었다. 1962년 2월 2일 자 중국 「신화통신」이 김봉한의 연구성과를 보도했고, 4일에는 「인민일보」와 「광명일보」가 조선 과학자의 경락 발견 소식을 알렸다. 4월 3일 자 「인민일보」는 "김봉한의 발견은 고전에 지금까지 발표된 일이 없는 것"이라고 보도했다(박미용, 2006, 31쪽).
23) 봉한학설에 대해 해외 양의학계뿐 아니라 한의학계에서도 큰 관심을 보였다. 예를 들어 1964년 10월 배원식(1914-2006)은 일본 동경에서 이듬해 개최될 제1차 국제침구학회의 대회 조직 부장으로부터 남북한에서 유일하게 김봉한에게만 초청장을 보냈다는 말을 들었다고 한다(김남

여기까지의 얘기는 모두 봉한학설이 맞는다는 전제에서 나온 반응이었다. 이보다 중요한 문제는 봉한학설의 진위였다. 해외 과학계에서는 봉한학설을 직접 실험적으로 재현해보기 시작했다. 그런데 결과는 제각각이었다.

먼저 봉한학설이 틀렸다는 반응은 오스트리아 빈대학 조직·발생학연구소의 켈너(G. Kellner) 박사로부터 나왔다. 그는 1965년 빈에서 열린 제13차 국제침술학회에서 <제2 논문>을 반박하는 주장을 펼쳤으며, 그 내용을 1966년 논문으로 발표했다(박미용, 2006, 42쪽). 자신이 24곳의 경혈을 조사한 결과 봉한소체를 찾을 수 없었으며, 크롬친화성 세포가 분포한 봉한소체는 피부 종양을 오인한 것이라는 주장이었다.[24]

중국 과학계는 상당히 큰 관심을 보이며 재현 연구에 착수했다. 한의학 종주국으로서의 자부심을 갖고 있던 중국의 과학계는 경락의 실체를 규명했다는 봉한학설에 남다른 관심을 가질 수밖에 없었을 것이다.

Liu, JL et al(2013)은 당시 중국 과학계의 재현 시도와 결과를 정리한 리뷰 논문을 발표했다. 1960년대 중국 북경에는 경락연구의 본산인 경락연구소(Institute of Meridian-Collaterals, 현재 중국의학학회 침뜸연구소(Institute of Acu-Moxibustion of China Academy of Chinese Medical Sciences)의 전신)가 설립돼 있었다. 이곳을 비롯한 여러 도시의 연구소에서 봉한학설을 증명하기 위한 노력이 진행됐

일, 2011).

24) 이상훈(2010, 22-34쪽)은 1960년부터 2009년까지 켈너 박사를 포함해 실제로 재현 실험을 통해 봉한학설이 틀렸다고 발표한 공식 논문은 2편에 불과했다고 밝혔다. 이 외에 리뷰 논문 7편과 단행본 2권 등에서는 실험적 근거를 제시하지 않은 채 봉한학설을 기각했다고 한다.

다. 이들은 인간의 사체, 토끼, 큰 쥐, 기니피그, 고양이, 개, 원숭이 등을 대상으로 봉한체계의 존재를 확인하려 했다. 하지만 김봉한 연구진의 논문들에서는 구체적인 실험방법이 제시돼 있지 않아 상당한 어려움을 겪었다고 한다. 1963년에는 중국의 대표적인 해부학자, 조직학자, 생리학자, 병리학자 등으로 구성된 집단이 두 차례에 걸쳐 김봉한의 경락연구소를 방문했지만 역시 실험방법을 알 수는 없었다.

당시 중국 과학계에서 부분적으로 확인한 내용을 요약하면 다음과 같다. 토끼의 배꼽 부위에서 표층 봉한소체와 유사한 구조물, 복부와 경부의 큰 혈관 주변의 혈관과 림프관 내에서 봉오리와 실 같은 구조물, 토끼의 복강과 양쪽 신장 사이의 등 쪽 벽 부위에서 크로마핀 조직 등을 발견했다. 그러나 구조물에서 자발적으로 발생한다는 전기생리학적 신호, 피부 아래의 구조물, 대퇴부 경혈에서의 구조물 등은 발견하지 못했다.

Liu, JL et al(2013)은 당시의 과학자들이 부분적으로 발견했다고 보고한 내용에 대해 회의적인 견해를 취했다. 토끼에서 발견했다는 심층 봉한체계와 유사한 구조물들을 생체실험에서 흔히 발생하는 응고물과 구별하지 못했다는 것이다. 또한 토끼를 제외한 동물과 인간의 사체, 그리고 경혈 부위에서 전혀 새로운 구조물이 발견되지 않았다는 점에서 경락의 물질적 실체는 당시 중국에서 증명되지 않았다는 것이 결론이었다.

이에 비해 봉한 구조물을 확실히 확인했다는 주장은 일본 과학계에서 부분적으로 제기됐다. 예를 들어 도호대학 의학부 해부학 교수인 하다이 쯔도무는 1965년 10월 26일 자 「로동신문」에 "봉한소체

와 봉한관은 실재한다"라는 제목의 글을 기고했다(박미용, 2006, 41
쪽). 그는 토끼, 개, 고양이, 쥐 등 동물을 대상으로 실험한 결과 폐
장, 간장, 신장, 비장 등에서 봉한소체와 봉한관을 봤다고 밝혔다.

이보다 다양한 실험을 수행하고 그 결과를 확실하게 발표한 인물
은 오사카 시립대학 의대 조교수였던 후지와라 사토루(藤原知)였다.
그는 김봉한 연구진의 주장이 맞는다는 증거를 확보했다면서 1967
년 그 결과를 일본의 학술지에 논문으로 발표했으며, 자신의 연구성
과를 집대성해 단행본을 집필했다. 이 단행본은 국내에서 『경락의
대발견』(1993)이란 제목으로 발간됐다.25)

『경락의 대발견』의 구성을 보면 한의학의 일반 원리를 소개한 '제
1장 경락과 경혈'을 제외하곤 대부분이 봉한학설에 대한 소개와 후
지와라 교수의 실험 및 해설로 채워져 있다. 즉 후지와라 교수는 봉
한학설을 완전히 수용하는 입장에서 부분적인 확인실험 결과와 봉
한학설이 현대 의학에서 의미하는 바를 서술했다. 뒤에서 설명하겠
지만 이 책의 내용과 후지와라 교수의 역할은 한국의 연구진에 큰
영향을 미쳤기 때문에, 여기서 후지와라 교수의 주장을 간략히 소개
하고 넘어간다.

먼저 후지와라 교수는 사람과 여러 동물에서 표층 봉한체계, 내봉
한체계, 내외봉한체계 등을 발견했다고 주장했다. 중국 과학계에서
집단적인 노력을 기울였음에도 실험방법을 몰라 애를 먹었는데, 후
지와라 교수는 어떻게 발견할 수 있었을까. 북한에서 제작된 영화

---

25) 『경락의 대발견』은 사실 후지와라 교수의 단행본만 담고 있지 않다. 책의 'I 부 경락의 발견'은
봉한학설을 소개한 후지와라 교수의 단행본 내용이지만, 'II 부 증상별 경혈 지압 요법'은 책의
저자로 제시된 또 한 명의 일본인이 집필한 내용인 것으로 보인다. 책의 서문에는 이에 대한
별다른 설명이 없다.

「경락 세계」에서 몇 가지 결정적인 힌트를 얻은 것으로 보인다.

김봉한 연구진의 출발점은 피부 아래의 표층 봉한소체를 찾는 일이었다. 후지와라 교수도 여기서부터 시작했다. 그런데 책에는 김봉한 연구진의 5편 논문이나 「로동신문」에 등장하지 않는 언급이 나온다. 김봉한 연구진이 "어떤 청색 색소를 피부에 바르는" 방법으로 피부의 경혈을 찾았다는 것이다(후지와라 외, 1993, 70쪽). 후지와라 교수는 어떤 계기로 연구진이 "청색 색소"를 사용했다고 밝혔을까. 영화 「경락 세계」에서 "손에 청색 색소를 붓고 색소를 닦은 후, 확대경으로 보면 푸른 반점이 보"였다고 한다(후지와라 외, 1993, 85쪽). 또한 이 반점에 침 머리가 없는 가느다란 침을 꽂으면 침이 조용히 시곗바늘 방향으로 원운동을 하더라는 것이다. 이 현상은 토끼에서 아주 심하게 나타나는데, 바로 <제2 논문>에서 명시된 '김세욱 현상'을 의미하는 것이었다. 영화에서는 푸른 반점 부위의 피부를 절개했을 때 표층 봉한소체가 생생하게 나타났다고 한다. 이병천 외(2009, 26쪽)에 따르면, 그는 이 영화에 자극을 받아 메틸렌 블루(Methylene blue)라는 파란 염색약을 이용해 토끼와 사람의 피부 경혈 자리를 찾는 실험을 수행한 것으로 보인다. 책에서는 이 염색약을 이용해 재일 북한인 과학자협회 오사카 지부의 유순봉(오사카 시립대학 의대 정형외과 교수), 경락학설연구회의 나리오 등과 함께 토끼 복부의 피부에서 봉한소체를, 사람 피부에서 경혈 위치를 찾았다고 나온다.

1966년 10월 10일 후지와라 교수는 자신의 발견 내용을 한의학을 소개하는 일본의 한 방송(동경 채널 12) 프로그램에 출연해 소개하기도 했다. 책에 소개된 사진들의 설명에는 방송 제목이 「경혈의 비밀」로 나온다. 프로그램에는 나고야 대학 피부과에서 인간 발의 족삼리에서 표층 봉한소체를 채취했고, 오사카 시립대학 해부학과에서 토끼로부터 표층 봉한소체를 발견했다는 설명이 나온다. 또한 대정맥에 메틸렌 블루를 주입한 결과 간장까지 연결된 봉한관을 확인할 수 있다고도 했다. 하지만 후지와라 교수의 주장은 당시는 물론 최근까지 일본 과학계에서 별다른 주목을 받지 못한 것으로 보인다. 미국 아시아의학연구소 한국지부장 김용식(1986.12, 173쪽)이 한 잡지에 기고한 글에 따르면, 한때 '봉한학설의 기수'를 자처하던 후지와라 교수는 1978년 "지금에 와서 봉한학설은 대단한 사기꾼의 장난이란 사실이 판명"됐다면서 "과학 하는 한 사람으로서 스스로 자기비판적 발언을 하고 싶다"라는 글을 남겼다고 한다. 또한 김용식은 당시 한의학계에도 잘 알려진 일본의 저명한 박사가 한 말을 길게 인용하면서 봉한학설이 학계에서 완전히 폐기된 것으로 전했다.[26] 어쨌든 후지와라 교수는 2010년 국내에서 개최된 봉한학설 국제 학술대회에서 유순봉과 공동으로 당시까지의 연구결과를 소개했다.[27]

그런데도 『경락의 대발견』에는 후지와라 교수가 봉한학설을 해설하는 과정에서 의학적으로 중요하게 지적한 부분들이 있다. 5편의 논문과 「로동신문」에 충분히 설명되지 않은 내용을 당시의 과학지

26) 글에서 인용된 내용을 일부 소개하면 다음과 같다. "봉한학설이 전부 사실이라면 노벨상은 확실할 것이다. 그러나 이 학설이 지닌 약점이 점차로 노출되었다… 결정적인 사실은 세계적인 저명 학자들이 봉한학설의 추시 확인을 하기 위해 쉴새 없이 현미경으로 조사해봐도 현재까지 누구 한 사람 전신 구석구석 순환하고 있다는 봉한관 또는 봉한소체를 발견할 수 없다는 사실이다… 결국 봉한학설이란 섬유소 같은 것의 일종이었을 것이라는 게 일반적인 견해였다."
27) 후지와라 교수는 유순봉과 함께 2010년 국내에서 개최된 학술대회에 일부 실험을 보완한 연구결과를 발표했다(Fujiwara, S et al, 2011). 제천한방바이오엑스포 학술대회의 일환으로 봉한학설을 집중 조명한 제1회 프리모 시스템 국제학술회의(International Symposium on Primo Vascular System)에서였다. 여기서 발표된 43편의 논문은 2011년 단행본(*The Primo Vascular System, Its Role in Cancer and Regeneration*)으로 출간됐다. 후지와라 교수는 이때 발표한 논문에서 봉한 구조물 전체를 확실히 발견하지는 못했다고 설명했다.

식을 바탕으로 나름대로 의미를 부여한 것이다.

첫째, 봉한소체의 미세한 그물 모양(망상) 조직이다. <제3 논문>에서는 모든 봉한소체의 공통점 가운데 하나로 "소체의 구조에서 바탕을 이루는 것은 망상조직이다"라고 설명돼 있지만, 그 의미에 대해서는 언급이 없었다. 후지와라 교수는 망상조직의 존재에 대해 큰 흥미를 보였다. 망상조직은 일반적으로 "태아의 성장 발육에 직접 관계하는, 태생 결합조직이라는 것에 가까운 조직"일 뿐 아니라 성장한 개체의 경우에도 비장, 림프절, 골수 등 조혈장기의 기질을 구성하고 있기 때문이다. 또한 소화관의 점막이나 호흡기 내부 등 음식물이나 공기의 이동으로 많은 소모가 일어나는 부위에서도 나타나는 조직이라는 것이다. 후지와라 교수는 이 같은 사실은 봉한소체에 "조직 신생능력이 있음을 나타내는 것"으로 파악했다(후지와라외, 1993, 88쪽).

둘째, 신경봉한체계에 대한 설명이다. 사실 <제3 논문>에 처음 등장한 신경봉한체계라는 용어는 다른 명칭들과 잘 어울려 보이지 않는다. 내봉한체계, 내외봉한체계, 그리고 외봉한체계 등이 특정 생체 조직과 무관하게 명명된 데 비해 신경봉한체계는 생체 신경계에 분포한다는 이유로 이름이 붙었기 때문이다. 후지와라 교수는 신경봉한체계는 한편으로 신경계통의 기관에 분포하므로 장기내봉한체계이며, 다른 한편으로 전체 신경계통 내에 분포하므로 나름대로 뚜렷한 체계성을 가진다고 설명했다(후지와라 외, 1993, 118-119쪽). 신경계 내에 분포하는 봉한 구조물은 이런 이유로 "특별한 지위"가 주어져 "독립적으로 취급"됐다는 것이다. 그리고 그 주요 기능은 신경계의 기능과 직접 연관되며 신경계에 일정한 "영양 작용을 주관"하는 것으로 파악했다. 나아가 일반적으로 성체에서 새로운 신경세포가 발생하지 않는다고 알려진 것과 달리, 신경봉한체계의 존재는 성체에서도 새로운 신경세포가 발생할 수 있음을 시사한다고 말했다.

셋째, 봉한액 내에 풍부하게 발견됐다는 히알루론산에 대한 설명이다. 후지와라 교수는 일반적으로 히알루론산이 조직의 증식과 재생, 그리고 개체의 성장 과정에서 중요한 역할을 수행하는 물질이라고 소개했다. 또한 생체에서 "관절의 활액(滑液)과 안구(眼球)의 유리체액"에서는 물론 흉막이나 복막의 내피종(內皮腫) 환자 흉수(胸水), 특히 류머티즘을 비롯한 각종 질환과 깊게 관련돼 있다고 설명했다(후지와라 외, 1993, 140쪽).

넷째, 산알이 피부 아래를 거쳐 세포로 자란다는 보고에 대한 해석이다. 후지와라 교수는 한마디로 표층 봉한소체, 즉 경혈을 "태양에너지를 받아들이는 입구"로 파악하고, DNA를 주요 성분으로 한산알이 태양에너지를 흡수해 그 자기증식 능력이 활성화되는 것으로 추론했다(후지와라 외, 1993, 189쪽). 후지와라 교수의 지적처럼 햇빛이 인체에 매우 중요한 영향을 미친다는 점은 많이 알려졌지만 비타민 성분의 형성 정도 외에는 별다른 과학적 연구가 진행되지 않은 것은 사실이다.

다섯째, 표층 봉한소체 사이의 신호전달 속도와 경혈 부위에서의 침의 전달속도가 유사하다고 설명했다. 봉한학설에 따르면, 봉한소체 사이의 전기 신호 전달속도는 초속 3.0 ㎜였다. 후지와라 교수는 이것이 토끼의 좌골신경에서 관찰된 전달속도(초속 61m)에 비해서는 상당히 느리지만 일본에서 연구된, 건강한 사람에게서의 경혈 간 전달속도와 비슷하다고 밝혔다(후지와라 외, 1993, 144쪽).

2. 소련에서 재현 시도를 막은 사상적 이유[28)]

역사적으로 새로운 과학적 가설의 수용과정은 늘 순탄치 않았다. 기존의 과학계에서 공유되고 있던 세계관이나 공식 학설을 부인하는 뚜렷한 과학적 증거가 제시된다 해도 그 수용과정의 초창기에는 상당한 저항이 따르기 마련이다. 저항은 주로 새로운 증거가 후속 연구자의 실험에서 충분히 재현되지 못하기 때문에 발생하곤 하지만, 때때로 정치적 이념으로부터 파생한 편견과 같은 과학 외적 요인으로 인해 이뤄지기도 한다. 봉한학설에 대한 소련의 반응이 그 사례이다.

한때 북한 사회에서 많은 주목을 받던 봉한학설은 1966년을 기점으로 갑자기 사라졌으며, 그 이유에 대해서는 아직 명확하게 밝혀진 바가 없다. 다만 봉한학설에 대한 선행연구에서 소련의 영향이 몰락의 한 가지 주요 이유로 지목되고 있다(김근배, 1999, 217쪽). 1950년대부터 북한의 생물학은 소련의 과학계를 지배하던 리센코주의(Lysenkoism)의 영향을 받고 있었다(변학문, 2007, 142-143쪽). 여기서 리센코주의란 환경의 변화에 따라 생명체의 특성이 변화될 수 있다는 신념 아래 획득형질의 유전을 내세우며 서구 유전학을 강력하게 배격한 소련의 농학자 리센코(Trofim Denisovich Lysenko, 1898-1976)와 그 지지자들이 공유하던 이념을 의미한다. 리센코는 1940년부터 역임하던 소비에트 과학아카데미(Soviet Academy of

---

28) 이 글은 필자의 논문 「새로운 생명 학설의 거부 과정에서 정치적 이념의 영향-봉한학설에 대한 소련 과학계의 입장을 중심으로」, 『열린 정신 인문학연구』, 제18집, 제2호, 51-84쪽, 2017을 요약한 것이다.

Sciences) 유전학연구소(Institute of Genetics) 대표직에서 1965년에 물러나면서 과학계에서 영향력을 잃기 시작했으며, 이듬해 북한 생물학계는 리센코주의를 공식적으로 폐기한다고 선언했다. 이는 소련과 북한의 생물학계에서 이전까지 억눌려온 서구의 유전학이 본격적으로 활발하게 연구되기 시작했다는 점을 의미하기도 한다. 그런데 흥미롭게도 북한에서 리센코주의가 폐기된 1966년이 바로 봉한학설이 사라진 해이기도 하다. 또한 봉한학설은 서구 유전학과 일치하지 않는 내용이 많아 김봉한 연구진이 유전학 연구자들과 갈등을 겪을 소지가 있었다는 점에서 리센코주의와 비슷하다. 따라서 봉한학설이 사라진 한 가지 이유로 북한의 리센코주의 폐기를 들 수 있다는 설명이 가능하다.

그렇다면 소련에서는 봉한학설을 어떻게 판단했을까. 김봉한 연구진의 논문들이 러시아어로 번역돼 배포된 것이 사실인 만큼 소련에서도 어떤 방식으로든 봉한학설에 대한 입장이 나왔을 것이 분명하다. 그리고 이 입장은 북한의 판단에도 어느 정도 영향을 미쳤을 것이다. 이와 관련해 Kim, HG(2013)는 소련의 과학계가 재현 실험 없이 봉한학설을 거짓이라고 판단했다고 간략하게 보고한 바 있다. 1965년 소련은 두 명의 젊은 과학자를 김봉한 연구실에 보내 연구내용을 확인하도록 지시했는데, 이들은 봉한학설이 과학적으로 타당하다고 판단해 자국에 관련 연구소를 설립해야 한다고 보고했다. 그러나 소비에트 과학아카데미 회원 알렉산드로프(Vladimir Yakovlevich Alexandrov, 1906-1995)의 격렬한 반대로 그 시도가 무산됐다는 것이다. 알렉산드로프가 현장을 방문한 과학자들의 판단을 무시하고 봉한학설이 거짓이라고 주장한 이유는 무엇이었을까. 이 내용은 그의 1993년 저서『소비에트 생물학의 어려운 시절』의 결론 부분에 간략히 소개돼 있다(Alexandrov, VY, 1993). 제목에서 언급된 '어려운 시절'이란 리센코주의로 인해 유전학이 핍박받던 시절을 의미한다. 그렇다면 리센코주의의 어떤 내용이 봉한학설을 거짓이라고 판단한 근거로 작용했는지에 대한 설명이 저서에 제시돼 있을 것이다. 하지만 Kim, HG(2013)는 봉한학설과 리센코주의와의 연관성에 대한 알렉산드로프의 생각을 소개하지 않았다. 사실 리센코가 설파한 획득형질의 유전은 농작물의 개량과 관련된 내용이었고, 봉한학설은 인체의 새로운 순환계에 대한 설명이었기 때문에 둘 사이의 직접적인 연관성을 떠올리기는 어렵다.

여기서는 Kim, HG(2013) 논의의 연장선상에서 알렉산드로프가 봉한학설을 저지한 이유를 구체적으로 규명하고자 한다.『소비에트 생물학의 어려운 시절』의 결론 부분에는 리센코 외에 또 한 명의 과학자 레페신스카야(Olga Borisovna Lepeshinskaya, 1871-1963)가 등장한다. 알렉산드로프는 레페신스카야를 리센코주의자 가운데 핵심인물로 지목하면서 리센코 못지않게 소련의 생물학을 후퇴시켰다고 비판했다. 그리고 봉한학설에서 산알에 관한 내용이 레페신스카야의 수장과 흡사하기 때문에 봉한학설은 거짓이라고 지적했다. 과연 레페신스카야의 학설과 봉한학설은 얼마나 흡사한 것이었을까. 또한 알렉산드로프의 판단은 과학적으로 충분한 근거를 갖춘 것이었을까. 여기서는 봉한학설이 레페신스카야의 학설과 실제로는 전혀 다른 내용을 담고 있었음에도 정치적 이념으로 인한 편견에 의해 기각됐다는 점을 보여주려 한다. 즉 알렉산드로프가 봉한학설의 내용을 과학적으로 검토하지 않은 채 편견에 의존해 판단을 내렸으며, 그 결과 소련에서 봉한학설에 대한 검증의 기회가 사라졌다는 점을 지적할 것이다.

『소비에트 생물학의 어려운 시절』은 20세기 초반에서 중반까지 소련에서 당 서기장 스탈린과 흐루쇼프의 비호 아래 맹위를 떨친 리센코주의가 생물학에 입힌 폐해를 소개한 저작물이다. 이 책의 결론 부분에서 봉한학설이 비판을 받은 맥락을 이해하기 위해 먼저 리센코가 주장한 과학적 내용과 그 여파에 대해 간략히 살펴보자.

리센코는 생명체의 유전적 특성은 환경과의 상호작용 속에서 변화될 수 있다고 판단하면서 실제로 300여 농작물의 품종을 개량한 미추린(Ivan Vladimirovich Michurin, 1855-1935)의 업적을 계승한 농학자이다. 1920년대 소련의 생물학계는 프랑스의 동물학자 라마르크(Jean-Baptist Larmark, 1744-1829)가 주장한 획득형질의 유전설, 그리고 1865년 오스트리아 박물학자이자 수도승 멘델(Gregor Johann Mendel, 1822-1884)이 완두콩에서 착안한 유전설이 대립하고 있었는데 미추린은 라마르크의 학설을 지지했다. 당시 멘델의 유전설은 세포 내에 존재하는 유전자라는 물질적 실체가 대를 이어 환경의 변화와 무관하게 전달된다는 내용을 담고 있어서, 라마르크를 지지하는 과학자들로서는 받아들일 수 없는 것이었다.[29]

리센코는 획득형질의 유전설을 농작물에 적용해 춘화처리 실험을 수행했고, 그 결과에 만족하면서 춘화처리 기법을 소련의 농업에 적극 도입하려 했다. 춘화처리는 겨울에 심는 종자를 봄에도 뿌릴 수

---

29) 사실 획득형질의 유전설과 멘델의 유전설은 생물학적으로 양립 가능한 것이었다. 고대 히포크라테스가 설파하기 시작한 획득형질의 유전설은, 라마르크와 동시대 경쟁자였던 다윈(Charles Robert Darwin, 1809-1882)도 『종의 기원』의 후기 개정판에서 차용한 바 있다. 또한 1920년대 서구 유전학자들도 이를 전면 부인하지는 않았다. 다만 진화나 유전의 '핵심' 메커니즘이 획득형질의 유전은 아니라는 견해일 뿐이었다(Graham, L, 2016, pp. 16-17).

있도록 몇 달 간 저온상태에서 보관하는 행위를 의미한다. 이 기법이 성공적으로 적용되면 이전보다 긴 기간 동안 농작물을 수확할 수 있었기에, 당시 심각한 기근에 시달리던 소련의 식량문제가 상당히 해결될 가능성이 있었다. 하지만 한편에서는 실제 곡물 수확률을 따져보니 오히려 손실이 크다는 지적이 나왔다. 더욱이 리센코는 획득형질의 유전설에서 한 걸음 나아가 유전된 특정 형질이 새로운 종(種)으로 전환된다고까지 주장했는데, 이는 당시나 현재의 생물학 지식으로 받아들여질 수 없는 것이었다.[30)]

리센코는 1923년부터 1965년까지 400여 편의 글을 통해 이 같은 주장을 펼쳐갔으며 1940년대에 소련 최고의 학자에게 주어지는 스탈린상을 세 차례나 받았다. 문제는 리센코의 주장이 학계에서 충분한 논의를 거치지 않고 강압에 의해 일방적으로 수용됐다는 점이다. 리센코는 자기 생각에 동조하는 과학자를 모아 미추린 학파를 결성하고는 멘델의 유전설을 '부르주아 과학'이라 지칭하면서 맹렬하게 비난했다. 정통 마르크스 유물론적 세계관에 따르면 유기체는 환경과의 상호작용 속에서 발전적으로 변화하는 것이기 때문에, 그는 환경의 변화에 불변하는 유전자가 전제된 멘델의 유전설을 수용할 수 없었다. 1948년 리센코는 레닌농학아카데미(Lenin Academy of Agricultural Sciences) 회의에서 당 중앙위원회에 미추린 학파와 멘델주의 학파 가운데 하나만을 선택해 달라고 공식 요청했으며, 1922년부터 서기장을 맡으며 리센코를 꾸준히 지지해온 스탈린의 영향 아래 중앙위원회는 미추린 학파를 공인한다고 선언했다. 이후 소련의 생

---

30) 실제로 리센코는 1935년 춘화처리를 거친 겨울 밀 종자들 가운데 살아남은 한 개체를 3세대에 걸쳐 교배한 결과 봄밀 종자가 발생하는 종의 전환 현상이 나타났다고 주장했다. 심지어 자작나무과에 속하는 서어나무가 개암나무로 아예 바뀐다고도 했다.

물학계에서는 유전학과 관련된 수업의 폐강, 교과서 개정, 연구자 축출 등 막대한 변화가 일어났으며, 유전학자가 누군지 비밀경찰에게 폭로하는 방식으로 리센코가 멘델주의 학파를 없앴다는 소문도 무성했다.[31]

1953년 스탈린이 사망한 이후 리센코는 새로운 서기장으로 등장한 흐루쇼프로부터도 지속적인 지원을 받았지만, 그 세력은 점차 약화하기 시작했다. 스탈린 사망 시기부터 소련 생물학계에서 리센코에 대한 학문적 비판이 본격화됐으며, 1964년 흐루쇼프가 서기장에서 물러나던 때부터 리센코의 세력은 급격히 몰락했다. 반면 멘델의 유전설에 기반을 둔 서구 유전학을 지지하던 과학자들은 점차 세력을 회복하면서 리센코의 업적에 대한 학문적 비판은 물론 강제적인 축출 행위에 대한 비난을 동시에 쏟아냈다(Gershenson, SM, 1990, pp. 449-450).

알렉산드로프의 『소비에트 생물학의 어려운 시절』은 바로 리센코가 얼마나 비과학적이며 부당하게 핍박을 가했는지에 대해 다루고 있다. 알렉산드로프는 리센코주의에 맞서 서구 유전학을 적극 옹호하던 인물로서 20세기 중반부터 소비에트 과학아카데미에서 세포학 분야를 주도하던 저명한 학자였다. 그렇다면 그는 왜 책의 결론 부분에서 봉한학설을 언급했을까. 김봉한이 리센코주의에 필적할 만한 거짓 과학을 전파하고 있으므로 봉한학설을 믿어서는 안된다는 이유였다. 알렉산드로프의 얘기를 직접 들어보자.

---

31) 1948년 이후 소련 생물학계에서 발생한 이 같은 일련의 사태는 흔히 '리센코 사건'이라 불린다 (Graham, L, 2016, p.72; 신동민, 1992, 192쪽).

과학의 추잡한 형태의 왜곡이 나타나는 것은 우리나라에만 국한된 특성은 아니었다. 이런 것은 개인 독재가 존재하는 다른 국가에서도 발생할 수 있었다. 교훈적이지만, 잘 알려지지 않은 예로 김봉한 교수의 1961년 북한 '경락 시스템'의 발견과 관련된 이야기를 들 수 있다.[32]

먼저 알렉산드로프는 당시 소련에서 봉한학설에 대해 호의적인 분위기가 형성돼 있다는 점을 지적했다. 그에 따르면, 1965년 5월 소련 보건부는 제2모스크바의학대학 해부학과 학과장 바실리 쿠프리야노프(1912-2006)와 보건부 종합건강국 에두아르드 바바얀(1920-2009) 국장을 평양의 김봉한 연구소에 파견했다. 출장에서 돌아온 이들은 소비에트 언론에 경락에 대한 연구를 홍보하고, 모스크바에 경락 체계를 탐구하는 연구소 2개를 설립하며, 젊은 전문가들을 김봉한 연구소에 연수를 보내자는 내용을 담은 보고서를 보건부에 제출했다. 이 외에도 소련에서는 봉한학설에 대한 세미나가 잇따라 개최됐고, 봉한학설을 소개하는 책이 출판될 계획이 잡혀 있었다. 알렉산드로프는 거짓된 김봉한 연구의 위험성을 알리기 위해 두 쪽 분량의 청원서를 소비에트 과학아카데미 세포학 연구위원회 명의로 작성했으며, 1966년 5월 이를 공산당 중앙위원회, 소비에트 과학아카데미 회장, 소비에트 보건부, 공산당 기관지 프라우다, 미르 출판사, 그리고 봉한학설을 소개한 잡지 등에 발송했다. 그는 청원서의 마지막 부분에 "우리와 우호적인 관계를 맺고 있는 북한의 생물학과 의학이 김

---

32) 저서의 전문은 인터넷에서 소개된 것이고 영어판으로 발간된 바가 없기 때문에 여기서는 인용할 때 해당 쪽수를 제시하지 못했다. 저서에서 봉한학설이 언급된 결론 부분은 러시아어를 한국어로 번역한 것이다. 저서의 러시아판 원문에서 김봉한이나 산알의 러시아명(Ким Бон Хан ом, санала)을 검색하면 결론 부분에서만 이들 명칭이 나온다는 사실을 확인할 수 있다.

봉한으로 인해 망가지는 일에 관여하지 않을 수 없"으며, 그 이유는 "우리나라 생물학의 힘든 시절이 우리 기억 속에 너무 생생하기 때문"이라고 밝혔다.

알렉산드로프가 이렇듯 강력하게 봉한학설이 거짓이라고 생각한 근거는 무엇일까. 물론 나름대로 과학적 판단이 작용한 것으로 보인다. 그는 봉한학설과 관련된 논문과 사진을 검토한 결과 모두 기존의 신경조직이나 모근 등을 오인한 것이라고 평가했다. 다만 짧게 단정적으로 언급했을 뿐이었다. 당시 소련 보건부를 비롯해 봉한학설에 대해 호의적인 과학계의 분위기를 염두에 뒀다면, 과학적 근거를 찬찬히 제시하면서 봉한학설에 대한 평가를 서술했을 것 같지만 그렇지 않았다. 그렇다면 알렉산드로프가 반감을 갖게 된 구체적인 이유는 무엇이었을까. 다음의 서술에서 그 해답을 찾을 수 있다.

> 봉한 순환, 산알의 세포로의 변형은 O.B. 레페신스카야가 주장하다가 망신당한 살아있는 물질의 세포 발생에 대한 연구와 그 내용의 본질이 똑같았다… 1960년대에 이르러 우리나라의 생물학 및 의학은 이미 레페신스카야의 '신세포이론'에서 벗어났으나, 몇몇 학계에서는 아마도 이루어지지 않은 위대한 발견에 대한 미련이 남아 있었던 듯하다. 우리나라에서 발생한 김봉한의 병적인 공상을 소비에트 과학계로 도입하려는 움직임은 이러한 것으로 설명할 수 있을 것으로 생각한다.

알렉산드로프는 봉한학설을 리센코주의에 대한 비판 저서에서 언급했지만, 실제로 김봉한의 비교 대상은 리센코가 아니라 레페신스카야라는 여성 세포학자였다. 알렉산드로프는 봉한체계 내부를 순환하고 있다는 산알에 대한 설명이 레페신스카야가 주장한 새로운 세포이론의 내용과 거의 동일하다고 파악했다. 또한 레페신스카야는 이 거짓된 이론 때문에 망신을 당한 바 있다. 따라서 봉한학설은 거짓이라는 것이 알렉산드로프의 판단이었다.

그런데 레페신스카야의 연구성과와 비교된 봉한학설의 내용은 "봉한 순환, 산알의 세포로의 변형"으로 표현돼 있다. 알렉산드로프의 판단처럼 산알 학설은 레페신스카야의 신세포이론과 동일한 것이었을까. 일단 알렉산드로프는 산알이 세포로 자라난다는 내용만 레페신스카야의 이론과 유사하다고 언급했을 뿐 세포가 산알로 변한다는 내용은 지적하지 않았음을 알 수 있다. 즉 산알에 관한 설명 전반에 대한 언급이 없었던 것이다. 이 사실을 염두에 두고 레페신스카야의 신세포이론은 무엇이었으며 소련에서 왜 망신을 당했는지 살펴보자.

17세기 초반 서구 생물학계에서는 생명체와 무생물의 경계는 무엇인지에 대한 논의가 활발하게 진행되기 시작했다(Mazzarello, P,1999, E13-E15). 맨눈으로 보이지 않던 미생물이나 라틴어로 '작은 방'을 뜻하는 세포(cell)가 현미경을 통해 관찰되면서 당시 과학계의 일각에서는 이들이 생명체와 무생물의 연결고리라는 생각이 퍼졌다. 이는 고대 아리스토텔레스에서 비롯된 자연빌생실, 즉 물이나 대지가 다양한 종류의 생명체를 저절로 발생시키는 잠재력이 있다는 학설의 연장선에서 수용될 수 있는 해석이었다.

19세기에는 세포가 모든 생명체의 기본 단위라는 주장이 널리 받아들여지기 시작했다. 독일의 식물학자 슐라이덴(Matthias Jacob Schleiden, 1804-1881)과 동물학자 슈반(Theodor Schwann, 1810-1882)은 1838년과 1839년 각기 식물과 동물을 구성하는 기본 단위가 세포라고 주장하면서 현대까지 수용되고 있는 세포설의 기본을 정립했다. 그러나 한 가지 문제가 남아 있었다. 세포는 과연 어떤 과정을 거쳐 만들어지는지에 대한 의문이었다. 슐라이덴은 세포 내 특정 물질(cytoblast)이 결정화 과정을 거치면서 핵이 형성되고, 핵이 점차 커지면서 새로운 세포가 만들어진다고 주장했다. 세포가 무생물인 물질로부터 만들어진다는 이 주장 역시 자연발생설을 지지한다고 해석될 수 있었다. 하지만 동시대 독일의 병리학자 피르호(Rudolf Virchow, 1821-1902)가 1855년 밝힌 '모든 세포는 기존의 세포가 분열하면서 발생한다'라는 주장이 광범위하게 수용되면서 슐라이덴의 주장은 주류 생물학계에서 기각됐으며 피르호는 세포설을 완성한 인물로 현대까지 인정받고 있다. 피르호는 아주 오랜 과거의 어느 시점에 세포가 무기물에서 만들어졌겠지만, 이후 발생한 생명체의 경우 세포는 오로지 기존의 세포에서 분열돼 형성될 뿐이라고 파악했다. 따라서 피르호의 입장에 선 주류 생물학계에서 세포의 기원이라는 주제는 현존하는 생명체에 대한 연구에서 그다지 관심을 끌지 못했다.

레페신스카야는 피르호의 세포설을 전면적으로 반박하면서 20세기 중반 소련의 세포 연구를 주도한 과학자였다. 그녀는 슐라이덴의 주장에 동조하면서 현존하는 생명체의 세포가 '살아있는 물질(living substance)'로부터 아직 만들어지고 있다는, 당시로서는 파격적인 주장을 펼쳤으며 그 공로를 인정받아 1950년 스탈린상을 받기도 했다. 레페신스카야의 주장은 상세한 실험적 증거들을 바탕으로 도출됐기 때문에 한동안 소련 생물학계에서는 그녀의 연구에 긍정적 견해를 취하면서 직접 재현하려는 시도가 지속됐다.

레페신스카야는 다양한 생명체에서 살아있는 물질을 발견했다는 요지의 논문을 수십 편 발표했다(Djomin, M, 2007, p.113). 여기서는 그녀가 주요 연구업적을 모아 80쪽 분량의 영어판으로 1954년 출간한 저서『세포의 기원(The Origin of Cells from Living Substance)』을 중심으로 핵심적인 실험 내용을 살펴보자. 그녀는 세포의 기원에 대해 새롭게 관심을 두게 된 것은 우연한 계기에서 비롯됐다고 밝혔다. 1933년 동물 세포가 노화되면서 막이 어떻게 변하는지에 대해 연구하고 있었는데, 어느 날 올챙이로 자라나고 있는 개구리 수정란의 혈액에서 이상한 현상을 발견했다. 노른자위에 해당하는 난황에서 다양한 구형 물질(globules)이 나타났고, 이들이 점차 세포로 변화하는 장면을 목격했다는 것이다. 이로부터 그녀는 피르호의 세포설을 지지하는 당시 주류 과학계의 판단에 강한 의심을 품었으며, 100여 년 전 슐라이덴이 제기한 세포의 물질기원설이 맞는다는 신념을 갖기 시작했다. 그녀 자신의 표현대로, 과학에서 새로운 아이디어나 발견은 전혀 다른 문제를 해결하는 과정에서 발생했던 것이다.

레페신스카야는 슐라이덴에서 한 걸음 나아가 세포를 형성하는 주인공이 그냥 물질이 아니라 살아있는 물질이며 그 성분은 단백질이라고 파악했다. 가령 공기와 반응해 녹이 슬면서 본래 성분이 바뀐 철은 '죽은' 물질이며, 이와 달리 살아있는 물질로서의 단백질은 세포 안에서 자극에 대한 반응, 호흡, 소화, 생식 등 생명현상의 유지에 필요한 대사(metabolism) 기능을 담당한다.

레페신스카야가 살아있는 물질을 발견하는 데 주로 선택한 실험 대상은 어류, 양서류, 조류 등 척추동물의 난황이었다. 이들의 수정란은 포유류와는 달리 난황으로부터 영양물질을 공급받으면서 개체로 자라나며, 난황은 주로 단백질로 구성돼 있다. 따라서 레페신스카야는 난황의 단백질을 잘 관찰하면 영양물질로서의 기능뿐 아니라 세포가 형성되는 모습을 확인할 수 있다고 판단했다.

피르호에 따르면, 하나의 세포로 이뤄진 수정란은 일반적으로 세포질의 양은 그대로인 채 핵이 절반씩 나뉘진다. 하지만 레페신스카야는 수정란의 초창기 분열에서는 핵이 나뉘는 것이 아니라 일단 사라진 후 살아있는 물질로부터 만들어진다고 파악했다. 핵이 사라진 후 먼저 핵 물질(nuclear substance)이 녹아있는 상태로 존재하다가 최소 크기의 알갱이(grains)로 분산되며, 이들이 모여 구형 물질을 형성하고 최종적으로 핵이 만들어진다는 설명이다. 『세포의 기원』에는 여러 동물에서 발견된 이 같은 상황이 현미경 흑백사진과 함께 상세히 열거돼 있다.

살아있는 물질의 역할은 일반적인 세포의 생성 과정을 넘어 파괴된 세포의 재생과정까지 확장된다. 레페신스카야는 재생 능력이 뛰어난 히드라에서 살아있는 물질을 추출한 후 5000분의 1로 희석한 메틸렌 블루라는 염색약을 처리했다.[33] 그런데 처음에는 살아있는 물질이 염색되지 않다가 시간이 지나 수분이 사라지면서 점점 염색이 진행되더라는 것이다. 레페신스카야는 이 실험을 통해 세포의 재생에 살아있는 물질이 핵심 역할을 수행하며, 이 과정은 인간과 같은 고등생명체에서도 나타난다고 파악했다. 심지어 인간의 몸에 상처가 나면, 파괴된 조직 부위로 살아있는 물질이 모여 건강한 세포

---

33) 1960년대 봉한학설을 부분적으로나마 증명했다고 주장한 후지와라 교수도 표층 봉한소체를 찾을 때 메틸렌 블루를 사용했다. 흥미롭게도 후지와라 교수 책의 마지막 부분에서는 레페신스카야의 업적에 대해 긍정적으로 평가하는 내용이 소개돼 있다(후지와라 외, 1993, 197-198쪽).

로 자라나는 것은 물론 이 세포가 면역기능을 발휘하는 대식세포 (macrophage)나 림프구 등의 세포로 변환되기도 한다는 파격적인 주장을 펼쳤다. 손상된 혈관을 구성하는 세포 역시 살아있는 물질로부터 복원됐다고 한다.

그렇다고 해서 레페신스카야가 피르호의 주장에 완전히 반대한 것은 아니었다. 새로운 세포가 기존의 세포로부터 분리돼 나오는 현상은 누구나 관찰할 수 있었다. 다만 그녀는 이 현상이 세포 생성 전체 중의 일부에 불과하다고 판단한 것이었다. 실제로 그녀는 난황의 구형 물질이 난황과 분리된다면, 즉 살아있는 물질과 분리된다면 세포는 기존에 알려진 분열을 통해 만들어진다고 밝혔다. 그녀에게 생명체는 피르호의 주장처럼 세포로 이뤄진 것이 아니라 세포와 살아있는 물질이 공존하는 복잡한 체계였다.

사실 살아있는 물질이라는 개념은 현존하는 생명체에 적용하기에는 낯설었지만 오래 전 지구의 상황을 떠올린다면 전혀 새로운 것은 아니었다. 지구에 처음 등장한 원시 생명체는 단백질을 비롯한 어떤 물질로부터 만들어졌을 것이기 때문이다. 다만 레페신스카야는 자신의 실험 결과를 확인한 후에는 피르호와 달리 과거에 발생한 일이 현재에도 반복되지 못할 이유가 없다고 판단했다. 즉 세포가 과거에 지구에서 살아있는 물질로부터 만들어졌으며, 현존하는 생명체에서도 마찬가지로 만들어지고 있다고 생각했다. 이는 독일 생물학자 헥켈(Ernst Heinrich Haeckel, 1834-1919)이 주장한 발생반복설을 세포 수준에 적용한 것이었다. 그녀는 이 같은 생각을 뒷받침할 만한 논리적 근거를 나름대로 제시하기도 했다. 예를 들어 과거 지구에서 세포가 만들어질 때의 물리적 환경이 현대에 이르러 급격히 변화하지 않았다고 본다면, 당연히 현재도 세포가 살아있는 물질로부터 만들어질 수 있다. 또한 지구에서 무생물과 생물의 경계에 놓여 있는 바이러스라는 생명체가 분명히 존재하며, 이는 과거 무생물에서 생물로 변환된 사건이 현대에도 반복돼 나타남을 보여주는 중요한 증거이다.

레페신스카야가 슐라이덴의 주장을 지지했다면 그녀는 생명의 자연발생설에 동의한 것일까. 그녀는 자연발생설을 기본적으로 지지하되 생명체 일반이 아닌 세포에 한정해서 그렇다고 밝혔다. 즉 16세기에 횡행하던 자연 발생의 비과학적 설명들, 가령 더러운 헝겊이나 썩은 물에서 쥐나 물고기가 발생한다는 따위의 얘기를 기론하는 것이 아니라, 물질에서 세포가 자연적으로 발생한다는 점을 주장한 것이었다. 이 지점에서 19세기 들어 마침내 자연발생설에 종지부를 찍었다고 평가받던 프랑스의 미생물학자 파스퇴르(Louis Pasteur, 1822-1895)에 대해 그녀가 반박한 내용이 흥미롭다. 파스퇴르는 S자 모양의 관이 달린 유리병 안에 고기즙을 넣고 유리병을 끓였더니 고기즙에 세균이 발생하지 않았다는 실험 결과를 제시하면서 자연발생설을 공격했다. S자 관을 통해서는 외부 세균이 침입할 수 없었는데, 자연발생설이 맞는다면 이런 환경에서도 유리병 안에 세균이 발생했어야 하지만 그렇지 못했던 것이다. 누구도 부인할 수 없는 이 실험 결과에 대해 레페신스카야의 해석은 간단했다. 파스퇴르가 유리병을 끓여 세균을 죽이면서 고기즙 안의 살아있는 물질도 모두 파괴했다는 것이다. 즉 살아있는 물질이 남아 있었다면 얼마든지 S자 유리병 안에서 세균은 생성될 수 있다는 설명이다.

여기까지가 레페신스카야의 과학적 업적에 대한 소개였다. 만일 그녀가 과학적인 내용만 주장했다면 이에 대한 소련에서의 논의는 순수하게 학문적 관점에서만 진행됐을 것이다. 하지만 그녀는 리센코처럼 과학에 정치적 이념을 결부 지어 피르호를 지지하는 생물학을 부르주아 과학이라 부르며 맹렬하게 비난했다. 그녀는 피르호 지지자들은 거짓 학설을 내세우고 있고, 이런 입장이라면 신(神)의 권능으로 현재 세포가 분열된다고 파악하는 종교적인 사고에 해당한다고 말했다. 또한 무생물에서 단세포 미생물 같은 단순한 유기체가 만들어지는 자연 발생의 탐구를 거부하는 것은 부르주아 과학에 해당한다고 밝혔다. 즉 그녀는 학문적으로 자신과 다른 견해를 가진 과학자를 정치적인 반동 세력으로 몰아붙였다.

마침내 리센코 사건 2년 후인 1950년 5월 22-24일 개최된 소비에트 과학아카데미 생물과학분과에서는 '제2의 리센코 사건'이라 불릴 만한 상황이 벌어졌다(Zhinkin, LN & VN Mikhaĭlov, 1958, pp.182-183). 이 자리에는 리센코를 필두로 1924년 원시지구에서 무생물로부터 생명체가 발생할 수 있다는 학설을 제시한 오파린(Aleksandr Oparin, 1894-1980) 등 150여 명의 생물학자가 참석했으며, 전원 레페신스카야의 학설을 인정하면서 피르호는 반동 과학자라고 규정했다. 그 결과 소련에서 레페신스카야의 주장은 고등교육 교과서에 정설로 수록됐으며, 이에 대해 비판적 견해를 보이면 반동으로 몰리는 분위기가 형성됐다. 6월 7일에는 모스크바 방송에서 생명의 기본 단위가 세포라는 학설은 폐기됐다는 내용이 전파를 타기도 했다.

이 같은 분위기를 주도한 세력의 선두에 리센코가 당연히 자리하고 있었다. 그런데 리센코는 어떤 이유에서 자신의 전공과 전혀 관련되지 않는 레페신스카야의 주장을 지지했을까. 미추린 학파의 생물학에서 약점이던 부분을 레페신스카야가 보완해줄 수 있다고 파악했기 때문이었다(Nachtsheim, H, 1952, pp. 20-21; Zhinkin, LN & VN Mikhaïlov, 1958, p.185). 가령 1950년 6월 4일 소련에서 발간된 한 소식지에 따르면, 리센코는 레페신스카야의 발견이 미추린 생물학의 이론을 발전시키는 데 큰 공헌을 했다며 찬사를 보냈는데, 그 이유는 기존의 종 내에서 새로운 종류의 유기체가 등장하는 상황을 설명할 수 있었기 때문이었다. 즉 리센코는 살아있는 물질로부터 세포가 만들어진다는 개념을 확대해 해석한다면, 획득형질의 유전을 통해 새로운 종이 등장한다는 자신의 주장을 이론적으로 뒷받침할 수 있다고 생각한 것이다. 다만 레페신스카야가 이 주장에 동조했는지 여부는 명확하지 않으며, 『세포의 기원』에서는 리센코와 관련된 언급이 한 차례도 나오지 않는다.

그러나 레페신스카야의 주장에 대해 소련 과학계의 일각에서는 상당히 부정적인 견해가 도출되고 있었다. 가장 중요한 문제는 재현이 되지 않는다는 사실이었지만(Zhinkin, LN & VN Mikhaïlov, 1958, pp. 182-186), 그녀에게 부르주아 과학자라고 비난받으며 사회적인 지탄을 감내해야 했던 피르호 지지자들의 공격 범위는 단지 학문적 진위를 따지는 일에 머물 수 없었다. 스탈린이 실각하면서 리센코의 세력이 약해지던 시점에 레페신스카야에 대한 학문적 비판과 사회적 비난이 서서히 동시에 가해지기 시작한 것은 당연한 귀결이었다. 결국 레페신스카야의 학문적 운명은 리센코의 그것과 같은 길을 걸었다.[34]

---

[34] 다만 레페신스카야는 리센코에 비해서는 덜 지탄받은 분위기인 듯하다. 예를 들어 소련의 과학자 두 명이 비판적으로 기고한 논문에 대해 미국 뉴욕 브루클린대학의 한 교수는 Letter 형식으로 묘한 여운을 남기는 글을 남겼다. 레페신스카야가 과장된 학설을 주장하긴 했지만, 그녀가 과학계에 특별히 해를 끼친 적이 없다면서 "그녀는 리센코가 아니었다"라고 언급했다 (London, ID, 1958, p.610).

알렉산드로프가 『소비에트 생물학의 어려운 시절』에서 지적했듯이 김봉한 연구진이 설파한 산알에 관한 학설은 레페신스카야의 세포 기원설과 공통점이 있었다. 피르호의 세포설이 세포 생성의 전부를 설명해주지 않는다는 주장이었다. 이들은 모두 새로운 세포가 기존의 세포로부터 발생하는 것은 사실이지만, 이보다는 특정 물질로부터 만들어지는 과정이 좀 더 근원적이고 본질적이라고 파악했다. 여기서 특정 물질의 명칭은 레페신스카야에게는 살아있는 물질이었고, 김봉한 연구진에게는 산알이었다. 이들은 또한 현미경과 염색약을 동원해 도출한 실험 결과를 사진으로 제시했다.

그러나 이 같은 공통점은 산알 학설 전체 내용의 일부에 해당할 뿐이었다. 산알 학설은 김봉한 연구진의 고유한 연구과제의 추진 과정에서 도출된 산물이었기 때문에, 레페신스카야의 문제의식이나 실험 결과와 근본적으로 차이가 나는 내용을 담고 있었다.

먼저 산알 학설은 김봉한 연구진이 경락 체계의 물질적 실체를 찾는 과정에서 도출됐다. 즉 연구진이 산알을 발견한 학문적 맥락은 레페신스카야와 달리 경락의 해부학적 구조물의 탐구 과정이었다는 사실이다. 전체적으로 산알 학설은 살아있는 물질로부터 세포가 만들어지는 현상을 우연히 관찰해 새로운 세포 기원설을 주장한 레페신스카야와는 전혀 다른 맥락에서 도출됐으며, 봉한체계에서 발견된 물질의 종류도 전혀 다른 것이었다. 오로지 공통점은 세포로 자라는 물질이 존재한다는 내용뿐이었다. 물론 이 물질의 주요 성분이 김봉한 연구진에게는 핵산이었고 레페신스카야에게는 단백질이라는 점에서 생물학적으로도 차이가 있다.

또한 물질이 세포로 자라는 과정도 다르게 보고됐다. 산알의 경우 크게 증식기와 융합기를 거치면서 세포로 자라난다. 이는 살아있는 물질이 뭉쳐 세포로 자라난다는 레페신스카야의 관찰 내용과 다른 부분이다.

한편 「산알 학설」에는 레페신스카야의 『세포의 기원』과 비교해 산알의 존재와 기능을 뒷받침하는 실험방법이 상당히 풍부하게 제시돼 있다. 가령 산알 자체와 그 주변의 다양한 물질 하나하나에 대해 당시로서는 첨단의 장비인 전자현미경을 비롯해 생물학계의 보편적인 생화학적 분석방법을 대거 동원해 그 성분과 함유량을 세세하게 보고했다. 이에 비해 『세포의 기원』에는 여러 생명체에서 공통으로 살아있는 물질이 세포로 자라는 증거를 보여줬을 뿐이었다. 이상과 같이 레페신스카야와 김봉한 연구진의 학설의 공통점과 차이점을 정리하면 <표 3>과 같이 요약할 수 있다.

지금까지의 논의 결과 알렉산드로프는 봉한학설의 방대한 내용 가운데 일부만을 추출해 레페신스카야의 주장과 비교했다는 점을 알 수 있었다. 물론 『소비에트 생물학의 어려운 시절』에서 알렉산드로프는 김봉한 연구진의 논문과 사진을 전체적으로 검토한 것처럼 서술했지만, 실제로 결정적인 판단은 산알이 세포로 변화한다는 내용에서 이뤄진 것으로 보인다. 그리고 이 같은 판단에 현미경 사진이 어느 정도 영향을 미쳤을 것으로 짐작된다. 『세포의 기원』과 「산알 학설」에서 제시된 일부 사진이 <사진 10>에서처럼 거의 동일해 보이기 때문이다.

		레페신스카야의 세포 기원설	김봉한의 산알 학설
연구 동기		올챙이 혈액 연구 중 우연히 발견	경락의 해부학적 구조물 내 물질 탐구
실험동물		어류, 양서류, 조류, 히드라	주로 포유류
발견 물질	이름	살아있는 물질	산알
	위치	수정란, 체세포, 혈관	봉한액, 세포
	성분	단백질	DNA(산알체), RNA(산알 형질), 산알막, 기타 대사물질(단백질, 지방, 탄수화물, 무기물질)
	크기	언급 없음	1.2-1.5μm
	주변 물질	언급 없음	DNA와 RNA의 형성 및 대사 관련 물질(질소, 환원당, 지질, 유리 모노 핵산, 유리 아미노산); 호르몬(아드레날린, 노르아드레날린, 코르티코스테로이드, 에스트로겐, 17-케로스테로이드); 히알루론산
	역할	세포로 성장, 세포의 갱신	세포와 산알의 순환(산알의 세포화, 세포의 산알화), 세포의 갱신
	세포화 과정	살아있는 물질의 융합-->핵 형성-->세포질 형성-->세포 형성	산알의 증식-->융합-->핵 형성-->세포질 및 세포막 형성-->세포 형성
	이동 경로	언급 없음	전신 순환(생체조직--> 피부 아래-->생체조직)
	위상	생명체 기본 단위	생명체 기본 단위

레페신스카야의 세포 기원설과 봉한학설의 주요 내용을 살펴보면 공통적인 사항(진하게 표시한 부분)으로 세포가 물질로부터 만들어진다는 점, 이 물질이 세포의 갱신에도 작용한다는 점, 그리고 생명체의 기본 단위는 세포가 아니라 물질이라는 점 등이다. 이 외의 내용에서는 두 학설 사이에 많은 차이가 존재한다.

20세기 중반까지 소련의 생물학계를 주도한 리센코와 레페신스카야는 모두 나름대로 실험 결과를 바탕으로 학문적 주장을 펼쳤다. 비록 당시 과학계에서 이들의 주장이 제대로 재현되지 못하긴 했지만 현대에 이르러 이들의 주장은 완전히 틀린 것은 아니라는 재평가가 부분적으로나마 나오고 있다. 하지만 이들은 모두 자신의 견해에 동조하지 않는 과학자들을 '부르주아' 또는 '반동'이라는 정치적 이념을 씌워 맹렬히 비난하면서 리센코주의를 형성했으며, 그 결과 1960년대 당의 지지가 쇠퇴하면서 이들에 대한 반박은 학문 영역에 국한되지 않고 정치적 이념과 결부돼 쏟아질 수밖에 없었다. 이런 상황에서 리센코와 레페신스카야의 일부 업적은 학문적으로 가치가 있었다 해도 번영 아니면 몰락 가운데 어느 한 가지 길을 걸을 수밖에 없었을 것이다.

봉한학설이 소련에서 강력히 거부된 배경에는 이 같은 정치적 이념으로 인한 편견이 중요한 자리를 차지하고 있었다. 강력한 반리센코주의자였던 알렉산드로프의 눈에 산알 학설은 레페신스카야의 아류 정도로 비쳤을 가능성이 컸을 것이고, 김봉한 연구진의 학설 전반에 대한 재현 실험은 의미 자체가 없었을 것이다. 알렉산드로프에게 김봉한은 자국의 리센코주의자들 가운데 한 명에 불과했을 뿐이었다. 실제로 알렉산드로프의 청원서가 소련 과학계에서 봉한학설의 재현을 막는 데 얼마나 영향력을 발휘했는지는 확실하지 않다. 다만 1965년 김봉한 연구실을 방문한 두 명의 소련 과학자의 권고대로 재현 실험이 본격화되는 일에는 일단 제동이 걸렸을 것이다. 또한 알렉산드로프가 청원서를 작성한 해가 1966년이었고 북한에서 봉한학설에 대한 언급이 사라진 시점도 같은 해였으므로, 이후 소련에서 봉한학설이 공식적으로 논의될 기회는 거의 사라졌을 것으로 보인다.[35] 북한연구소가 펴낸 『북한총람』(1983, 1022쪽)에 따르면 "1967년 소련 의학계에서 경락에 대한 실체 발견을 과학적으로 인정할 수 없다고 발표"했다(박미용, 2006, 8쪽).

---

[35] 알렉산드로프의 저서 결론 부분에는 "이후 북한에서 어떤 일이 일어났는지에 대해서 나는 잘 알지 못하나, 어쨌든 1971년에 경락연구소는 이미 존재하지 않았다. 이 나라는 이 연구소에 큰 비용을 들인 것 같다"라고 서술돼 있다.

❖ 참고문헌

(국문 자료)

김근배, 「과학과 이데올로기의 사이에서: 북한 '봉한학설'의 부침」, 『한국과학사학회지』 제21권, 제2호, 한국과학사학회, 194-220쪽, 1999.

김남일, 『근현대 한의학 인물 실록』, 들녘, 2011.

김용식, 「북한의 '봉한학설'과 동의학의 현주소」, 『북한』, 1986.12.

김훈기, 「새로운 생명 학설의 거부 과정에서 정치적 이념의 영향-봉한학설에 대한 소련 과학계의 입장을 중심으로」, 『열린 정신 인문학연구』, 제18집, 제2호, 51-84쪽, 2017.

박미용, 『봉한학설의 전개과정과 북한의 정치·사회·과학적 상황』, 서울대학교 대학원 교육학 석사학위 논문, 2006.

변학문, 「1950-1960년대 북한 자립노선과 생물학의 변화」, 『현대북한연구』 제10권, 제3호, 북한대학원대학교 북한미시연구소, 138-183쪽, 2007.

신동민, 「리셴코의 유전이론 형성과정, 1935-36-「농생물학」을 중심으로」, 『한국과학사학회지』 제14권, 제2호, 한국과학사학회, 191-222쪽, 1992.

이병천, 언기훈, 배경희, 강대인, 소광섭, 「Trypan blue 도포를 사용한 누드 마우스와 흰쥐에서 경혈 자리 찾기와 DiI 추적 법」, 『대한약침학회지』, 제12권, 제3호, 25-30쪽, 2009.

이상훈, 『장기표면 봉한체계의 감별 특성에 관한 연구』, 원광대학교 대학원 한의학과 박사학위 논문, 2010.

후지와라 사토루(藤原知) 외 저, 생활의학연구회 역, 『경락의 대발견』, 일월서각, 1993.

(영문자료)

Alexandrov, VY, *The Difficult Years of Soviet Biology: Contemporary Notes*, Science, St. Petersburg, 1993(http://vivovoco.rsl.ru/VV/BOOKS/ALEXANDROV/CONTENT.HTM).

Arronet, NI & DV Lebedev, "Vladimir Yakovlevich Alexandrov", *Cytology*, 38(1), 1996(vivovoco.rsl.ru/VV/PAPERS/BIO/VLADALEX/ALBIO.HTM)

Djomin, M, "The Birth of Life out of the Spirit of Soviet Sciences, or the Case of Ol'ga Lepeshinskaia", *Studies in Slavic Cultures VI: Stalinist Culture*, Uni. of Pittsburgh, Dept. of Slavic Languages and Literatures, pp. 107-122, 2007.

Fujiwara, S & SB Yu, "A Follow-up Study on the Morphological Characteristics in Bong-Han Theory: An Interim Report", pp. 19-21, edited by Soh, KS, KA Kang, DK Harrison, *The Primo Vascular System, Its Role in Cancer and Regeneration*, Springer, 2011.

Gershenson, SM, "The Grim Heritage of Lysenkoism: Four Personal Accounts, IV. Difficult Years in Soviet Genetics", *The Quarterly Review of Biology*, 65(4), pp. 447-456, 1990.

Graham, L, *Lysenko's Ghost-Epigenetics and Russia*, Harvard University Press, 2016.

Khrushchov, G, "More about Lepeshinskaya's Home-brewed cells: New developments in cell theory-A significant discovery of the Soviet biologist O.B. Lepeshinskaya", *The Journal of Heredity*, 42(3), pp. 121-122, 1951.

Kim, HG, "Unscientific Judgment on the Bong-Han Theory by an Academic Authority in the USSR", *Journal of Acupuncture and Meridian Studies*, 6(6), pp. 283-284, 2013.

Lepeshinskaya, OB, *The Origin of Cells from Living Substance*, Foreign Languages Publishing House, Moscow, 1954.

Liu, JL et al, "Historical review about research on "Bong-Han System" in China", *Evidence-Based Complementary and Alternative Medicine*, http://dx.doi.org/10.1155/2013/636081, 2013.

London, ID, "Lepeshinskaia", *Science*, 128, p.610, 1958.

Mazzarello, P, "A Unifying Concept: the History of Cell Theory", *Nature Cell Biology*, 1, E13-E15, 1999.

Nachtsheim, H, "The Soviet violation of biology", *The Journal of Heredity*, 43(1), pp. 19-21, 1952.

R. C., "Communist biology in Peking and Moscow", *The Journal of Heredity*, 42(2), pp. 69-70, 1951.

Zhinkin, LN & VN Mikhaïlov, "On "The New Cell Theory"", *Science*, 128, pp. 182-186, 1958.

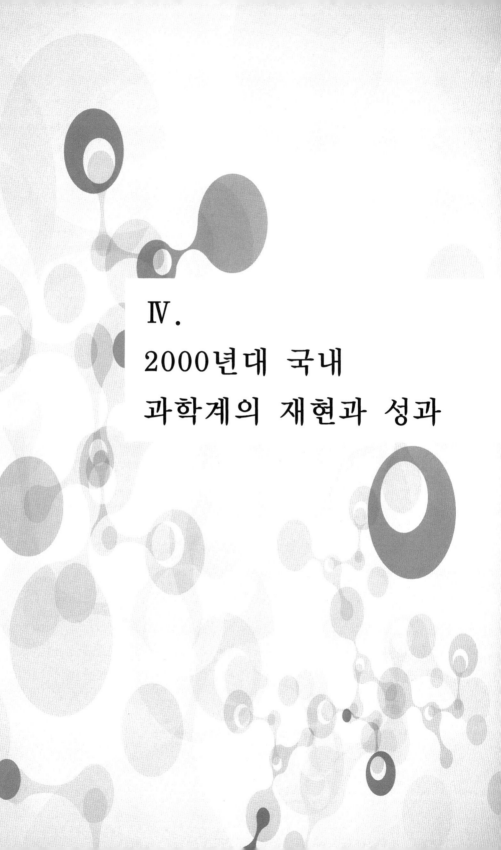

Ⅳ.
2000년대 국내
과학계의 재현과 성과

1. 기본 구조의 재현

(1) 림프관

(가) 현미경으로 '떠 있는' 장면 포착

김봉한 연구진은 봉한 구조물을 피부 아래에서 먼저 발견하고 이후 심층에서 내봉한체계(혈관, 림프관 내), 내외봉한체계(장기표면), 외봉한체계(혈관, 림프관 바깥), 신경봉한체계, 장기내봉한체계, 그리고 세포까지 연결된 말단봉한체계를 발견했다. 현대 연구진은 이와 발견 순서가 다르다. 주로 내봉한체계와 내외봉한체계, 신경봉한체계에서 발견됐으며, 표층 봉한체계에 대해서는 최근 들어 일부 보고됐다. 또한 외봉한체계, 장기내봉한체계, 말단봉한체계는 발견된 바 없다.

Soh, KS et al(2013)과 Kim, HG et al(2015) 등은 봉한학설이 제시한 몇 가지 기준을 통해 최근까지 현대 연구진의 성과 가운데 봉한학설과 일치하는 사례들을 소개한 바 있다. 여기서는 이를 확장해 현대 연구진이 확실하게 밝히지 못한 내용도 포함해 종합적인 평가를 시도한다.

서울대 물리학과 한의학물리연구실(Laboratory of Biomedical Physics for Korean Medicine)을 중심으로 2000년대 초반 형성되기 시작한 봉한학설 연구진은 2010년부터 봉한학설의 주요 용어를 현대적 용어로 바꾸었다. 이전까지 연구진은 연구계획서나 논문에서 새로운 구조물의 이름을 김봉한 연구진이 사용한 이름과 동일하게 사용했다. 즉 "봉한체계" "봉한소체" "봉한관" "산알" 등이 그것이다. 또한 봉한체계를 혈관계와 림프관계 외의 새로운 순환계라는 의미에서 '제3의 순환계'라고 부르기도 했다. 하지만 국내외 학계에서 "봉한"이란 용어는 낯설 수밖에 없었고, '제3의 순환계'라는 표현은 자칫하면 '중요하지 않다'라거나 '정통이 아니다'라는 의미로 인식될 여지가 있었다. 현대 연구진은 봉한체계가 혈관계나 림프관계보다 좀 더 근원적인 순환체계라는 의미에서 프리모(primo)라는 말을 사용하기로 결정했다(Kim, HG, 2013). 즉 봉한관은 프리모 관(primo vessel), 봉한소체는 프리모 노드(primo node), 그리고 봉한체계는 프리모 시스템(primo vascular system)이라 명명했다. 모두 '현대적 감각'으로 이름만 바꾸었다.

그런데 산알에 대한 개명은 다소 특이했다. 산알은 '살아있는 알'이라는 의미이므로 이전까지 영어로는 'live egg'로 표기돼 왔다. 하지만 프리모 시스템 용어 체계에서 산알은 '프리모 마이크로 세포(p-microcell)'라는 이름으로 바뀌었다. 마이크로 세포라는 말은 구조와 기능 면에서 일반 세포에 비해 작은 규모를 가진 세포를 의미할 텐데, 어쨌든 세포의 한 종류이다. 하지만 봉한학설에서 산알은 세포를 의미하지 않는다. 핵산 성분을 제외하곤 일반적인 세포 구성물이 전혀 없기 때문이다(<박스 4> 참조). 어쨌든 현대 연구진이 만든 프리모 시스템 용어 체계는 이후 국내외 후속 연구자들이 거의 동일하게 사용하기 시작했다. 이 글에서는 편의상 현대 연구진이 발견했다고 보고한 새로운 구조물을 지칭할 때 봉한학설의 용어를 그대로 사용한다.

현대 연구진이 봉한체계를 발견할 때 우선 확보하려 했던 실험방법은 염색기법이었다. 그러나 수많은 염색약 가운데 무엇을 써야 할지 결정하는 과정은 그야말로 시행착오의 연속이었다. 연구진은 나름대로 추론을 통해 염색약을 하나씩 발견해 나가기 시작했다. 내봉한체계에서 가장 많은 논문이 발표된 림프관 내 봉한 구조물의 사례를 살펴보자. 특히 림프관의 경우, 염색약 없이 현미경으로 관찰할 수 있는 기법이 보고된 점이 눈에 띈다. 김봉한 연구진이 <제3 논문>에서 림프관 밖에서도 내봉한관을 들여다볼 수 있다고 밝힌 부분을 실현한 것으로 추정된다.

연구진이 림프관 내에서 봉한 구조물을 발견했다고 보고한 논문 가운데 몇 가지 주요 논문을 살펴보자. 먼저 2005년 9월호『해부학기록(*The Anatomical Record*)』에 소개된 논문이다(Lee, BC et al, 2005). 연구진은 토끼 14마리를 대상으로 하대정맥(inferior vena cave) 주변의 굵은 림프관을 비롯해 여러 림프관에 야누스-그린 B(Janus Green B)라는 염색약을 투여했다.[36] 그 결과 림프관 내에서 파랗게 염색된 실 같은 조직이 관찰됐다. 이 조직을 꺼내 아크리딘-오렌지로 염색하자 막대 모양의 핵이 줄지어 있는 모습이 확인됐다.[37] 조직의 일부에서는 여러 작은 관들이 다발로 존재하는 모습도 관찰됐다. 또한

---

36) 이 염색약은 보통 세포 내 미토콘드리아나 신경세포를 파랗게 물들인다고 알려져 있다.
37) 보통 생체에서 순수한 림프관을 분리하는 일은 어렵다고 알려져 있다. 체내에서 림프관은 지방층으로 둘러싸여 있다. 연구진이 이 지방층을 걷어내는 데 1시간 정도가 필요했다고 한다. 시간이 더 소요되거나 림프관을 잘못 건드리기라도 하면 림프관은 곧 변질돼 버린다.

이 관을 얼려 얇게 자른 결과 내부에 구형 구조물(globular structure)이 발견됐다. 이하 현대 연구진이 발견한 새로운 관 구조물을 봉한관, 봉오리 구조물을 봉한소체라 칭한다.

그동안 연구진이 봉한관의 존재를 발표했을 때 동료 학자들이 이 결과를 받아들이지 못했던 이유 가운데 하나는 림프관과의 혼동 가능성 때문이었다. 림프관과 봉한관 모두 투명해 보일뿐더러, 중간중간에 공통으로 결절(node)에 연결돼 있었다. 즉 봉한관은 림프관, 봉한소체는 림프결절을 잘못 본 것이라는 해석이었다. 하지만 림프관 안에도 새로운 관이 있다면 림프관을 잘못 본 것일 뿐이라는 주장을 결정적으로 반박할 수 있었다.

한편 막대 모양의 핵은 이 조직이 다른 생체조직과의 혼동을 피할 수 있는 또 하나의 중요한 증거였다. 현대 연구진이 발견한 실 같은 조직의 정체가 사실은 림프구가 엉겨 붙은 혈전의 일부일 수 있다는 의심이 가능하다. 그런데 김봉한 연구진은 봉한관 내피세포 핵이 막대 모양이라고 주장했다. 보통 림프구의 핵은 둥그스름하기 때문에, 막대 모양 핵의 발견은 이 같은 의심을 피할 수 있다는 것이 연구진의 판단이었다.

막대 모양의 핵이 관을 따라 한쪽 방향으로 '줄지어 있는' 모습도 중요했다. 일반적으로 림프관이나 혈관의 내피세포 핵은 가로 또는 세로 등 여러 방향으로 분포한다.

그러나 연구진은 이 논문에서 봉한관의 모습만 제시했을 뿐 봉한소체의 모습은 보여주지 못했다. 이후 현대 연구진이 염색약 없이도 봉한관과 봉한소체를 발견했다고 보고한 논문은 국제림프학회(International Society of Lymphology)가 발간하는 온라인 학술지

『림프학(*Lymphology*)』에 게재됐다(Lee, BC & KS Soh, 2008). 전체적으로 토끼 6마리에서 봉한관 샘플 7개, 봉한소체 샘플 6개를 얻었다. 대략 한 마리에서 1개꼴로 봉한관과 봉한소체를 각각 얻은 셈이다.

연구진은 이전까지 토끼와 큰 쥐의 림프관 안에서 봉한관을 찾아 논문으로 발표해 왔다. 주요 방법은 자체 발굴한 염색약을 사용하는 것이었다. 하지만 논문을 투고할 때마다 심사자들이 공통으로 지적한 또 다른 사항이 있었다고 한다. 염색약이 림프관과 화학 반응을 일으켜 엉뚱한 부산물이 만들어질 수 있다는 것이다. 즉 연구진이 발견했다는 봉한관은 실제로는 염색약의 작용으로 림프관이 변형된 모습일 수 있다는 설명이었다.

연구진으로서는 받아들여야 하는 타당한 지적이었다. 좀 더 확실하게 관찰할 수 있는 방법이 필요했다. 연구진이 개발한 방법은 의외로 간단했다. 현미경으로 직접 관찰하는 방법이다.

연구진은 토끼를 마취시키고 복부 안에서 후대정맥(caudal vena cava) 주변의 굵은 림프관을 찾았다. 굵기가 대략 500 ㎛였다. 림프관은 거의 투명하기 때문에 실체(또는 입체) 현미경(stereomicroscope)으로 보면 림프관 뒤의 혈관이 관찰될 정도이다. 실체현미경으로 그냥 들여다봐서는 림프관 안에 하얗고 가느다란 관이 보이지 않는다.

연구진은 자동차의 헤드라이트에 잘 쓰이는 백색의 할로겐램프로 림프관을 비췄다. 림프관 안에는 역시 보이는 것이 없었다. 그런데 할로겐램프의 표면에 붉은 색의 셀로판종이를 붙이자 상황이 달라졌다. 붉은 조명 아래에서 림프관 안의 실 같은 물질이 명확히 관찰됐다. 김봉한 연구진이 표현한 대로 림프관 중앙에 '떠 있는' 모습이었다. 마취된 토끼의 호흡에 맞춰 실 같은 조직이 상하로 움직이는 생생한 장면이었다. 그리고 실 같은 물질은 볼록한 모양의 소체와 연결돼 있었다. 당시 연구진은 직감으로 이들이 봉한관과 봉한소체 라고 확신했다고 한다.

이 논문에서 연구진은 이전에 개발한 염색약들을 동원해 이 조직 이 봉한 구조물의 기본 요건을 갖췄는지 확인했다. 우선 림프관 안 에서 봉한관을 파랗게 염색하는 알시안-블루(Alcian blue)를 투입했 다.38) 알시안-블루가 림프관 내 봉한관을 잘 염색한다는 사실은 이 미 다른 학술지에 보고된 바 있었다(Lee, CH et al, 2006). 예상대로 마취된 토끼의 림프관 안에서 실 같은 조직이 파랗게 염색됐다.

연구진은 또한 핵의 모습을 확인했다. 림프관의 일부를 조심스럽 게 자르고 핀셋으로 파랗게 염색된 물질을 분리해냈다. 여기에 아크 리딘-오렌지 염색약을 처리한 후 공초점레이저현미경(confocal laser scanning microscope)으로 관찰했다. 그러자 막대 모양의 핵이 관을 따라 줄지어 있는 모습이 드러났다.

그런데 연구진은 이번 실험에서 이전과는 전혀 다른 흥미로운 모 습을 관찰할 수 있었다. 림프관 내의 봉한관이 림프관을 뚫고 나가 는 장면이었다. 연구진은 마취 상태의 토끼 림프관에 디아이아이 (DiI)라는 형광 염색약을 주입했다.39) 그리고 형광실체현미경으로 들여다보자 림프관의 한 군데에서 봉한관이 림프관 벽을 통과해 밖 으로 나온 모습이 관찰됐다. 이 관은 주변의 지방 조직 속으로 파묻

---

38) 알시안-블루는 히알루론산과 반응하는 염색약이다. 현대 연구진은 봉한관 내에 히알루론산이 풍부하다는 김봉한 연구진의 보고에서 힌트를 얻어 봉한 구조물을 확인하는 과정에서 이 염색 약을 많이 사용했다.
39) 보통 DiI는 세포막을 구성하는 인지질을 염색한다고 알려져 있다.

혀 들어갔기 때문에 어디까지 연결돼 있는지는 확인할 수 없었다.

백색을 발하는 할로겐램프와 붉은 셀로판종이. 너무 간단해 보이는 이 장치가 그동안 논문심사자들로부터 받아온 의심을 상당히 해소할 수 있었다. 수은램프나 레이저빔에 비해 할로겐램프가 좀 더 잘 보이게 한다는 점도 알아냈다. 여러 차례 실험이 반복되면서 일부 연구자에게는 현미경 없이도 할로겐램프의 조명 아래에서 림프관 안의 봉한 구조물이 눈에 들어오기 시작했다. 하지만 연구진은 왜 붉은 색으로 비췄을 때 봉한관이 관찰되는지에 대해서는 알 수 없었다. 붉은 색은 파장이 약 600 nm로 비교적 길기 때문에 림프관의 내부까지 침투가 가능하리라는 추측만 이뤄졌다.

〈박스 4〉 세포 안의 다양한 생체물질

세포는 생명체의 구조와 기능의 기본 단위이다. 인간을 비롯한 고등생명체의 세포는 핵과 세포질로 크게 구분된다. 핵에는 흔히 '생명의 설계도'라 불리는 DNA가 존재한다. DNA의 주요 역할은 생명체의 생리 기능을 수행하는 단백질을 생산하는 일이다. 인체의 경우 단백질의 종류는 대략 10여만 개라고 알려져 있으며, 하나의 핵 안에는 이들 단백질을 만드는 데 필요한 모든 정보가 담겨 있다. DNA는 평소 이중나선의 형태로 히스톤이라는 단백질 주변을 감싸면서 잔뜩 꼬여 있다. 전체적으로는 가느다란 실이 복잡한 그물망을 이룬 모습이다. 이때의 DNA 전체를 가리며 염색질(chromatin)이라고 부른다.

단백질이 만들어지는 장소는 핵이 아니라 세포질이다. 세포질 안에는 리보솜이라고 불리는 '단백질 공장'이 있다. 핵 안의 DNA로부터 단백질 생성 정보를 얻어 리보솜까지 이동하는 주체는 RNA이다.

DNA의 정보를 세포질까지 전달하는 메신저(messenger) 역할을 한다고 해서 이를 mRNA라고 부른다. mRNA가 리보솜에 도착하면 또 다른 RNA가 단백질의 기본 단위인 아미노산을 하나씩 이끌고 온다. 아미노산을 운반(transfer)한다는 의미에서 이를 tRNA라고 부른다.

한편 세포에는 또 하나의 RNA가 있다. 리보솜에 존재하는 rRNA이다. 각 리보솜은 대체로 RNA 60%, 단백질 40%로 구성된다. 이들 세 종류의 RNA는 모두 핵 속의 DNA로부터 만들어져 세포질로 이동한다. 이들 가운데 rRNA는 mRNA와 tRNA에 비해 그 생성 위치가 특이하다. 핵을 염색하면 가장 뚜렷하게 염색되는 한 개 또는 여러 개의 둥그스름한 부위가 있는데, 이를 인(핵소체, nucleolus)이라고 부른다. rRNA는 바로 인에서 형성된다. 리보솜을 구성하는 일부 단백질은 세포질에서 형성돼 인에 도달한 후 rRNA와 합쳐져 다시 세포질로 나가 완전한 리보솜을 만든다. 흥미롭게도 인은 세포가 분열할 때 사라졌다가 평소 세포가 단백질을 만드는 시기에 '슬며시' 모습을 드러낸다.

리보솜은 속이 빈 편평한 판 모양의 소포체(ER, Endoplasmic Reticulum)에 많이 부착돼 있다. 리보솜에서 만들어진 단백질은 여러 겹의 소포체를 지나면서 운반 소포(transport vesicle)에 싸이고, 이것은 골지체(Golgi apparatus)라는 또 다른 속이 빈 주머니를 지나면서 이동 소포(transfer vesicle)의 형태를 형성한 후 마침내 세포 바깥으로 나간다. 골지체에서는 이동 소포 외에도 세포 내 노폐물이나 세포 안으로 밀려 들어온 이물질을 녹여버리는 용해 소체(lysosome)도 만들어낸다. 용해 소체보다 작으면서 독소를 제거하는 과산화 소체(peroxisome)도 있다. 이처럼 평상시 세포는 수많은 소포들을 생성하면서 한편으로는 개체의 생존에 필요한 단백질을 계속 만들고, 다른 한편으로는 세포의 생존에 필요한 단백질을 분비하고 있다.

(나) 염색처리 전후 비교에 성공

현대 연구진이 림프관 내에서 발견했다고 보고한 주요 논문을 16 편[40]으로 추렸다. 이들에서 보고된 새로운 구조물의 특성을 봉한학설과 종합적으로 비교해 정리하면 <표 4>와 같다.

먼저 해부학적·조직학적 특성을 비교해보자. <표 4>를 비롯해 뒤의 표에서 음영으로 표시된 부분은 봉한학설에서 언급된 주요 특성들이다.

봉한학설에 따르면, 봉한소관의 크기는 생체 부위와 상관없이 보통은 5-15 μm, 전체적으로는 1-50 μm이다. 현대 연구진의 경우 봉한소관을 발견했다고 보고한 논문은 16편 가운데 3편에 불과했다. 또한 봉한소관의 너비를 보고한 논문은 2편이었다. 모두 봉한관 조직을 세로로 잘라 현미경으로 관찰한 결과였다. 염색약을 사용하지 않고 실체현미경으로 관찰해『림프학』에 발표한 논문에서도 소관들이 다발을 형성하고 있는 모습은 소개되지 않았다.

봉한관과 연결돼 있는 봉한소체의 존재가 보고된 논문은 10편이었다. 나머지 6편에서는 봉한관의 존재만 등장했다. 또한 10편 가운데 소체의 크기가 보고된 논문은 3편이었다. 그런데 봉한학설에서의 크기(100-200 μm)에 비해 상당히 큰 것으로 보고됐다.

봉한소관의 특성인 막대 모양의 내피세포 핵이 발견됐다고 밝힌 논문은 12편이었다. 막대 모양의 핵은 새로운 구조물을, 실 모양의 섬유성 조직에 림프구가 엉긴 모습과 구별할 수 있는 중요한 단서이다. 확인방법은 아크리딘-오렌지, 요요-1(YoYo-1), 알시안-블루, 팔로

---

40) 한 편의 논문에서 림프관을 포함해 혈관, 장기표면 등 여러 부위에서 발견해 발표한 논문은 뒤에서 다룬다. 여기서는 림프관만을 대상으로 보고한 논문에 대해서만 설명한다.

이딘(Phalloidin), 다피(DAPI) 등의 염색약 주입, 그리고 공초점레이저현미경, 일반 위상차현미경, 형광 위상차현미경(fluorescence phase contrast microscope) 등의 현미경 관찰이었다. 이 가운데 핵의 크기가 보고된 것은 9편이었으며, 모두 봉한학설에서의 크기(15-20 μm)와 일치했다. 이들과 달리 한 편의 논문에서는 핵의 모습과 크기는 보고되지 않았지만, 보통 내피세포의 존재를 확인하는 마커를 이용해 봉한관 안에 내피세포 층이 있다고 설명됐다.

봉한소관의 내피세포 층 바깥을 둘러싸는 외막과 주위막의 존재가 보고된 논문은 한 편도 없었다. 다만 보통 상피세포(epithelial cell)의 존재를 확인하는 데 쓰이는 항체 반응을 통해 봉한관 바깥쪽으로 어떤 세포층이 확인된다는 보고가 한 편의 논문에서 제시됐다.

한편 봉한관과 봉한소체 내부에 존재하는 물질에 대해서는 거의 보고되지 않았다. 즉 봉한관 내 주요 기본 성분인 과립(DNA 과립과 아드레날린 과립)이 확인된 논문은 없었으며, 한 편의 논문에서 아드레날린 과립으로 추정되는 구형 구조물이 발견됐다는 보고뿐이었다. 봉한소체 내부 물질에 대해서는 아무런 보고가 없었다.

<표 4> 현대 연구진과 김봉한 연구진의 보고 비교 - 림프관 내 구조물

특성 / 연구진	봉한관의 해부학적 특성							봉한관의 조직학적 특성			봉한관 내부 물질			봉한소체 내부 물질			
	림프관 너비 (㎛)	봉한관 너비 (㎛)	봉한소체 존재 / 너비(㎛)	봉한소체 연결 / 크기(㎛)	염색 처리 / 전후 비교 가시화	염색약 주입 유지	림프관 내 판막 가시화	판막 모양의 내피세포	내피세포 핵 해 길이(㎛)	외막 및 주위막	DNA 과립 (산알)	아드레 날린 과립	세포	DNA 과립 (산알)	아드레 날린 과립	아드레 날린 과립함 유세포	조혈 세포
김봉한			O/1-50	O/100 -200				O	15-20	O	O	O		O	O	O	O
현대 (총 16편)	9	12	3/2	10,3	9	6(림프관/ 10(림프 절)	9	12	9	1	O	O	O	O	O	O	O

<표 4>에서 음영으로 표시되지 않은 부분은 현대 연구진이 실험을 진행하면서 좀 더 확실한 증거를 제시하기 위해 새롭게 시도하거나 보고한 내용이다. 가령 림프관과 봉한관의 크기를 상대적으로 보여주기 위해 림프관의 너비가 보고된 논문은 9편이었다. 또한 봉한학설에서는 봉한소관 외에 봉한관의 너비는 언급되지 않았지만, 현대 연구진의 논문 12편에서는 그 너비가 보고됐다. 다만 논문에 따라 너비의 범위가 다양하게 제시돼 있다는 점을 알 수 있다.

또한 현대 연구진은 새로운 구조물이 림프관 바깥 어딘가가 아니라 확실히 그 안에 존재한다는 점을 밝히기 위해 염색약을 처리하기 전과 후 림프관의 모습을 비교해 제시했다. 내부가 투명해 보이는 림프관에 염색약을 처리하자 림프관 안에 실 같은 구조물만 염색된 모습을 보여준 것이다. 광학현미경만을 이용한 한 편을 포함해 10편의 논문에서 이 같은 비교 사진이 제시됐으며, 여기에 야누스-그린 B, 알시안-블루, 디아이아이, 디아미노벤지딘(diaminobenzidine) 등의 염색약과 형광자성나노입자(fluorescence magnetic nanoparticles) 등이 사용됐다. 새로운 구조물 근처에 림프관 내 판막이 함께 존재하는 사진이 제시된 논문 8편 역시 이 구조물이 림프관 안에 있다는 점을 명확히 보여준다.

한편 봉한학설에서는 염색약을 림프계 어디에 주입해서 봉한 구조물을 발견했는지에 대한 설명이 없다. 현대 연구진의 논문 16편에서는 림프관과 림프결절에 염색약이 주입됐다는 설명이 각각 6편과 10편(1편에서는 둘 다 주입)에 등장한다.

1960년대 김봉한 연구진에 비해 현대 연구진은 새로운 기법(염색약, 현미경, 마커 등)을 동원했으며, 봉한 구조물과 림프관을 확실히 구별할 수 있는 증거도 제시했다. 하지만 림프관 내 연구에 대한 논문들은 대부분 봉한 구조물의 기본적인 특성을 제대로 보여주지 못했다. <표 4>에서 확인되듯이, 봉한관과 봉한소체가 연결돼 있고, 봉한관 내에 봉한소관이 다발로 존재한다는 점을 모두 보여준 논문이 없다. 봉한관 같은 구조물과 그 내부에 막대 모양의 핵이 존재한다는 정도만 확인될 뿐이다. 특히 봉한관과 봉한소체 내에 여러 과립과 세포가 존재한다는 점은 거의 보고되지 않았다. 또한 이 같은 성향은 시간이 지날수록 개선되지 않았다. 즉 논문들이 후반부에 이르면서 이전의 연구에서 일부 확인되지 않은 특성들이 포괄되면서 좀 더 확실해진 증거가 제시될 줄 알았지만 그렇지 않았다.

또 한 가지 지적할 수 있는 사항은 실험 방법상에서 새로운 구조물이 과연 림프관 안에서 발견된 것이 아닐 수 있다는 근본적인 문제가 전체적으로 완전히 해소되지 않았다는 점이다. <표 4>에서 보듯이 연구진이 염색약을 주입한 장소는 림프관(6편)과 림프결절(10편)이었다. 여기서 림프결절이 문제의 소지가 있다. 생체에서 림프결절은 수많은 모세혈관과 연결돼 있다. 따라서 염색약을 림프결절에 주입할 경우 염색약이 림프관이 아닌 모세혈관을 따라 흘러갈 수 있다. 실제로 알시안-블루를 혈관에 주입하면 모세혈관을 파랗게 물들이는 모습을 관찰할 수 있다고 한다. 즉 연구진이 채취한 염색된 구조물이 림프관 내 봉한 구조물이 아니라 림프관 주변 조직에 분포된 모세혈관일 가능성이 있는 것이다. 이 같은 가능성을 배제하기 위해서는 염색약은 림프결절이 아닌 림프관에 주입될 필요가 있다.

전체적으로 림프관 내 봉한 구조물을 찾는 데 동원된 동물은 큰 쥐, 작은 쥐, 토끼 등이었다. 각 개체에서 발견한 봉한 구조물의 수는 가장 많은 경우가 평균 1마리에서 7개를 찾았다는 보고였다. 그 외에는 대부분 1마리 당 1개 정도에 그쳤고, 동물의 수나 봉한 구조물의 수를 보고하지 않은 경우도 적지 않았다.

(2) 혈관

(가) 소의 심장에 분포한 구조물

봉한학설에 따르면 림프관 외에 내봉한체계가 존재하는 또 하나의 생체조직은 혈관이다. 그런데 상식적으로 혈관은 림프관에 비해 그 내부를 관찰하기 어렵다. 내부에 붉은 혈액이 가득하기 때문이다. 혈관 내 봉한 구조물을 찾으려면 일단 혈관을 절개하고 혈액을 모두 제거하는 일이 필요하다. 그리고 림프관의 경우와 마찬가지로 비교적 굵은 혈관에서 찾기가 쉽다.

혈관은 누구나 알다시피 혈액이 이동하는 통로다. 혈액은 적혈구, 백혈구, 혈소판, 그리고 투명한 액체인 혈장으로 이뤄져 있다. 혈관 내에 관 같은 조직이 있다는 보고는 없었다.

현대 연구진이 혈관 안에서 봉한 구조물을 발견했다고 보고한 주요 논문 가운데 하나는 2004년 5월호 『해부학 기록』에 소개됐다 (Lee, BC et al, 2004). 연구진은 큰 쥐 8마리를 대상으로 마취를 시킨 후 대퇴부의 정맥(femoral veins)에 아크리딘-오렌지를 주입했다. 그리고 4분 정도 후 경정맥(jugular vein)을 잘라 10분 정도 피를 뽑아냈다. 이후 복부를 갈라 동맥과 정맥 여러 부위를 잘라내고 그 속의 내용물을 실체현미경으로 관찰했다. 후대정맥(caudal vena cava), 엉덩정맥(iliac vein), 대동맥(aorta) 등 주로 굵은 혈관을 선택했다.

하지만 혈관을 직접 자르는 순간 커다란 난관이 닥친다. 피가 엉겨 붙어 뭐가 뭔지 구분이 안되는 상황이 벌어진다. 혈액의 응고물, 즉 혈전이 그 어느 부위를 절단할 때보다 많이 생기는 것이다. 혈관에 손상이 가해지면 생체는 즉시 스스로 방어 메커니즘을 작동시킨다. 혈액이 혈관 밖으로 흘러나오지 못하도록 혈액을 굳게 만든다. 여기에 작용하는 요소를 두 가지로 요약하면 혈소판, 그리고 혈장 내 단백질인 피브리노겐(fibrinogen)이다. 혈액이 흘러나오면 혈소판이 파괴되고 여기서 나온 특정 물질이 피브리노겐을 피브린(fibrin)이라는 실 모양의 섬유성 단백질로 전환한다. 이 피브린이 그물망을 이루며 혈구들을 가두면서 피가 굳게 된다.

이런 상황이라면 혈관 속의 봉한 구조물을 '깔끔하게' 추려내기는 불가능할 것 같다. 실제로 연구진은 혈구들과 엉겨 있는 피브린 속에서 봉한관으로 추정되는 조직을 어렵사리 찾아냈다. 이를 공초점 레이저현미경으로 관찰하자 녹색으로 빛나는 막대 모양의 핵이 확인됐다. 핵의 길이는 긴 쪽이 10-20 μm, 짧은 쪽이 5 μm 내외였다.

그런데 막대 모양의 핵은 혈관의 내피에서도 관찰된다. 연구진이 관찰한 핵이 혹시 혈관 내피세포의 핵이 아닐까. 같은 샘플을 위상차현미경의 일종인 차등간섭대비현미경(differential interference contrast microscope)로 찍은 사진에는 내부에 작은 관들이 줄지어 있는 모습이 나타났다. 봉한관 내부의 다발모양의 소관들로 보이는 모습이었다. 혈관은 하나의 관으로만 이뤄져 있기 때문에 혈관과 전혀 다른 종류의 조직이라는 점이 확인됐다.

혹시 이 관이 피브린에 적혈구가 엉겨 있는 모습은 아닐까.[41] 생

---

41) 사람의 경우 보통 적혈구는 길이가 7 μm 내외이며, 혈액에서 혈장을 제외한 혈구 성분인 적혈구, 백혈구, 혈소판 중에서 적혈구가 차지하는 비율은 99% 이상이다.

체 혈관 속에 분포하는 적혈구에서는 핵이 퇴화하여 사라지므로 보통의 피브린 구조물에서는 아크리딘-오렌지로 염색할 대상 자체가 없다. 또한 이 관 옆에 적혈구들이 투명한 채로 흩어져 있었다. 혈소판 역시 핵이 퇴화해 있다. 그렇다면 혈구 중에서 핵을 가진 나머지 세포는 백혈구뿐이다. 하지만 백혈구의 핵은 막대 모양이 아니다. 둥글거나 불규칙한 형태를 띠고 있다. 우연하게라도 백혈구의 핵이 막대 모양을 하고 질서정연하게 줄지어 있는 모습으로 관찰될 가능성은 없다.

논문에 실린 사진 두 장은 연구진이 얻은 사진들 중에서 가장 명확하고 깔끔하게 촬영된 것이었다. 논문에 따르면, 연구진은 2003년 7월 26일부터 8월 7일까지 약 10일간 집중적으로 큰 쥐의 혈관들에서 모두 18개의 봉한관을 확인했다. 막대 모양의 핵은 길이가 평균 19.2±4.9 μm로 비교적 균일한 편이었다. 이에 비해 이들 핵 사이의 간격은 41.8±16.0 μm로 핵의 길이에 비해 균일하지 않은 값을 보였다. 봉한관의 두께는 짧게는 23.2 μm, 길게는 134.9 μm로 측정됐다.

그런데 이 논문에서는 혈관 안에서 봉한관 외에 봉한소체가 소개되지 않았다. 연구진에 따르면, 볼록한 모습의 봉한소체를 실험 과정에서 본 것도 같았지만 실제로 찾지는 못했다고 한다.

2008년 연구진은 혈관 샘플들로부터가 아니라 생체의 조직 위치에서(*in situ*) 봉한 구조물을 발견했다고 발표했다(Lee, BC et al, 2008). 큰 쥐, 작은 쥐, 토끼 등의 굵은 혈관에 아크리딘-오렌지를 주입하고 자체 개발한 형광실체현미경(fluorescence steremicroscope)으로 혈관 내 봉한소체와 봉한관의 모습을 발견한 것이다. 또한 야누스-그린 B를 처리한 결과 봉한소체로 추정되는 구조물의 둘레가 뚜렷하게 드러난다는 점을 근거로 이 구조물이 혈전과는 구별된다고 밝혔다. 동일한 학술지에 동시에 실린 또 한편의 논문에서는 작은 쥐의 정맥에 알시안-블루를 주입하고 실체현미경으로 확인한 결과, 살아 있는(in vivo) 생체조직 위치(in situ)에서 정맥 내에 존재하는 봉한 구조물을 직접 관찰할 수 있었다고 보고됐다(Yoo, JS et al, 2008).

한편 그동안 연구진이 봉한관을 발견한 부위는 비교적 굵은 동맥과 정맥의 일부 부위였다. 모세혈관까지 확인하지는 못했다. 하지만 동맥과 정맥에서 존재하는 관이 중간에 끊어질 것 같지는 않다. 짐작하건대 봉한관이 동맥-모세혈관-정맥을 통해 계속 연결돼 있을 것 같다. 그러나 혈관계 전체를 관통하는 봉한관의 존재를 확인하기 위해서는 완전히 별도의 대규모 실험설계가 필요하다. 연구진은 대신 혈관계에서 한 군데 더 확실하게 확인해볼 수 있는 부위로 눈길을 돌렸다. 심장이다. 가느다란 모세혈관에서 찾기 어렵다면 거꾸로 혈관계에서 가장 큰 부피를 차지하는 심장에서는 쉽게 봉한관을 확인할 수 있을 것 같았다. 더욱이 심장에서는 혈관에 비해 훨씬 큰 봉한관을 발견할 수 있으리라는 기대도 할 수 있다.

2010년 어느 날 연구진은 심장 속에서 봉한관을 찾는 작업에 착수했다. 이왕이면 큰 동물의 심장을 대상으로 실험하고 싶었다. 그래서 결정한 동물이 소였다. 문제는 소의 심장을 구할 수 있는 장소였다. 연구진이 손쉽게 구매할 수 있는 실험용 동물은, 보통의 국내 연구계가 그렇듯 토끼와 큰 쥐, 작은 쥐 정도였다. 그렇다면 실험용 동물 판매처가 아닌 새로운 장소를 떠올려야 했다. 연구진은 서울시 성동구 마장동에 있는 축산물 시장을 선택했다. 매일 소들이 도축되는 현장에서 심장을 쉽게 얻을 수 있기 때문이었다.

하지만 문제가 있었다. 봉한학설에 따르면, 그리고 연구진이 그동안 확인한 바로는 봉한 구조물은 살아있는 생명체에서 발견된다. 죽은 몸에서는 생체조직이 빨리 변질되기 때문에 봉한 구조물을 발견하기가 거의 불가능하다. 현대 연구진이 봉한 구조물을 찾을 때 모두 동물을 마취한 상태에서 실험을 수행한 이유이다. 그런데 소가 도축됐다면 심장 조직이 변질되는 상황이 벌어진다. 그렇다고 연구진이 도축장에서 직접 실험을 할 수도 없는 노릇이었다. 관건은 신속한 운반이었다. 금방 도축된 소의 심장을 가급적 이른 시간 안에 연구실로 옮겨와야 했다. 마치 장기이식을 기다리는 환자에게 다른 곳에서 얻은 장기를 급히 수송하는 과정과 같았다.

우여곡절 끝에 연구진은 여러 차례에 걸쳐 소의 심장 다섯 개를 신속하게 받을 수 있었다. 소는 24-28개월 자란 한우였으며, 몸무게가 650-700 kg에 달했다. 심장은 차가운 생리식염수 속에 넣어져 신선한 상태로 유지될 수 있었다. 대기하고 있던 연구진이 심장을 다시 생리식염수로 깨끗이 씻고 표면의 지방 조직을 걷어냈다. 그리고 심장을 평면으로 잘라내 내부 표면이 드러나도록 했다.

연구진은 자체 개발한 염색약 트리판-블루(Trypan blue)를 심장 내부 표면에 조심스럽게 떨어뜨렸다. 1분 30초 후 생리식염수로 표면을 씻어내고 실체현미경으로 관찰하자 심장 곳곳에서 파랗게 염색된 봉한관, 그리고 혈관에서는 잘 안 보이던 봉한소체가 확연히 모습을 드러냈다(Lee, BC et al, 2011). 핀셋으로 봉한관을 조심스럽게 집어보자 일부 봉한관이 들어 올려졌다. 봉한학설에서 제시된 대로 심장 내부 표면(심내막, endocardium)에 '떠 있는' 상태였고, 봉한소체 하나에 봉한관 여러 개가 그물 모양으로 퍼져 있었다. 연구진으로서는 이전에 비해 가장 큰 동물, 그리고 심장에서 처음으로 봉한체계를 눈으로 확인한 순간이었다.

연구진의 예상대로 트리판-블루는 심내막 안에 있는 모세혈관은 염색하지 않았다. 오로지 봉한관과 봉한소체만을 파랗게 물들였다. 트리판-블루의 이 같은 특성은 연구진이 이미 2009년 큰 쥐의 복막 실험에서 확인한 바 있었다(Lee, BC et al, 2009a).

그런데 기대와는 달리 소의 심장에서 발견된 봉한관과 봉한소체는 그다지 크지 않았다. 즉 이들의 크기는 생체 기관의 외형적 크기와 비례하지 않았다. 사실 김봉한 연구진의 논문에서도 그런 언급은 없었다.

연구진이 확보한 봉한 구조물의 샘플은 모두 18개였다. 봉한관의 평균 두께는 18.3±17.8 μm, 봉한소체의 길이는 짧은 쪽이 76.2±41.1 μm, 긴 쪽이 161.5±65.8 μm 정도였다.

이번에는 핵의 모습을 관찰할 차례였다. 연구진은 봉한관과 연결된 봉한소체 샘플을 잘라내 아크리딘-오렌지로 염색하고 공초점레이저현미경으로 관찰한 결과 봉한관의 벽면에 막대 모양의 핵이 녹색 형광을 띠며 촘촘히 늘어서 있는 모습을 확인했다. 길이는 긴 쪽이 10-20 μm, 짧은 쪽이 2-5 μm였다. 봉한관 안에 여러 작은 관들이 다발로 묶여 있다는 사실도 이전 실험에서처럼 확인됐다. 각 작은 관의 두께는 1-7 μm로 다양했다.

봉한소체 내부에서는 녹색 형광의 물질이 가득 차 있는 모습이 관찰됐다. 하지만 세포의 정체가 무엇인지는 알 수 없었다.

마지막으로 연구진은 봉한관을 잘라내 박편을 얻은 후 투과전자현미경(TEM, Transmission Electron Microscope)으로 관찰했다. 혈관계에서 발견한 봉한관의 모습을 전자현미경으로 촬영한 것은 처음이었다. 그런데 봉한관 내에서 핵과 세포질의 모습을 갖춘 세포들이 관찰됐다. 다만 이 세포들이 봉한소관 안에 위치하지는 않고 소관 주변에서 발견됐다.

(나) 혈전과의 차이를 규명하다

현대 연구진이 혈관에서 봉한 구조물을 발견한 사례는 적었다. 그 주요 논문 4편에서 새로운 구조물의 특성을 봉한학설과 종합적으로 비교해 정리하면 <표 5>와 같다. 혈관 내부를 관찰하는 과정에서 혈전이 발생할 가능성이 상당히 크기 때문에 연구진은 2편의 논문에서 봉한 구조물과 혈전이 다르다는 점을 보고했다.

먼저 해부학적·조직학적 특성을 간략히 비교해보자. 4편의 논문 모두에서 봉한소관의 존재가 보고됐으나, 그 크기는 1편에서만 측정됐다. 봉한관과 연결돼 있는 봉한소체의 존재가 보고된 논문은 3편이었고, 나머지 1편에서는 봉한관의 존재만 등장했다. 봉한소체의 크기가 보고된 논문은 3편이었으며, 봉한학설에서의 크기(100-200 μm)에 비해 상당히 큰 것도 보고됐다. 봉한학설에 따르면 혈관 내 봉한관은 1개 또는 여러 개인데, 현대 연구진은 1개의 봉한관만 발견했다. 막대 모양의 내피세포 핵이 발견됐다고 밝힌 논문은 4편이었고, 이 가운데 3편에서 핵의 길이가 봉한학설에서의 크기(15-20 μm)와 일치되게 보고됐다. 림프관에서와 마찬가지로 봉한소관의 내피세포 층 바깥을 둘러싸는 외막과 주위막의 존재가 보고된 논문은 없었다.

한편 봉한관과 봉한소체 내부에 존재하는 물질에 대해서는 거의 보고되지 않았다. 다만 1편은 봉한관 내에서 어떤 작은 입자, 2편은 봉한소체 내에서 어떤 세포가 발견됐다고만 보고됐다.

<표 5> 현대 연구진과 김봉한 연구진의 보고 비교 - 혈관 내 구조물

특성 / 연구진	봉한관의 해부학적 특성						봉한관의 조직학적 특성			봉한관 내부 물질				봉한소체 내부 물질			
	혈전과의 비교	봉한관 너비 (μm)	봉한소체 존재 너비(μm)	봉한소체 연결 / 크기(μm)	혈관 내 봉한관 수	염색 처리 전후 비교 가시화	막대 모양의 내피 세포 핵	내피 세포 핵 길이(μm)	외막 및 주위막	DNA 과립 (산알)	아드레날린 과립	아드레날린 과립함유 세포	세포	DNA 과립 (산알)	아드레날린 과립	아드레날린 과립함유 세포	조혈 및 장기 세포
김봉한	O		O/1-50	O/100-200	1, 여럿		O	15-20	O	O	O	O		O	O	O	O
현대 (총 4편)	2	4	4	3/3	3	0	4	3	0	0	0	0	0	0	0	0	0

전체적으로 혈관 내 봉한 구조물을 찾는 데 동원된 동물은 큰 쥐, 작은 쥐, 토끼, 소 등이었다. 각 개체에서 발견된 온전한 봉한 구조물의 수는 소 심장 내부를 제외하곤 보고되지 않았다.

(3) 장기의 표면

(가) 내장 안쪽으로 파고드는 모습 확인

다른 생체조직에 비해 봉한 구조물을 곧바로 관찰할 수 있을 것 같은 부위가 장기표면이다. 봉한학설에서 제시된 그림에는 실험동물의 복부를 열면 장기표면 곳곳에 봉한 구조물이 가득해 보인다 (<그림 5> 참조). 실제로 현대 연구진이 가장 많은 논문을 발표한 부위가 바로 장기표면이다.

물론 장기표면에서 봉한 구조물을 발견하기는 쉽지 않다. 그 이유는 생체를 해부할 때 관과 봉오리 모습을 띤 가느다란 실과 실뭉치 같은 물질이 관찰되는 일이 매우 흔하기 때문이다. 생체의 주요 장기는 모두 막(膜, membrane)으로 둘러싸여 있고, 이 막은 복잡한 구조의 섬유성 조직으로 구성돼 있다. 이들은 실험 과정에서 모두 희뿌옇고 가느다란 실과 실뭉치 같은 모습으로 보인다.

우리의 뱃속 장기를 떠올려보면 막의 존재 이유가 이해된다. 위장, 간장, 소장, 대장 등 주요 장기들이 뱃속에 순서대로 차곡차곡 쌓여 있다. 이들은 모두 자신의 위치에 고정돼 있어야 한다. 또한 다른 장기와 직접 접촉되지 말아야 한다. 만일 직접 접촉된다면 마찰로 인해 장기표면이 손상될 것이다. 특히 음식을 먹었을 때 소화계통의 장기는 고유의 운동을 수행하는데, 옆의 장기와 직접 접촉된다면 그 마찰 정도가 더욱 커질 것이다. 막의 주요 기능은 바로 장기의 위치를 고정하고, 주변 장기와의 마찰로부터 보호하는 일이다.

보통 고등생명체의 몸통에 분포하는 장기의 막(serous membrane)은 크게 허파를 둘러싸는 가슴막(pleura), 심장 주위의 심장막(pericardium), 그리고 배 속 장기를 감싸는 복막(peritoneum)으로 구분된다. 이들 막은 기본적으로 두 겹으로 구성돼 있다. 복막의 경우 장기와 직접 맞닿는 장측복막(visceral peritoneum), 그리고 몸통 벽과 연결된 벽측복막(parietal peritoneum)이 있다. 이 두 층 사이의 좁은 공간에는 액체가 들어 있어 장기 사이의 마찰을 줄여주는 윤활유 역할을 수행하며, 백혈구나 항체가 돌아다니며 병원성 물질의 침투에 대비하고 있다.

장기표면에서 봉한 구조물을 찾으려면 이들 막의 표면을 살펴야 한다. 그런데 이 과정이 간단하지 않다. 가령 큰 쥐의 장기표면을 관찰하려면 일단 복부의 피부를 잘라야 한다. 피부 아래에 벽측복막에 이르기까지 복잡한 섬유성 조직으로 구성된 또 다른 막들이 존재한다. 이 막들을 포함해 생체 내 주요 조직을 둘러싸고 있는 막을 통상 파시아(fascia)라고 부른다.[42]

복부 장기의 경우, 피부 아래에서 벽측복막까지 크게 세 종류의 파시아가 있다고 알려졌다. 피부 바로 아래에 한 층의 표층 파시아(superficial facia), 그 아래에 서너 층으로 구성된 심층 파시아(deep facia), 그리고 심층 파시아와 벽측복막 사이에 위치한 한 층의 장막 밑 파시아(subserous facia) 등이다.

파시아를 구성하는 섬유성 조직은 크게 세포와 섬유로 구분된다.

---

[42] 파시아는 한글로 근막이라 번역되곤 하는데, 이는 근육을 둘러싸고 있는 파시아의 일종을 가리키는 용어일 뿐이다.

세포에는 섬유아세포(fibroblast)와 섬유세포(fibrocyte)가 있는데, 모두 끝이 나뭇가지처럼 나뉘어 있어 가느다란 별처럼 생긴 모습이다. 섬유아세포는 한편으로 섬유세포로 분화되고, 다른 한편으로 섬유를 만들어낸다. 이에 비해 섬유는 콜라겐 섬유(collagen fiber), 그물 섬유(reticular fiber), 탄력 섬유(elastic fiber) 등으로 구분되며, 모두 단백질로 구성돼 있다.[43]

생체실험에서 복부를 잘라 장기표면을 관찰하는 과정에서 이 같은 섬유성 조직은 당연히 찢어지면서 손상된다. 그 찢어진 부위에서 섬유성 조직끼리 엉키면 가느다란 실과 봉오리 모양이 형성될 수 있다. 벽측복막이나 장측복막을 현미경으로 들여다볼 때도 혼동을 일으키기 쉽다. 이들 막이 겹쳐 있는 부위가 마치 실 같은 구조물처럼 보일 수 있기 때문이다. 장간막(mesentery)[44]도 혼동을 일으키는 조직이다. 장간막은 벽측복막과 장측복막이 중간에 빈 공간 없이 달라붙은 채로 장기를 몸통 등 쪽에 고정하는 구조이다. 예를 들어 소장의 곳곳에는 몸통 등 쪽으로 장간막이 자리하고 있다. 그런데 장간막 안에는 혈관과 림프관, 그리고 신경조직이 풍부하게 분포해 있다.

---

43) 파시아를 구성하는 섬유에서 가장 흔한 콜라겐 섬유는 물과 함께 끓이면 접착제인 아교로 사용되기 때문에 아교 섬유라고도 불린다. 각 콜라겐 섬유는 세 개의 단백질 끈이 서로 꼬여 있는 모습이어서 유연하면서도 잡아당기는 힘(장력, tension)에 잘 버틴다. 그물 섬유는 콜라겐 섬유보다 얇으며 복잡한 그물망을 이룬다. 마지막으로 탄력 섬유는 엘라스틴이라는 탄력성 단백질을 포함하고 있어 원래 모습보다 1.5배까지 늘어날 수 있다.

44) 장간막은 최근 새로운 '기관(organ)'으로 인정돼 화제를 모으기도 했다. 2016년 11월 아일랜드 의학 연구진은 그동안 소화 기관들 각각에 부분적으로 연결된 것으로 알려진 장간막이 실제로는 연속적으로 연결된 독립 기관으로 추정된다는 요지의 리뷰 논문을 발표했다(Coffey, J. C, et al, 2016). 이후 대표적인 의학 교과서 『그래이 해부학(Gray's Anatomy)』에는 이 내용이 반영돼 장간막이 인체의 새로운 기관으로 소개되고 있다. 장간막이 인체의 79번째 기관으로 인정받은 것이다. 장간막은 1508년 레오나르도 다 빈치가 처음 발견한 이후 최근까지 소장이나 대장 등 복부의 주요 장기 일부에 별도로 연결돼 있으며, 그 주요 기능은 장기의 위치를 고정하는 정도로 여겨졌다. 하지만 연구진은 장기별 장간막이 모두 연결돼 별도의 기관 형태로 존재하며, 이곳에 림프관, 신경, 혈관, 결합조직 등 주요 생체조직이 분포하고 있는 만큼 각종 질병의 발생에 중요한 영향을 미칠 것으로 내다봤다.

장간막 자체, 그리고 장간막끼리 겹쳐 있는 부위는 겉에서 볼 때 실 같은 모습으로 나타난다(이병천 외, 2006).

그렇다면 파시아와 봉한 구조물을 구별할 수 있는 방법은 무엇일까. 봉한 구조물 고유의 존재 양상에서 그 답을 찾을 수 있다. 먼저 봉한학설에 따르면, 장기표면의 내외봉한체계는 장기 막 곳곳에 '그물 모양으로 떠 있는' 조직이다. 1960년대 후지와라 교수나 현대 연구진의 논문들에서 장기표면의 구조물을 핀셋으로 집어 올리는 장면이 종종 등장하는데, 이는 발견된 구조물이 '떠 있는' 형태라는 점을 보여주기 위한 것이었다. 여기서 주의할 사항은, 장기표면의 봉한 구조물이 막 위에 '모두' 떠 있는 형태가 아니라는 점이다. 어떤 부위는 막 속으로 파묻혀 들어가고, 어떤 부위는 막 표면 위로 떠 있는 형태이다. 그리고 전체적으로 이들이 그물처럼 퍼져 있다. 또 하나의 조건은 장기표면 봉한 구조물의 경우 혈관이나 림프관 내와 달리 봉한소체에 연결된 봉한관은 보통 세 개 이상이다. 종합하면 장기표면에서 발견된 봉한소체 부위를 핀셋으로 집어 올렸을 때 세 개 이상의 봉한관이 장기표면 안쪽으로 파묻혀 들어가는 모습이 확인되는 것이 중요하다. 그리고 이 같은 유형을 가진 봉한소체들이 일정한 간격을 두고 주변에서 다수 발견돼야 한다.

어떤 구조물이 핀셋으로 확실히 들어 올려진다는 점을 확인할 때는 관찰 대상을 입체적으로 볼 수 있는 실체현미경이 흔히 사용된다. 보통의 광학현미경으로는 핀셋으로 집은 물체가 복막 속에 파묻혀 있는 상태인지 아니면 복막 바깥에 '떠 있는' 상태인지 판별이 어렵다고 한다. 실체현미경으로 섬유성 조직을 관찰하면 진짜 실처럼 한쪽 방향으로만 연결돼 있는 모습을 확인할 수 있다. 간혹 실뭉치처럼 보이는 구조물이 나타나 봉한소체처럼 보이긴 하지만, 실체현미경으로 확인하면 여러 가닥의 실이 엉켜 있는 형태라는 점을 쉽게 알 수 있다.

2005년 현대 연구진은 장기표면에서 발견한 봉한 구조물의 존재를 미국 해부학계에 보고했다(Shin, HS et al, 2005). 연구진은 토끼 10마리를 해부해 간 표면에서 봉한관과 봉한소체를 실체현미경으로 관찰해 채취했다(현미경 발견에 실패할 경우 헤마톡실린 염색약을 처리하기도 했다). 이들이 새로운 조직이라는 점을 밝히기 위해 연구진은 우선 봉한관의 내피 조직에서 핵들이 막대 모양으로 촘촘하게 줄지어 있는 형태임을 보였다. 보통 DNA의 존재를 확인하는 데 사용되는 포일겐 반응을 통해서였다. 핵의 길이는 10-20 ㎛였다.

또한 연구진은 봉한관 속에 여러 개의 작은 관이 존재한다는 점을 확인했다. 논문에는 하나의 봉한관 속에 4개의 작은 관이 명확히 구별돼 있는 사진이 게재됐다. 작은 관 각각의 너비는 6.5 ㎛, 이들이 묶여 있는 봉한관 하나의 너비는 30 ㎛ 정도로 측정됐다. 실제로는 작은 관들이 입체적으로 겹쳐 있을 것이므로 작은 관의 수는 사진으로 드러난 것보다 더 많을 가능성이 있다. 연구진은 막대 모양의 핵이 이들 작은 관을 둘러싸는 내피의 세포 안에 존재한다고 설명했다. 포일겐 반응을 통해 작은 관 안에서 1-2 ㎛ 크기의 DNA 함유 과립이 발견됐다고도 보고했다.

봉한소체의 길이는 짧은 쪽이 0.3 ㎜, 긴 쪽이 0.7 ㎜ 정도였다. 이를 포일겐 반응을 이용해 염색하자 내부에서 봉한관에 비해 많은 과립이 염색된 점이 확인됐다. 연구진은 이를 두고 봉한소체에 좀 더 많은 핵 물질이 존재한다고 추정했다.[45]

하지만 이 논문의 사진들에 소개된 것이 봉한 구조물이라고 확신하기에는 명확하지 않은 점이 있다. 일부 사진에서 포일겐 반응으로 봉한소체는 염색됐지만 옆의 봉한관은 염색되지 않았다는 점이 그것이다. 특히 4개의 작은 소관을 뚜렷이 드러내는 확대 사진에서도 염색된 부위는 잘 나타나지 않고 거의 투명해 보인다.

이후 10여 년 이상 연구진은 동물의 장기표면에서 새로운 염색법과 현미경을 동원하며 봉한 구조물을 발견해 왔다. 이 가운데 특히 봉한 구조물을 실체현미경으로 확인한 후 봉한관의 구조를 전자현미경으로 촬영한 사진이 인상적이다(Lee, BC et al, 2007). 투과전자현미경(TEM)보다 해상력이 낮지만 3차원 구조를 잘 보여주는 주사전자현미경(SEM, Scanning Electron Microscope)으로 봉한관을 촬영한 모습이었다. 그 결과 여러 개의 소관들이 묶여 있는 형태가 뚜렷이 관찰됐다. 전체 봉한관의 두께는 40 ㎛, 각 소관들의 두께는 10 ㎛ 정도였다.

봉한관이 장기 안쪽으로 파고드는 모습이 보고되기도 했다. 예를 들어 큰 쥐의 장막과 복막에 트리판-블루를 처리하자 봉한관의 일부가 주변 지방 조직 안으로 들어가는 모습이 발견됐다(Lee, BC et al, 2009a). 또한 큰 쥐 대장 표면의 봉한소체에 니아이아이를 주입하자 이 염색약이 가지를 치며 가느다래진 봉한관을 통해 다른 봉한 구조물로 이동했으며, 결국 장기 안쪽 어딘가로 들어가는 모습이 관찰됐다(Lee, BC et al, 2009b). 이 보고에서는 하나의 봉한소체에 주입된 디아이아이가 주변의 봉한 구조물과 서로 연결돼 있으며 그 내부 물

---

45) 이 논문은 『해부학 기록』 2005년 5월호 특별논문(Feature Article)으로 소개됐고 장기표면의 사진은 표지로 채택됐다. 연구진에 따르면, 당시 학술지 측은 컬러 사진의 게재료를 면제해주는 호의를 보였다고 한다.

질이 이동한다는 점을 보여줬다.

봉한 구조물의 내부 물질의 정체에 대한 보고도 이어졌다. 가장 많이 발견된 것은 면역계통의 세포였다. 예를 들어 봉한관 내에서 4종류의 비만세포, 대식세포, 단핵구, 호산구 등 면역계통의 세포들,[46] 그리고 비만세포의 과립들이 관찰됐다는 보고가 있었다(Lee, BC et al, 2007).

이 외에도 호르몬이나 줄기세포, 그리고 각종 혈구 세포 관련 보고가 잇따랐다. 가령 토끼의 봉한소체에서 아드레날린과 노르아드레날린을 함유한 세포들을 발견했으며, 아드레날린의 양이 노르아드레날린에 비해 특이하게도 4배 정도 많아 봉한 구조물이 새로운 호르몬분비 조직으로 추정된다는 보고(Kim, JD et al, 2008), 토끼의 봉한관 내부 액체에서 70 종류의 단백질을 발견했으며 그 대부분이 탄수화물이나 알코올 같은 생체물질의 대사과정에 관여하는 것이어서 봉한 구조물이 에너지 활용과 관련된 조직으로 추정된다는 보고(Lee, SJ et al, 2008) 등이다. 또한 큰 쥐의 봉한관에서 채취한 산알 크기(1-2 μm)의 마이크로 세포에 줄기세포의 특성을 보여주는 마커들을 처리하자 양성 반응이 나왔으며, 이로부터 봉한 구조물의 내부 물질이 줄기세포의 성격을 갖는다고 추정할 수 있다는 보고(Park, ES et al, 2013)가 있다. 한편 헤마칼라(hemacolor) 염색약을 이용해 큰 쥐의 봉한 구조물에서 백혈구(90.3%), 적혈구(5.3%), 그리고 비

---

46) 대식세포는 생체 전반에 걸쳐 존재하면서 외래물질을 먹어치우는 기능을 수행한다. 혈관 내 단핵구가 조직으로 들어간 후 대식세포로 전환된다. 비만세포(mast cell) 역시 생체 전반에 분포한다. 상처나 감염이 생겼을 때 세포질에 과립 형태로 존재하는 히스타민이나 헤파린 등의 물질을 분비해 즉각적인 염증반응을 일으킨다. 우리 몸에서 알레르기가 생기는 이유가 바로 비만세포의 작용 때문이다. 여기서 비만이란 말은 세포의 내부에 나무 열매(mast) 모양의 과립이 가득 차 있는 데서 유래한 것으로, 신체 비만의 원인인 지방질이란 의미가 아니다.

만세포(3.8%) 등을 발견했다는 보고(Lim, CJ et al, 2013)가 나왔다.

봉한액의 속도도 추정됐다(Sung, BK et al, 2008). 토끼의 장기표면에서 실체현미경으로 봉한 구조물을 발견한 후 여기서 채취한 봉한소체에 알시안-블루 염색약을 주입했다. 주입한 지 2-5분이 경과한 뒤 염색된 봉한 구조물을 떼어내 슬라이드에서 관찰한 결과 12 ㎝의 샘플에서 알시안-블루가 초당 0.3±0.1 ㎜ 이동한다는 사실이 밝혀졌다. 물론 염색약의 이동 속도가 봉한액 자체의 실제 속도를 의미하는 것은 아니다. 다만 연구진은 이번 결과가 김봉한 연구진이 봉한관 샘플의 운동 속도가 초당 0.1-0.6 ㎜라고 제시한 값과 유사하다고 설명했다. 이는 동맥(450 ㎜/초), 정맥(10 ㎜/초), 모세혈관(1 ㎜/초) 등에 비해 상당히 느린 속도에 해당한다.

연구진은 봉한액이 순환한다는 점을 규명하기 위한 목적의 일환으로 이 같은 실험을 수행했다. 그런데 봉한소관의 모습이 색다르게 관찰됐다. 샘플을 횡단해 전자현미경으로 관찰한 결과 소관들이 나란히 줄지어 있지 않았다. 대신 빈 공간(사이너스, sinus)들이 다양한 크기로 곳곳에 분포한 모습이었다. 연구진은 이들 사이너스를 통해 생체물질이 이동할 것이며, 궁극적으로 몸 전체에서 순환할 것이라고 추정했다.

하지만 연구진은 논문 말미에 본 연구의 한계를 다음과 같이 지적했다. 첫째, 생체 내에서 과연 봉한액이 이 같은 속도로 움직였는지는 아직 단정할 수 없다. 마취제를 사용해 토끼를 마취시킨 일, 그리고 토끼의 복부를 절개하고 봉합한 일이 실제 봉한액의 이동 속도에 어떤 영향을 미쳤는지 알 수 없기 때문이다. 둘째, 김봉한 연구진의 설명대로 봉한액이 봉한관의 연동운동으로 움직인다면, 과연 이 연동운동은 어떻게 가능한 것일까. 이 의문을 풀 수 있는 한 가지 단서는 봉한관을 구성하는 세포의 특성에서 찾을 수 있겠지만 이번 연구는 여기까지 확인하지 못했다. 셋째, 봉한액이 흐른다는 사실을 알았지만 봉한액이 '순환'한다는 사실은 밝히지 못했다.

(나) 주변 조직과 구별하는 염색약 개발

현대 연구진이 장기표면에서 발견했다고 보고한 주요 논문 17편에서, 새로운 구조물의 특성을 봉한학설과 종합적으로 비교해 정리하면 <표 6>과 같다. 장기표면은 다른 부위에 비해 봉한 구조물이 가장 많이 보고됐을 뿐 아니라 그 내부 물질의 정체 역시 가장 많이 밝혀진 부위였다.

먼저 봉한 구조물의 분포 형태를 살펴보자. 봉한학설에서 제시된 대로 봉한 구조물이 장기표면에 '떠 있는' 형태라고 보고한 논문은 15편이었다. 이에 비해 봉한 구조물끼리 서로 연결된 모습을 보여준 논문은 5편이었다. 나머지 논문에서는 봉한 구조물 한 개를 보여줬다. 또한 봉한 구조물이 주변의 생체조직으로 파고드는 모습을 확실히 보고한 논문은 4편이었다.

이어 해부학적·조직학적 특성을 비교해보자. 현대 연구진이 봉한소관을 발견했다고 보고한 논문은 17편 가운데 11편이었는데, 이 가운데 봉한소관의 너비를 보고한 논문은 6편이었다.

봉한관과 연결돼 있는 봉한소체의 존재가 보고된 논문은 11편이었다. 나머지 6편에서는 봉한관의 존재만 확인됐다. 11편 가운데 소체의 크기가 보고된 논문은 9편이었다.

<표 6> 현대 연구진과 김봉한 연구진의 분자 비교 - 장기표면 구조물

특성 / 연구진	분포 형태			봉한관의 해부학적 특성					봉한관의 조직학적 특성			봉한관 내부 물질			봉한소체 내부 물질		
	띠 있는 구조	상호 연결망	주변 조직과의 연결	봉한관 너비 (μm)	봉한소체 존재 / 너비 (μm)	봉한소체 연접 / 크기 (μm)	봉한소체와 연접된 봉한관 수	염색 처리 전후 비교 가시화	막대 모양의 내피 세포 핵	내피 세포질의 내피 길이 (μm)	외막 및 주위막	DNA 과립 (산알)	아드레날린 과립	세포	DNA 과립(산알)	아드레날린 과립	세포
김봉한	O	O	O	O/1-50	O/다양	2, 3-7. 한쪽 연결			O	15-20	O	O	O		O	O	
현대 (총 17편)	15	5	4	6	11/6	11/9	10	1	6	2	1	5	0	5	4	0	7

봉한학설에 따르면, 장기표면에서 봉한소체와 연결된 봉한관의 수는 보통 2개 이상이다. 현대 연구진이 2개 이상을 발견했다고 보고한 논문은 10편이었으며, 이 가운데 3개 이상을 확인한 논문은 5편이었다.

봉한소관에서 막대 모양의 내피세포 핵을 확인한 논문은 6편이었으며, 핵의 크기를 보고한 논문은 2편이었다. 전체에서 1편은 봉한관을 둘러싸는 주위막을 확인했다고 밝혔다.

한편 봉한관과 봉한소체 내부에 존재하는 물질에 대한 보고는 림프관과 혈관 내에 비해 많았다. 먼저 봉한관에서 산알의 존재를 확인했다고 밝힌 논문은 5편이었으며, 이 외에 1편은 비만세포의 과립, 2편은 정체를 알 수 없는 작은 과립 내지 구형 구조물을 보고했다. 이에 비해 아드레날린 과립을 보고한 논문은 없었다. 봉한소체의 경우, 산알이 확인된 논문은 4편이었고, 이 외에 3편은 비만세포의 과립을 보고했다. 아드레날린 과립은 봉한관에서와 마찬가지로 발견되지 않았다. 이에 비해 7편의 논문에서 다양한 종류의 세포가 보고됐다. 혈구, 비만세포, 줄기세포와 유사한 세포, (노르)아드레날린 분비 세포 등이 그것이다.

이제 현대 연구진이 새롭게 시도하거나 보고한 내용을 살펴보자. 먼저 장기표면에서 봉한 구조물을 상대적으로 쉽게 발견할 수 있는 염색약(트리판-블루)을 개발하고, 그 효과를 확인하기 위해 염색약 처리 전후를 비교한 논문이 있다(Lee, BC et al, 2009a). 이전까지 장기표면에서의 관찰은 실체현미경에 의존한 것이어서 이 염색약은 후속 연구에 중요한 의미로 작용했다. 연구진은 이 염색약이 기존의 염색약들과 달리 주변의 혈관, 림프관, 지방 조직, 결합조직 등을 염색하지 않고 봉한 구조물만을 명확히 염색한다는 점을 강조했으며, 이를 이용해 처음으로 그물 같은 연결 형태를 확인했다고 설명했다.

또한 봉한학설에서 언급되지 않았던 새로운 사실로, 봉한관의 주위막을 위상차현미경(phase contrast x-ray microscopy)으로 관찰한 결과 2-5 μm 크기의 작은 구멍들이 불규칙하게 바깥쪽으로 열린 채 분포한다는 발표가 있었다(Kim, MS et al, 2010). 연구진은 혈관과 림프관에는 이런 구멍이 없으며, 산알이 이를 통해 출입할 가능성이 있다고 밝혔다. 이 발견은 후속 연구에서 나노 형광 입자를 주입해 봉한 구조물을 가시화할 수 있는 방법을 개발하는데 중요한 단서를 제공했다.

한편 봉한 구조물의 내부 물질에 대한 보고에서 특이한 사실은 봉한학설에서와 달리 봉한관 안에서 세포를 발견했다는 점이었다. 즉 5편의 논문에서 혈구, 비만세포, 정체를 알 수 없는 세포 등이 보고됐다. 봉한소체 내부 물질도 흥미롭다. 봉한학설에서는 장기표면 봉한소체 내부 세포의 종류가 명시되지 않았다. 이에 비해 현대 연구진은 혈구, 비만세포, 줄기세포와 유사한 세포, (노르)아드레날린 분비 세포 등을 보고한 것이다. 특히 심장을 둘러싼 두 개의 막(epicardium, pericardium)에서 크롬-헤마톡실린 처리 후 그물처럼 네트워크가 형성된 모습을 발견했다고 보고한 논문의 경우(Lee, HS et al, 2013), 봉한소체에서 비만세포뿐 아니라 비만세포의 막이 터져 과립을 내보내는 모습도 관찰했다고 한다. 연구진은 논문의 '논의' 부분에서, 최근 비만세포에 레닌(renin)과 줄기세포 관련 물질을 함유한다는 보고가 있으며, 레닌은 혈압을 조절하는 호르몬 작용에 핵심으로 관여한다는 보고가 있기 때문에 봉한 구조물이 심장의 호르몬분비와 연관될 것이라 추정하기도 했다.

2016년 발표된 한 편의 논문(Vodyanoy, V et al, 2016)은 이전 논문들에 비해 봉한학설과 상당히 많이 일치하는 발견을 보고했다는 점에서 눈길을 끈다. 흥미롭게도 별다른 염색약 처리 없이 고해상도의 광학현미경으로 전체 구조물을 세세하게 관찰했다고 한다. 다만 봉한관의 경우 봉한소체와 연결돼 있는 모습을 별도로 관찰한 것이 아니라, 봉한소체 내부의 봉한관을 확인했다. 하지만 공교롭게도 이는 미국 코넬대학교가 운영하는 공개접근(open access) 웹사이트(https://arxiv.org/)에 올린 논문이어서 아직은 동료심사가 진행된 후 정식으로 출판되지 않았다.

전체적으로 장기표면에서 봉한 구조물을 찾는 데 동원된 동물은 큰 쥐, 토끼 등이었다. 각 개체에서 발견한 봉한 구조물의 수가 가장 많은 경우는 평균 1마리에서 4개를 찾았다는 보고였다. 그 외에는 대부분 1마리 당 1개 정도에 그쳤고, 동물의 수나 봉한 구조물의 수를 보고하지 않은 경우도 적지 않았다.

(4) 신경계

(가) 뇌에 그물처럼 퍼져 있다

혈관계와 림프관계 외에 우리 몸의 구석구석 분포하는 또 하나의 네트워크 시스템이 있다. 신경계이다. 하지만 신경계는 순환계가 아니다. 뇌와 척수로 구성된 중추신경계가 말초신경계로 특정 명령을 전달하거나, 외부 자극을 감지한 말초신경계가 특정 신호를 중추신경계에 전달하는 '일 방향적' 정보전달 시스템이다.

신경계 가운데 특히 뇌는 매우 신비로운 존재이다. 인간의 뇌에는 무려 200억 개의 신경세포가 분포하고 있다. 과학자들은 뇌에서 어떤 일이 벌어지고 있는지 끊임없이 연구해 왔지만 그 구조와 기능이 제대로 알려지기까지 얼마나 많은 시간이 필요한지 알 수 없다. 그래서 뇌에는 흔히 '21세기 과학의 마지막 프런티어'라는 별칭이 따라붙는다.

현대 연구진은 신경계에서도 봉한 구조물이 분포한다고 보고했다. 그동안 봉한 구조물은 림프관, 혈관, 장기표면 등에 '떠 있는' 채 발견됐다. 그렇다면 신경계에서도 무엇인가가 떠 있을 만한 곳이 있을 텐데, 어디일까. 연구진은 뇌척수액을 주요 후보로 삼았다.

뇌척수액은 중추신경계를 둘러싸고 흐르는 액체이다(<박스 5> 참조). 사실 우리의 뇌와 척수는 액체 속에 떠 있는 상태라고도 볼 수 있다. 지금까지 뇌척수액의 화학적 성분과 일부 기능은 밝혀져 왔다. 하지만 그 속에 관이나 소체 같은 구조물이 있다는 점은 보고된 바가 없었다.

그런데 뇌에서 생체 구조물을 발견하려면 동물의 목을 자른 후 뇌를 해부해 여기에 염색약을 주입해야 한다. 하지만 목을 잘랐을 때 생체 반응 작용의 결과로 어떤 물질이 생길 수도 있다. 현대 연구진은 이 가능성을 배제하기 위해 뇌에 직접 염색약을 투입하는(in situ) 방법을 적용했다(Dai, J et al, 2011).

연구진은 큰 쥐 14마리의 머리뼈에 구멍을 뚫고 한쪽 뇌실(lateral ventricle)[47)]에 트리판-블루를 주입한 결과 각 뇌실의 표면을 비롯한

---

47) 뇌의 내부에 신경세포가 없이 액체로만 가득 차 있는 공간이 뇌실이다. 인체의 뇌에는 4개의 뇌실이 있다. 위쪽에 좌우 대칭으로 두 개, 그 아래쪽으로 두 개가 줄지어 분포해 있다. 4개의 뇌실은 모두 통로로 연결돼 있다. 뇌척수액은 4개의 뇌실에 존재하는 맥락얼기(choroid plexus)

내부 곳곳에서 트리판-블루에 파랗게 염색된 가느다란 봉한관들을 발견했다. 특히 뇌실 표면에서는 봉한관 옆에 가느다란 붉은 혈관들이 확연히 구분돼 보였다. 봉한관들은 모두 뇌척수액 속과 뇌 내부 막에 '떠 있는' 상태였다. 가느다란 핀셋으로 들어 올려지기도 했다. 봉한소체는 한 곳에서 발견됐다. 대뇌반구의 위쪽 표면에서였다.

연구진은 봉한관의 핵이 막대 모양이라는 점을 확인했다. 또한 혈관이 봉한관보다 엷게 염색됐다는 점을 제시하면서 이들이 서로 다른 조직이라고 밝혔다. 또한 뇌에는 흥미롭게도 림프관이 존재하지 않는다는 것이 정설이기 때문에 염색된 관이 림프관일 리는 없었다. 하지만 이 논문에서는 봉한관 내의 작은 관들, 그리고 봉한소체의 크기가 보고되지 않았다.

현대 연구진이 뇌실에서 봉한 구조물이 존재한다는 점을 처음으로 학계에 보고한 시점은 2008년이었다(Lee, BC et al, 2008). 토끼의 세 번째 뇌실과 네 번째 뇌실, 그리고 척수의 중심관에서 봉한관을 발견했다. 목을 자른 후 염색약으로 처리해 관찰한 결과였다.

사실 연구진은 이전까지 여러 학회와 세미나에서 관련 연구성과를 발표해 왔었다. 하지만 늘 지적되는 사항이 있었다. 이전까지 과학계에서 뇌척수액 안에 실 같은 구조물의 존재가 한 가지 알려진 것이 있었다. 라이스너 파이버(Reissner fibers)였다. 대부분의 척추동물에서 발견되긴 하지만 그 기능이 무엇인지는 정확히 밝혀지지 않은 상황이었다.

연구진은 라이스너 파이버와 봉한관이 전혀 다른 구조물이라는 점

라는 조직에서 만들어진다. 맥락얼기는 모세혈관과 그 주변의 뇌실막세포층으로 구성된다. 모세혈관으로부터 공급받은 산소와 영양물질 등은 뇌실막세포층을 통과하여 뇌척수액을 형성한다.

을 직감적으로 알고 있었다고 한다. 라이스너 파이버는 너비가 4 ㎛ 여서 수십 ㎛ 수준인 봉한관과는 명확히 차이가 나기 때문이었다. 그러나 과학적 증명을 위해서는 좀 더 명확한 실험이 필요했다.

라이스너 파이버는 세포 구조물이 아니다. 탄수화물과 단백질이 결합한 당단백질 구조물이다. 그런데 라이스너 파이버는 외견상 봉한관과 유사해 보일 수 있다. 연구진은 봉한관이 막대 모양의 핵을 함유한 세포 구조물이라는 점에서 라이스너 파이버와 명확히 구별할 수 있다고 판단했다. 뇌척수액에 있는 실 모양의 구조물에 핵 염색약을 처리하면 구별이 가능할 것이라는 생각이었다.

연구진은 토끼 10마리를 마취시킨 후 목을 제거하고 1시간 정도 냉동처리를 했다. 그리고 조심스럽게 뇌를 꺼내 네 번째 뇌실을 관찰했다. 안쪽에 모세혈관이 뭉쳐 있는 선홍색 맥락얼기가 보여 이를 먼저 제거했다. 이후 실체현미경으로 관찰하자 실 같은 구조물은 아직 보이지 않았다. 여기에 과거 학회에서 장기표면의 봉한관을 염색했다고 보고한 헤마톡실린을 한 방울씩 조심스럽게 떨어뜨렸다. 그러자 갈색으로 염색된 실 같은 구조물이 발견됐다. 이 구조물은 위쪽 세 번째 뇌실을 향해 연결돼 있었다. 그리고 구조물은 핀셋으로 들어 올려졌다. 한편 세 번째 뇌실에서 봉한소체로 짐작되는 두 개의 소체가 뚜렷하게 관찰됐다. 다만 하나는 이전처럼 볼록한 모습이었고 다른 하나는 옆의 관 구조물에 비해 다소 두꺼운 편이었다.

남은 문제는 이 구조물에서 막대 모양 핵이 관찰되는지 여부였다. 연구진은 여러 가지 염색약을 처리해봤다. 우선 핵을 염색하기 위해 다피, 요요-1, PI(propidium iodide) 등을 처리했다. 그러자 막대 모양의 핵이 관찰됐다. 핵의 길이는 15 ㎛ 정도였다. 봉한소체로 추정되는 구조물에서도 비슷한 크기의 핵이 발견됐다. 다만 핵의 분포는 혈관이나 림프관, 장기표면에서와 달리 촘촘하게 나열돼 있지 않았다. 핵 사이의 간격이 300 ㎛ 정도로, 상대적으로 듬성듬성 분포한 모습이었다.

혹시 이 구조물이 뇌실 바깥을 구성하는 막에서 떨어져 나온 것은 아닐까. 연구진은 그렇지 않다는 점을 보이기 위해 또 다른 염색약을 처리했다. 핵이 관찰됐다면 그 부위의 정체는 세포일 것이다. 그렇다면 구조물의 바깥벽은 세포막의 성분으로 이뤄져 있을 것이다. 이를 확인하기 위해 연구진은 구조물에 디아이아이를 처리했다. 그 결과 실 같은 구조물 바깥벽이 디아이아이에 염색된 모습이 관찰됐다.

척수 중심관 안에서도 봉한학설에서 제시된 대로 관이 발견됐다. 토끼 척수의 너비는 약 5,000 ㎛이고, 그 한가운데 있는 중심관은 너비가 약 150 ㎛이다. 연구진이 발견한 구조물의 너비는 30 ㎛였다. 이 구조물 역시 핀셋으로 들어 올려져 뇌척수액에 '떠 있는' 존재임이 확인됐다. 핵은 막대 모양이고 길이는 15 ㎛ 정도였다.

결국 연구진은 핵과 막의 존재를 통해 새로운 구조물이 라이스너 파이버와는 다르다는 점을 밝혔다. 또한 막대 모양의 핵의 존재로 기존에 혈관, 림프관, 장기표면에서 발견된 봉한관과 동일한 종류의 관이라는 점도 확인했다. 하지만 이 논문에서는 봉한관이 작은 관의 다발로 구성돼 있다는 점이 보고되지 않았다.

중추신경계의 봉한관은 서로 어떻게 연결돼 있을까. 연구진은 뇌에서 척수에 이르는 중추신경계 전반에서 봉한체계가 어떻게 분포하고 있는지 확인하고 싶었다. 2012년 발표된 논문은 이를 시각적으로 명확히 보여줬다는 점에서 인상적이다(Lee, HS & BC Lee, 2012).

연구진은 뇌와 척수를 둘러싸는 세 종류의 막 가운데 가장 아래, 즉 뇌와 척수를 바로 둘러싸고 있는 연질막에 봉한 구조물이 분포할 것으로 기대했다. 정확한 메커니즘은 모르지만, 알시안-블루가 봉한 관과 봉한소체를 잘 염색한다는 점에 착안해 이를 사용하기로 결정했다. 다만 염색 장소가 이전과는 달랐다. 연구진은 큰 쥐 11마리를 두 그룹으로 나눴다. 5마리는 목을 잘라 뇌를 꺼내 경질막과 거미막을 제거한 뒤 연질막 위에 직접 알시안-블루를 처리했다. 나머지 6마리의 경우 머리에 구멍을 뚫고 위쪽 뇌실에 알시안-블루를 주입했다. 이전 실험들에 비해 좀 더 확연하게 드러나는 염색 효과를 기대한 것이었다.

실험 결과는 기대 이상이었다고 한다. 뇌와 척수 연질막 곳곳에서 서로 연결된 봉한관과 봉한소체가 말 그대로 네트워크를 구성하고 있었다.

뇌척수액 속에 떠 있는 봉한 구조물이 서로 연결돼 있다면, 이들은 신경계 바깥으로는 어디를 향해 뻗어 나갈까. 상식적으로 뇌 속에서만 고립된 모습일 것 같지는 않았다. 뇌척수액은 뇌에서 두 층의 경질막 사이에 있는 정맥혈관 공간을 따라 혈액으로 흡수된다. 결국 심장으로 향한다는 의미이다. 그렇다면 뇌척수액 속의 봉한관 역시 이 정맥을 타고 심장까지 연결되지 않을까.

2012년 연구진이 뇌의 정맥굴 안에서 봉한 구조물을 발견했다는 보고(Lee, HS et al, 2012)는 바로 이 같은 가능성을 시사하고 있었다. 뇌 안에는 여러 곳에 정맥굴(vein sinuses)이 있다. 이 안에는 흔히 혈관과 뇌척수액만 있다고 알려져 있다. 연구진은 큰 쥐 7마리의 뇌 안에서 여러 정맥굴을 긴 방향으로 갈랐다. 예상대로 붉게 응고된 혈전이 생성됐다. 연구진은 이 혈전에 크롬-헤마톡실린(chromium-hematoxylin)이라는 염색약을 처리했다. 그러자 혈전 속에서 크롬-헤마톡실린에 뚜렷하게 갈색으로 염색된 봉한관과 봉한소체가 관찰됐다. 봉한관은 7마리 모두에서, 봉한소체는 5마리에서 관찰됐다. 봉한관의 평균 너비는 20 ㎛ 정도였고, 벽 쪽에서는 막대 모양의 핵이 관찰됐다. 대신 주변의 혈전 부위는 거의 염색이 되지 않았다. 봉한 구조물을 찾을 때 혈전과 구별할 수 있는 염색약이 개발된 것이다.

한편 연구진은 봉한학설에서 제시된 것처럼 말초신경계에서도 봉한 구조물을 발견했다고 보고했다. 봉한학설에 따르면, 척수 중심관을 따라 분포된 봉한관의 일부는 말초신경의 내막(endoneurium), 외막(perineurium), 주위막(epineurium) 내 결합조직 사이에 분포한다. 현대 연구진은 큰 쥐의 좌골신경에 트리판-블루를 처리한 결과 내막과 외막, 그리고 주위막에서 신경조직과 구별되는 봉한관을 발견했다(Lee, BC et al, 2010b). 또한 큰 쥐의 같은 부위에 형광나노입자를 처리해 외막과 주위막에서 봉한 구조물을 발견했다(Jia, ZF et al, 2010). 보통의 연구에서와 달리 큰 동물인 돼지 척수를 대상으로 실험한 결과도 흥미로웠다. 4마리의 척수 연질막과 거미막 사이에서 봉한관 11개를 발견했다는 보고였다(Moon, SH et al, 2012).

〈박스 5〉 뇌척수액의 흐름과 기능

 뇌척수액의 한 가지 역할은 보호 작용이다. 신경세포가 뼈에 직접 닿지 않도록 막아주는 한편, 뇌와 척수에 가해지는 외부 충격을 완화하는 역할을 한다. 또 하나의 역할은 물질 수송이다. 산소와 영양물질 등의 요소를 중추신경계 전반으로 수송하는 한편, 이산화탄소와 노폐물을 중추신경계 바깥으로 이동시킨다. 이 지점에서 뇌척수액의 존재 이유에 궁금증이 생긴다. 인체에서 세포와 물질을 교환하는 부위는 혈관이다. 동맥 모세혈관에서 산소와 영양물질을 공급하고, 정맥 모세혈관에서 이산화탄소와 노폐물을 흡수한다. 그리고 중추신경계 곳곳에는 혈관이 풍부하게 존재하고 있다. 특히 뇌는 다른 부위에 비해 많은 에너지를 필요로 하므로 동맥을 통해 필요한 성분을 충분히 공급받고 있다. 물론 정맥을 통해 이산화탄소와 노폐물을 배출한다. 그렇다면 굳이 뇌척수액이 혈관과 비슷한 기능을 수행할 필요가 있을까.

 뇌에서는 혈관이 신경세포와 물질교환 작용을 충분히 수행하지 못해서 보조적 기능이 필요한 것일까. 더욱이 뇌척수액은 상당히 신속하게 만들어지고 순환하는 것 같다. 하루에 생성되는 인간 뇌척수액의 양은 대략 150 ㎖ 정도이다. 그리고 8시간에 한 번 꼴로 전체 양이 교체된다. 매일 500 ㎖의 뇌척수액이 생산되는 셈이다. 이 같은 신속한 교체가 필요한 이유는 무엇일까. 빨리 갱신해야 할 만큼 뇌에 노폐물이 많이 축적되고 있는 것일까. 아직 명확히 규명되지 않은 사안이다.

 한편 뇌척수액이 어디에서 흐르는지 알아보기 위해 먼저 뇌와 척수를 둘러싸고 있는 막에 대해 살펴보자. 뇌와 척수는 모두 세 종류의 막으로 구성돼 있다. 바깥부터 경질막(dura mater), 거미막(arachnoid mater), 연질막(pia mater)이라고 불린다. 경질막은 두 층으로 구성돼 있다. 머리뼈 아래에 위치한 경질막과 거미막 위에 위치한 경질막이 그것이다. 보통은 이 두 막이 단단히 결합해 있다. 그러나 뇌의 경우 머리 위쪽 중간 등의 위치에 커다란 정맥굴이 있다. 거미막은 경질막과 연질막 사이에서 마치 거미줄처럼 구멍이 숭숭 뚫린 모습을 띠고 있어 이름이 붙었다. 뇌척수액은 바로 이 거미막 밑의 공간을 채우고 있다. 뇌에서 뇌척수액은 거미막 밑 구멍들 사이를 통과하며 뇌 전반 표면을 따라 흐르다가 정맥굴로 빠져나간다. 척수에서는 척수 한가운데 비어 있는 공간인 중심관을 따라 내려가다 끝에서 척수 표면을 타고 뇌까지 다시 올라와 역시 정맥굴로 합류된다.

(나) 혈전과 구별하는 염색약 발굴

현대 연구진이 신경계에서 발견했다고 보고한 주요 논문 10편에서, 새로운 구조물의 특성을 봉한학설과 종합적으로 비교해 정리하면 <표 7>과 같다. 먼저 해부학적·조직학적 특성을 비교해보자. 현대 연구진이 봉한소관을 발견했다고 보고한 논문은 10편 가운데 2편이었다. 하지만 나머지 8편 가운데 척수막이나 말초신경계에서의 발견을 보고한 3편의 경우, 봉한관이 1개 관으로 구성되므로 봉한소관을 별도로 보고할 필요는 없었다. 어쨌든 이들 가운데 봉한소관의 너비를 보고한 논문은 1편이었다. 한편 봉한관과 연결돼 있는 봉한소체의 존재가 보고된 논문은 7편이었으며, 이 가운데 봉한소체의 크기가 보고된 논문은 3편이었다.

<표 7> 현대 연구진과 김봉한 연구진의 보고 비교 - 신경계 내 구조물

특성 연구진	현행과의 비교	봉한관의 해부학적 특성				봉한관의 조직학적 특성			봉한관 내부 물질			봉한소체 내부 물질		
	봉한관 너비(㎛)	봉한소관 존재/너비(㎛)	봉한소체 연결 크기(㎛)	봉한소체에 연결된 봉한관 수(녹차수예; 뇌표면)	염색 처리 전후 비교 가시화	막대 모양의 내피세포 핵	내피세포해 길이(㎛)	외막 및 주위막	DNA 과립(산알)	아드레날린 과립	세포	DNA 과립(산알)	아드레날린 과립	아드레날린 과립함 유세포
김봉한	1	O/1-50	O/1000-500 X 500-200	2:2-4		O	15-20	O	O	O		O	O	O
현대 (총 10편)	7	2/1	7/3	5;3	2	9	2	2	2	1	0	1	0	0

봉한학설에 따르면, 봉한소체에 연결된 봉한관의 수는 뇌척수액 (뇌실과 척수 중심관)에서는 2개, 뇌 표면에서는 2-4개이다. 현대 연구진이 이를 확인한 경우는 뇌척수액에서 5편, 뇌 표면 내지 말초신경계에서 3편이었다.

봉한소관에서 막대 모양의 내피세포 핵을 확인한 논문은 9편이었으며, 핵의 크기를 보고한 논문은 2편이었다. 또한 주위막 내지 어떤 종류의 막을 보고한 논문은 2편이었다.

한편 봉한 구조물 내부에 존재하는 물질에 대한 보고는 미미했다. 먼저 봉한관에서 산알의 존재를 확인했다고 밝힌 논문은 2편이었으며, 이 외에 1편은 어떤 과립을 발견했다고 보고했다. 아드레날린 과립을 보고한 논문은 1편이었고, 어떤 마이크로 입자를 보고한 논문도 1편 있었다. 봉한소체의 경우, 산알이 확인된 논문은 1편이었고, 아드레날린 과립은 확인되지 않았다. 또한 아드레날린 과립을 함유한 세포가 발견된 논문은 없었고, 대신 정체를 알 수 없는 세포가 확인된 논문이 3편이었다.

현대 연구진이 새롭게 시도하거나 보고한 내용은 크게 두 가지이다. 첫째, 신경계에서 라이스너 파이버와 봉한 구조물을 구별하는 방법을 제시했다. 둘째, 크롬-헤마톡실린이라는 염색약이 혈전과 봉한 구조물을 구별할 수 있다는 점을 제시했다.

전체적으로 신경계에서 봉한 구조물을 찾는 데 동원된 동물은 큰 쥐, 작은 쥐, 토끼, 그리고 돼지였다. 각 개체에서 발견한 봉한 구조물의 수는 뇌 표면의 경우 척수액이나 말초신경계에서와 달리 다수를 기록했다. 하지만 동물의 수나 봉한 구조물의 수를 보고하지 않은 경우도 일부 있었다.

2. 생리적 기능의 재현

(1) 면역세포와 줄기세포 존재 확인

지금까지 소개한 현대 연구진의 성과는 주로 봉한 구조물의 형태학적 특성에 초점이 맞춰져 있었다. 이에 비해 내부에 존재하는 물질의 정체를 본격적으로 규명함으로써 봉한 구조물의 기능을 시사하는 연구는 이전과는 다른 연구진에 의해 독자적으로 주도돼 왔다.[48] 그 핵심 내용은 면역기능과 줄기세포의 기능에 맞춰져 있었다. 이 연구진은 초창기 연구진과는 달리 면역학 분야의 전문가들로 구성됐으며, 발표 논문들은 모두 서구 과학계에서 면역 분야나 줄기세포 분야의 학술지들에 게재됐다(<표 8> 참조).

2012년 연구진은 장기표면과 림프관 내에서 봉한 구조물을 채취하고 그 내부의 구성물을 조사한 결과를 발표했다(Kwon, BS et al, 2012). 전문 용어로 면역조직화학적(immunohistochemical) 특성을 구성물에 적용해 확인한 결과였다. 논문에 따르면, 실험에 동원된 큰 쥐의 수는 100마리 이상이었다. 논문의 서론에서 연구진이 발견한 새로운 관과 소체(node)는 1960년대 김봉한의 논문에서 발표된 봉한관과 봉한소체라고 명시돼 있다.

림프관의 경우, 허리 부위의 림프결절에 알시안-블루를 삽입한 후

---

48) 봉한 구조물의 면역기능과 줄기세포 기능에 대한 본격적인 연구성과는 권병세 박사가 이끄는 연구진에 의해 꾸준히 도출돼 왔다. 권 박사는 서울대 물리학과에서 출발한 현대 연구진의 성과에 대해 2011년 10월 10일 자 중앙일보 기사에서 "40년 넘게 면역학을 연구해온 사람으로서 림프관에 또 다른 관(管)이 있다는 사실을 내 눈으로 확인한 뒤 너무나 놀랐어요"라고 밝힌 바 있다. 당시부터 권 박사는 봉한 구조물의 생리적 기능에 대한 연구를 수행해 왔다. 권 박사는 미국의 유수한 연구소를 거쳐 인디애나대, 국내 울산대에서 교수로 재직하다 2008년 3월 국립암센터의 최고 대우를 보장받는 석좌연구원으로 영입됐다. 최근에는 면역치료제를 개발하는 한 생명공학 벤처기업의 대표로서 활동을 시작했다.

<표 8> 여러 부위

특성 / 현대 연구진	동물/ 수 (마리; 수 (소재; 판))	가시화 방법*	분포 형태				봉한관의 해부학적 특성							봉한관의 조직학적 특성			봉한관 내부 물질			봉한소체 내부 물질		
			혈전 파괴 비교	비웠는 구조	상호 연결망	주변조 직과의 연결	림프관 너비 (μm)	봉한관 너비 (μm)	봉한 소재 존재 너비 (μm)	봉한 소재 연결/ 크기 (μm)	봉한 소재의 연결된 봉한관 수	염색 처리 전후 비교 가시화	림프계 염색약 주입 위치	림프관 내 판막 가시화	막대 모양의 내피 세포 핵	내피 세포의 길이 (μm)	외막 및 주막 막	DNA 과립 (산알)	아드레 날린 과립	세포	DNA 과립 (산알)	아드레 날린 과립함 유세포	세포
1. Kwon et al, 2012**	큰 쥐/100 이상/다수	AB	X	O	X	X	X	X	O/X	O/X	2	X	림프 결절	X	X	X	O(외막)	X	X(면역)	X	X	O	O (면역, 조혈 줄기)
2. Hwang et al, 2014***	작은 쥐/X/다수	AB	X	O	X	O	X	X	O/X	O/X	2;여럿	X	꼬리	X	X	X	X	X	X	X	X	X	O (면역, 조혈 줄기)
3. Lee et al, 2014****	작은 쥐/X/X	AB	X	X	X	X	X	X	X	O/X	2	X	꼬리	X	X	X	X	X	X	?*****	X	X	O (줄기)
4. Choi et al, 2018*****	작은 쥐/X/X	SM	X	O	X	O	X	X	X	O/O	2	X	X	X	X	X	X	X	X	X	X	X	O (면역)
합계(편)			0	3	0	2	0	0	2/0	4/1	4:1	0	1(림프 결절) /2(꼬리)	0	0	0	1	0	0	0	0	1	4

* 혈관 및 림프관 내 확인: 염색약(AB=alcian blue); 현미경(SM=stereoscopic microscope)
** 장기표면과 림프관 내의 봉한 구조를 보고
*** 장기표면, 림프관 내, 혈관 내 봉한 구조를 보고
**** 림프관 내, 혈관 내 봉한 구조를 보고
***** 봉한 구조 전체에서 시료의 존재를 확인한 것이어서 봉한관에서의 시료의 발견 여부는 명확하지 않음
****** 장기표면 봉한 구조를 보고

림프관 내부에 파랗게 염색된 가느다란 관을 꺼냈다. 이후 관과 내부 구성물의 정체를 밝히기 위해 다양한 종류의 항체를 처리했다.[49] 먼저 연구진이 발견한 관과 소체가 혈관 및 림프관과는 다른 조직임을 밝혔다. 연구진은 일반적으로 관 조직의 바깥층(외피 세포)과 안쪽 층(내피세포)에 반응하는 항체를 처리하자 새로운 관과 소체가 양성 반응을 나타낸 점을 확인했다. 즉 이들 관과 소체는 외피 세포와 내피세포로 둘러싸여 있음을 알아낸 것이다. 하지만 혈관과 림프관에 특이적으로 반응하는 항체를 처리했을 때는 반응이 나타나지 않는다는 사실을 보여줬다. 새로운 관과 소체는 혈관 및 림프관과는 다른 조직, 즉 봉한관과 봉한소체라고 밝힌 것이다.

연구진은 봉한소체 내에서 여러 종류의 세포가 존재한다는 점을 발견했다. 그 내용이 상당히 흥미롭다.

첫째, 비만세포였다. 연구진은 비만세포처럼 보이는 세포가 많다는 점을 확인하고는, 봉한소체에서 비만세포가 대표적으로 분비하는 물질인 히스타민과 트립타제(tryptase)의 양을 측정했다. 그러자 림프결절에서의 양에 비해 20-120배 많다는 사실을 알아냈다. 연구진이 본 것은 확실히 비만세포였고, 림프결절에 비해 확연히 분비물의 양이 많다는 점에서 봉한소체가 림프결절과는 다른 종류의 조직이라는 점을 확인했다.

둘째, 비만세포 외에도 다양한 면역세포가 존재했다. 양으로 비교하면, 대식세포의 일종인 조직구(histiocyte, 53%)가 가장 많았고 비만세포(20%), 호산성백혈구(16%), 호중성백혈구(5%), 그리고 림프

---

49) 생물학 실험에서 항체는 특정 세포나 성분(항원)과 결합하여 반응을 일으킴으로써 색이나 형광을 발하기 때문에 흔히 마커(marker)의 일종으로 불린다.

구(1%)가 뒤를 이었다. 특이한 구성이었다. 림프구는 보통 림프액에서 99% 이상을 차지하는 세포 성분인데, 이와 크게 다른 수치가 나왔다. 봉한소체의 세포 성분 구성이 일반적인 림프액의 구성과는 분명히 차이가 난 것이었다. 혈액 내 면역세포 구성과도 큰 차이가 있다. 사람의 경우 혈액 내 백혈구의 분포 비율을 보면, 호중성백혈구(57%), 림프구(30%), 단핵구(6.5%), 호산성백혈구(2.4%), 그리고 호염기성백혈구(0.6%)의 순서이다.

셋째, 상대적으로 소량이지만 줄기세포로 추정되는 미성숙 세포(3%)를 발견했다. 연구진은 특정 마커를 사용해 이 세포가 혈구를 생성하는 줄기세포(조혈모세포)라고 추정했다.

넷째, 가장 소량으로 크롬친화성 세포(0.3-0.5%)가 분포한다는 점도 알아냈다. 연구진은 봉한소체 3-4 부위에서 이들 세포가 분포한다는 점, 그리고 봉한소체 내 노르아드레날린이라는 호르몬이 함유돼 있다는 점을 밝혔다.

다음으로 봉한관에 대한 연구결과이다. 김봉한 연구진이 주장했듯이 봉한관은 미세한 소관 여러 개의 다발로 구성돼 있었다. 이 소관 내에서 크고 작은 과립들이 발견됐다. 연구진은 봉한소체에 존재하는 비만세포로부터 나온 과립이 소관을 통해 이동한다고 추정했다.

후속 연구성과는 2014년 동일한 학술지에 잇따라 발표됐다. 역시 매우 흥미진진한 결과를 담고 있었다.

먼저 줄기세포의 존재를 확실히 확인했다.[50] 봉한체계에서 다양

---

[50] 줄기세포는 생명체의 모든 장기로 자라나는 근원의 세포로서 그 크기는 보통의 세포보다 작다. 연구진이 찾은 줄기세포는 성체 줄기세포(adult stem cell)인데, 이는 배아로부터 자라난 성체의 장기 곳곳에 분포하는 줄기세포를 의미한다. 다만 현재까지 그 존재는 확인됐지만 생체 어디

한 줄기세포를 발견했다는 보고였다(Hwang, SH et al, 2014). 2012년 논문에서 한발 나아가 혈구의 원조에 해당하는 다양한 줄기세포가 풍부하게 존재한다고 보고한 것이다. 골수가 아닌 곳에서 조혈세포의 줄기세포가 대량 존재한다는 것은 의학계의 상식을 뒤집는 매우 놀라운 발견이었다.

논문의 서론에서 한 가지 눈에 띄는 사실은 연구진이 봉한관과 봉한소체라는 용어를 새로운 용어로 대체했다는 점이었다. 즉 연구진은 봉한체계 내에 히알루론산이 풍부하게 존재한다는 이유에서 전체 시스템을 HAR-NDS(Hyaluronic-Acid-Rich Node and Duct System)라고 명명했다.

연구대상은 큰 쥐가 아니라 작은 쥐였다. 작은 쥐를 대상으로 실험했다는 점은 생물학적으로 중요한 의미를 가진다. 그동안 과학계에서는 큰 쥐를 비롯한 다른 실험동물에 비해 작은 쥐를 대상으로 수많은 마커를 개발해 왔다. 줄기세포에 대한 마커 역시 마찬가지이다. 따라서 작은 쥐에게서 새로운 조직을 발견하고 그 안에서 줄기세포를 찾는다면, 기존에 많이 개발돼온 마커들을 통해 확실하게 새로운 발견을 확인할 수 있는 것이다.

연구진은 작은 쥐의 혈관과 림프관 내, 그리고 장기표면에서 새로운 관(HAR-Ds)과 노드(HAR-Ns)를 채취했다. 노드에서는 성숙한 비만세포와 조직구만 발견된 것이 아니었다. 과립을 함유한 대식세포, 적혈구, 부분 분화능 전구세포(multipotential progenitor), 그리고 비

에서 만들어지는지가 확실히 규명되지 않아 임상 치료에서 활발히 적용되지 못하고 있는 상황이다. 성체 줄기세포의 이 같은 한계 때문에 배아 줄기세포(embryo stem cell)나 체세포의 유전자를 변형해 만드는 역분화줄기세포(induced pluripotent stem cell)가 대안으로 주목받고 있기는 하지만, 배아의 파괴에서 발생하는 윤리 문제와 유전자변형의 안전성 문제로 임상 치료에 적용되기가 쉽지 않다.

만세포의 전구세포 등 여러 조혈 전구세포(hematopoietic progenitor cell)가 분포했다.

이 가운데 가장 많이 존재하는 것은 비만세포의 전구세포였다. 골수에서 발견되는 양보다 무려 5배 많았다. 기존에 알려진 줄기세포의 생성장소보다 더 근원적인 생성장소가 발견됐음을 시사하는 대목이었다. 더욱이 조혈 전구세포의 원조에 해당하는 것으로 추측되는 다분화능(pluripotent)[51] 줄기세포도 발견됐다.

연구진의 또 다른 논문은 HAR-NDS에서 발견한 줄기세포가 실제로 생체에서 치료의 기능을 수행할 가능성을 보여줬다(Lee, SJ et al, 2014). 연구진은 이 줄기세포를 NDSC(Node and Duct Stem Cells)라고 명명했다. 이전까지 학계에서는 성체에서 흥미롭게도 '배아 줄기세포처럼 보이는 아주 작은 줄기세포(VSEL, Very Small Embryonic-Like stem cells)'가 골수나 탯줄혈액에서 발견됐다는 보고가 있었다.[52] 연구진은 기존의 방법을 좇아 작은 쥐의 골수에서 VSEL을 채취하는 한편, HAR-NDS에서는 VSEL과 유사해 보이는 NDSC를 채취했다.

일단 양에서 차이가 났다. NDSC가 월등히 많았다. 예를 들어 골수에서 채취한 VSEL은 골수 전체 세포의 0.02% 이하였지만, 혈관이나 림프관 내에서 얻은 NDSC는 이보다 100배 이상 많았다.

---

51) pluripotent라는 용어는 multipotent와 함께 흔히 성체 줄기세포의 분화 능력을 상대적으로 표현할 때 사용되는데, 우리말로는 각각 다분화능, 부분 분화능 등으로 불리지만 명확히 통일되지는 않았다. 개념적으로는 다분화능이 부분 분화능에 비해 좀 더 많은 세포로 분화될 가능성이 크다는 것을 의미한다.

52) VSEL은 미국 루이빌대 의대 라타작(Mariusz Z. Ratajczak) 교수가 처음 발견해 명명한 줄기세포의 일종이다. 라타작은 생체에서 VESL의 존재는 확인했지만 그 기원에 대해서는 밝히지 못했다. 2010년을 전후해 국내 연구진은 라타작과 만나 산알과 VESL이 구조와 기능 면에서 거의 유사하다는 점을 확인하고 공동 연구를 추진한 바 있다. 이와 관련된 내용은 'V. 글을 마치며'에서 간략히 다시 소개한다.

NDSC의 크기는 대략 3.5-4.5 ㎛였고, 모양은 둥그스름했다. 내부에는 핵막으로 둘러싸인 핵이 보였고, 핵 내에서 인(nucleolus)도 관찰됐다. 세포질에는 염색질, 미토콘드리아, 조면 및 활면 소포체 등 다양한 소기관이 보였다.

다음으로 두 종류의 줄기세포를 적절한 배양액에서 키웠다. 보통의 줄기세포처럼 배양액에서 집단을 이루며 수를 증식해 나갔다. 그런데 그 비율에서 큰 차이가 났다. NDSC는 1,000개 세포 집단을 이룬 것이 176개 정도였는데 비해 VSEL은 14개 정도에 그쳤다. NDSC가 집단을 훨씬 잘 이루며 자라는 모습이었다.

두 종류의 줄기세포 집단에 일반적인 다분화능 줄기세포에서 양성 반응을 나타내는 특정 용액을 처리하자 모두 양성 반응이 나타났다. 다만 일부 마커와의 반응에서는 차이가 발견됐다. 다분화능 줄기세포에 반응하는 4개의 마커를 투입하자, NDSC에서는 모두 양성 반응이 나왔지만 VSEL에서는 1개에서 반응이 나타나지 않았다.

이후 연구진은 특정 배양액에서 NDSC 집단을 신경세포로 분화시켰다. 그리고 이를 허혈성 뇌 손상을 일으킨 작은 쥐의 꼬리 부위 정맥에 주입했다. 5주 후 뇌의 손상 부위를 조사한 결과 NDSC가 그곳에서 유의미한 비율로 실제 뇌세포로 분화되고 있다는 사실을 알아냈다.

2015년에는 봉한학설과 기존의 연구성과를 종합적으로 비교하며 고찰한 리뷰 논문이 발표됐다(Rai, R et al, 2015). 여기서 연구진은 NDSC가 혈관 모세포(hemangioblast)를 거쳐 혈구로 분화되거나 신경세포(neuronal cell)와 간세포(hepatocyte)로 분화될 수 있다는 점을 지적하고, HAR-NDS가 성체의 조직 재생을 담당하는 다분화능 줄기세포의 생성장소일 가능성이 크다고 밝혔다.

2018년 연구진은 기존에 발견한 면역계통의 물질들이 생체 내에서 구체적으로 어떤 기능을 수행하는지에 대한 실험 결과를 발표했다(Choi, BK et al, 2018). 작은 쥐의 장기표면에서 실체현미경으로 HAR-NDS를 다수 확인하고 채취한 후 국지적인 염증을 일으키며 반응을 관찰한 결과, 이 구조물은 골수성 세포(myeloid cell)가 특화된 선천성 면역 기관의 일종이며, 생체에서 국지적 염증을 증폭하거나 감염 초기의 신호를 체계적으로 알리는 과정에서 허브 역할을 수행한다고 밝혔다.

(2) 암의 전이 통로로서의 가능성

현대 의학에서 풀지 못하고 있는 미스터리 가운데 하나가 암의 전이가 어떤 과정을 거쳐 일어나는가이다. 암에 걸렸을 때 치사율을 높이는 중요한 요인이 바로 암의 전이이다. 외과수술이나 방사선을 이용해 분명히 특정 부위의 암세포를 제거했지만 얼마 지나지 않아 전혀 엉뚱한 부위에서 암세포가 발견되는 현상. 이 전이 과정을 규명하지 못하는 이상 암은 불치의 병으로 계속 남아 있을 것이다.

현대 의학에서는 암세포가 주로 혈관과 림프관을 통해 이동할 것이라고 판단하고 있다. 하지만 여전히 명확한 해답이 주어지지 않았다. 단적으로 림프관의 경우, 암 제거 수술 후 전이를 막기 위해 주변에 광범위하게 림프관을 절제하는 수술을 시행한다 해도 암의 전이가 곧잘 보고되고 있다.

현대 연구진은 봉한 구조물이 그동안 알려지지 않았던 암세포의 전이 통로일 수 있다는 가설을 세웠다.[53] 생체에 새로운 순환계가 있다고 계속 보고해온 연구진으로서는 당연한 생각이었다. 2009년 연구진은 실험 결과를 통해 이 가설을 학계에 보고했다(Yoo, JS et al, 2009). 작은 쥐(누드 마우스)의 피부 아래에 인간의 폐암 세포를 이식한 후 봉한 구조물의 발생 여부를 관찰한 것이다. 누드 마우스는 면역력이 결핍되도록 유전자를 변형한 실험동물의 일종으로, 몸에 털이 나지 않기 때문에 누드라는 이름이 붙었다.

연구진은 누드 마우스의 피부 아래에서 발생한 암 조직을 채취하고 그 표면에 트리판-블루를 처리했다. 그러자 주변의 혈관과 신경 다발과 구별되면서 암 조직과 연결돼 있는 봉한 구조물을 관찰할 수 있었다. 봉한관은 여러 소관으로 구성돼 있었고, 그 단면을 확인한 결과 흥미롭게도 어떤 종류의 세포들이 발견됐다. 봉한소체에서도 5-50 μm 너비의 여러 소관이 발견됐다.

2010년 4월 연구진은 누드 마우스를 대상으로 수행한 또 다른 실험에서 암 조직 주변에 봉한 구조물이 많이 형성된 사실을 학술지에 보고했다(Yoo, JS et al, 2010a). 이번에는 인간의 폐암 세포를 누드 마우스의 피부 아래와 배 속에 이식했다. 실험 결과 누드 마우스의 장기표면 곳곳에서 봉한 구조물이 작은 암 조직들과 연결돼 있는 모습이 관찰됐다. 봉한관과 봉한소체 내부에서 막대 모양의 핵이 늘어선 작은 관들이 발견됐으며, 봉한소체의 단면에서는 어떤 종류의 세포들이 관찰됐다. 연구진은 이 구조물이 암세포의 성장에 필요한 영양분을 제공해주는 한편 암세포의 효율적인 전이 통로일 수 있다고

---

53) 여기서 현대 연구진이란 앞 절 '(1) 면역세포와 줄기세포 존재 확인'에서 소개된 연구진이 아니라 초창기부터 연구를 진행해온 서울대 연구진을 의미한다.

추측했다. 혹시라도 봉한관이 림프관을 잘못 본 것이라는 오해를 불식시키기 위해, 연구진은 림프관의 내피세포층에 고유하게 반응하는 마커(LYVE-1)를 처리했다. 그 결과 봉한관에서는 이 마커에 대한 반응이 나타나지 않았다.

계속 연구진의 생각을 따라 가보자. 남은 문제 가운데 하나는 봉한 구조물 안에 과연 암세포가 존재하는지 여부였다. 봉한 구조물이 암세포의 전이 통로라면, 당연히 그 안에 암세포가 발견돼야 한다. 이 내용은 같은 해 6월 다른 학술지에 제출된 논문에서 등장했다 (Yoo, JS et al, 2010b). 핵심 내용은 암 조직 사이에 형성된 봉한 구조물 내에서 암세포가 발견됐으며, 이 구조물이 혈관이나 림프관 외의 새로운 전이 통로로 추정된다는 것이었다.

하지만 이 구조물이 연구진의 기대 대로 누드 마우스에서 유래한 것인지, 아니면 인간의 폐암 세포에서 만들어진 것인지가 명확하지 않았다. 만일 누드 마우스에서 유래한 것이라 해도, 이 구조물이 암세포를 이식한 결과로 생긴 것인지도 불명확했다. 연구진의 그간 보고에 따르면, 봉한 구조물은 암의 존재 여부와 무관하게 생체 곳곳에 존재하고 있기 때문이다. 따라서 아직은 과연 이 구조물이 암세포의 전이 통로인지는 확인할 수 없었다.

2011년 연구진은 암 조직에 발생한 봉한 구조물이 암 조직을 이식받은 개체로부터 유래한다는 점을 확실히 확인했다고 밝혔다 (Heo, CJ et al, 2011). 생체 기관에서 녹색형광단백질을 발현하도록 유전자가 변형된 작은 쥐에 쥐의 흑색종 세포(melanoma cell)를 이식하고 트리판-블루를 처리하자, 암 조직 주변에 녹색 형광을 발하는 봉한 구조물을 발견한 것이다.

그러나 2013년 출판된 한 편의 논문은 이와 다른 결과를 제시했다(Islam, MA et al, 2013). 이번에는 국내 연구진으로부터 봉한학설을 소개받고 독자적으로 암 조직에서 봉한 구조물을 탐색한 미국의 암 전문 연구진이 나섰다.[54] 논문에서는 이전까지 국내 연구진이 상당히 중요한 성과를 거뒀지만 봉한 구조물이 암 전이의 통로라는 직접적인 증거는 아직 부족하다고 지적됐다.

미국 연구진은 인간의 암세포(histiocytic lymphoma cell line)를 작은 쥐에 이식한 결과 특이한 사항을 발견했다. 작은 쥐에서 트리판-블루에 염색된 봉한관과 500-600 μm 크기의 봉한소체가 발견됐는데, 그 기원이 작은 쥐가 아니라 인간 암세포라는 것이다. 연구진은 봉한 구조물에서 인간 암세포의 줄기세포로 추정되는 세포가 다수 발견됐고, 이들이 자라 봉한 구조물을 형성했다고 파악했다. 비슷한 시기에 국내 연구진은 암 조직에서 발생하는 봉한 구조물에서 주변 혈관이나 림프관과 구별되는 특성을 규명하는 여러 논문들을 발표했다(Hong, MY et al, 2011; Lim, JY et al, 2013; Lee, SW et al, 2013).

이후 국내 연구진은 리뷰 논문을 통해 봉한 구조물은 암 조직을 이식받은 개체에서 유래하고, 그 내부에서 이동하는 물질이 그냥 암세포가 아니라 암의 줄기세포로 추정되며, 봉한 구조물이 림프관에 비해 주요 전이 통로로 여겨진다는 내용을 담은 가설을 발표했다(Yoo JS & KS Soh, 2014). 암세포 역시 성장 초창기에는 줄기세포

---

54) 이 연구진은 미국 루이빌대 제임스 그래함 브라운 캔서 센터(James Graham Brown Cancer Center) 책임자인 도널드 밀러(Donald M. Miller) 박사가 이끌고 있었다. 국내 연구진은 과거 밀러 박사를 만나고 봉한 구조물의 존재를 보여주는 실험을 수행했으며, 밀러 박사는 이에 고무돼 직접 연구한 결과물을 논문으로 발표했다. 이와 관련된 내용은 'V. 종합적 고찰'에서 간략히 다시 소개한다.

로부터 시작된다는 사실이 지난 10여 년간 학계의 연구로 알려져 있었다. 연구진은 바로 암의 줄기세포 같은 작은 세포가 봉한 구조물을 통해 이동함으로써 암의 전이가 발생한다고 판단한 것이다. 이 같은 가설 아래에서 2015년 한·중·일 공동 연구진은 봉한 구조물이 위암의 전이에 관여하는 것은 물론, 위암의 전이를 매개하는 혈관 형성에도 일정한 역할을 수행하는 것으로 추정된다고 보고하기도 했다(Ping, A et al, 2015).

3. 과거와 현재의 실험방법 비교

(1) 실험순서와 장비의 차이

현대 연구진이 봉한학설을 접했을 때 가장 궁금했던 사안은 새로운 생체 구조물을 찾아내는 방법이었다. 하지만 김봉한 연구진은 새로운 구조물의 특성들과 이를 알아낸 방법들을 제시했을 뿐, 구조물을 발견하는 방법에 대해서는 논문에서 구체적으로 설명하지 않았다. 여기서는 현대 연구진이 봉한학설을 재현하면서 사용한 방법론을 봉한 구조물의 '존재'를 확인한 과정과 봉한 구조물의 해부학적·조직학적 '특성'을 확인한 과정으로 구분해 김봉한 연구진의 논문들에서 제시된 방법론과 비교해 정리한다. 아울러 김봉한 연구진은 제시했지만 현대 연구진이 실현하지 못한 방법론 한 가지를 소개한다. 김봉한 연구진은 봉한체계가 순환체계라는 핵심 주장을 도출해내는 주요 방법으로 방사성동위원소 추적법을 사용했다. 하지만 당시에 비해 그 기법이 훨씬 발달했음에도 현대 연구진은 이를 시도하지 못했다.

첫째, 봉한 구조물의 존재를 확인한 과정을 살펴보자. 김봉한 연구진은 <제1 논문>에서 피부 아래 경혈과 경맥 부위에서 새로운 구조물을 발견했다고 밝혔다. 물론 기존의 방식처럼 전기저항이 작고 전위가 큰 부위에서 경혈 지점을 찾아내는 과정을 거쳤다. 하지만 당시까지의 선행연구자들도 이 단계까지는 실험을 성공적으로 수행했다. 당시에도 잘 알려져 있듯이, 피부는 바깥에서부터 표피와 진피, 그리고 피하조직으로 구성된다. <제1 논문>에서 연구진은 "피부의 표피 하에"서 새로운 구조물을 발견했다고 설명했다. 또한 <제3 논문>에서는 이 구조물이 "피부의 진피층에 있으나 드물게는 피하층에도 있다"라고 설명돼 있다. 그런데 진피 부위에는 모세혈관, 모세 신경관, 땀샘, 기름샘, 털, 그리고 다양한 섬유성 조직 등이 복잡하게 얽혀 있다. 피하층은 진피에 영양분을 공급하는 지방과 혈관으로 구성돼 있다. 막상 피부를 열어본다 한들 그 속에서 투명해 보이는 새로운 미세 구조물을 찾아내기란 매우 어렵다.

그렇다면 김봉한 연구진은 과연 어떤 방법으로 피부 아래에서 새로운 구조물을 발견할 수 있었을까. <제1 논문>에서 이 지점에 대한 설명이 다음과 같이 묘사돼 있을 뿐이다. "우리는 우리가 창안한 방법에 의하여 경혈을 정확히 찾는 데 성공하였으며"라는 문구가 그것이다. 연구진은 피부 아래에서 경혈의 물질적 실체를 찾았다는데, 그 찾는 방법은 "우리가 창안한 방법"이라고만 제시돼 있다. 알쏭달쏭한 표현은 <제2 논문>의 서론에서도 다음과 같이 나온다.

우리는 생체 염색 방법과 경혈 부위의 독특한 외관에 의하여 정확하게 … 적출하여 그의 형태학적 특징을 기본적으로 밝힐 수 있게 되었다. 생체에서 경혈부 표면은 비혈부보다 광택을 띠고 연한 누른색으로 보이며 유연한 감을 준다.

여기서 짐작할 수 있듯이 연구진은 새로운 염색기법을 발견했다. 하지만 수많은 염색약 가운데 무슨 종류를 어떤 조건에서 어디에 처리해야 하는지에 대한 설명은 전혀 없다. 더욱이 "독특한 외관"이라는 말은 경혈 부위에서 별다른 염색처리 없이 현미경을 통해 '맨눈으로' 볼 수 있다는 의미로도 읽힌다. 실제로 「로동신문」 1963년 12월 14일 자에 따르면, "표층 봉한소체가 있는 곳의 피부 표면은 다른 곳보다 광택을 내고, 연한 누른빛을 띠기 때문에 그것이 눈에 익숙해지면 가려낼 수도 있다"라고 설명돼 있다.

한편 「로동신문」 1961년 12월 5일 자에는 경락의 해부학적 실체를 처음 발견하기까지의 과정이 소개됐는데, 역시 수수께끼 같은 상황이 묘사돼 있다. 기사에 따르면 연구진은 1959년 10월 평양의학대학 의학부 5학년 학생인 김세욱과 권정도 등을 중심으로 경락의 전기생물학적 현상을 관찰하는 작업부터 시작했다. 실험 대상은 토끼와 자신들의 몸이었다고 한다. 연구진은 경혈의 위치에서 전압 변화가 독특하다는 점과 이 특성이 기존의 신경계를 비롯한 생체조직에서와는 다르게 나타난다는 점을 발견하고서는 그 이유가 무엇인지에 대해 거듭 토론을 진행하며 100여 차례 실험을 진행했지만, 더 이상 진전된 결과가 나오지 않았다. 중간에 김동호 연구사와 공만영 조수 등이 합류해도 별다른 성과가 없자 김봉한은 이런 생각에 도달했다고 한다.

그런데 만일 우리가 계속해서 전기 현상만을 분석해 나간다면 거기서 무슨 결과를 얻게 될 것인가. 현상만 보아 가지고는 경락의 본질을 알아내지는 못하게 되지 않겠는가.

즉 김봉한은 전기생리학적 현상을 일으키는 고유의 물질적 실체가 있으리라고 판단하고 그 실체 규명을 위한 연구에 몰입하기 시작했다. 역시 자신들의 몸과 토끼를 대상으로 경혈을 찾는 실험을 새벽부터 자정까지 진행했다고 하는데, 그 실험 장소는 밀폐된 "암실"이었다. 이 과정에서 해부 조직학 연구실장 신중량이 합류해 발견된 생체조직의 실체를 판독하는 데 도움을 줬다.

그 결과 "처음에는 란형으로 생긴 경혈의 조직을, 그다음 8월 18일에는 경혈과 경혈을 련결하는 경맥을 발견해 내는 데 드디어 성공"했다. 또한 "그 후 계속해서 연구집단은 경락 계통을 일정한 방법으로 염색하는 데도 성공함으로써 누구든지 일목 료연하게 그것을 파악할 수 있게 하였다"라는 것이다.

이 기사를 보면 김봉한 연구진이 경락의 물질적 실체를 찾는 데 상당히 많은 고생을 했다는 점을 충분히 짐작할 수 있다. 하지만 실험방법, 즉 캄캄한 방에서 자신들의 피부 아래 구조물을 어떻게 찾았는지 알 수 없다. 일단 경락의 실체를 찾은 후에 고유의 염색기법을 발견했다고 하는데, 염색약이 무엇인지는 물론 처음에 염색하지도 않은 채 암실에서 어떻게 그 실체를 찾았는지 전혀 짐작하기 어렵다.

봉한 구조물의 감촉을 설명하는 부분에서는 의아스러움이 더 커진다. 기껏해야 3 mm를 넘지 않는 구조물을 손으로 만져서 어떤 느낌을 받았다는 의미이다. 예를 들어 <제1 논문>에서 "경맥은 그 경도가 연하면서 내용이 충실한 감촉을 준다"라고 표현돼 있다. 또한 <제3 논문>에서 표층 봉한소체는 "만져보면 아주 굳은 감이 있다"라고 설명돼 있다.

혈관이나 림프관 안에 존재한다는 구조물 역시 혈관을 쪼개거나 입체현미경으로 밖에서 '들여다보니 보이더라'라는 설명만 나와 있었다. 혈관이나 림프관 밖, 장기표면, 신경계, 장기 내에서 발견했을 때도 마찬가지였다. 다만 내봉한관을 발견한 계기는 「로동신문」 1965년 7월 21일 자에서 경락 계통과 호르몬 계통과의 상호 관계를 연구하는 과정에서 발견됐다고만 서술돼 있다. 또한 내외봉한관의 경우에는 같은 일자에서 오른쪽 부신 높이의 동맥에서 내봉한관이 혈관을 뚫고 밖으로 나가는 것을 발견해 이름을 붙였다고 설명돼 있다. 바로 이 방법이 공개되지 않은 탓에 당시는 물론 현재까지 많은 과학자들이 그 실체를 찾는 데 실패하거나 상당히 애를 먹은 것이다.

한편 김봉한 연구진은 봉한 구조물이 온몸에 그물처럼 퍼져 있다는 사실을 어떻게 알았을까. 표층 봉한 구조물의 발견에 이어지는 자연스러운 탐구 과정에서 도출된 결과로 보인다. 심층 봉한 구조물은 연구진이 피부 아래 구조물이 생체 어디로 연결돼 있는지 확인하는 과정에서 발견한 것이다. 「로동신문」 1965년 7월 30일 자에서 연구진의 한 명인 김세욱이 작성한 글에 따르면, 표층 봉한소체에 연결된 외봉한관과 내봉한관을 따라가면서 그 분포를 연구하는 과정에서 외봉한소체와 내봉한소체를 발견했다고 한다. 또한 내외봉한관을 따라가다가 내외봉한소체를, 신경봉한관을 따라가다가 신경봉한소체를 발견했다고 밝혔다. 그리고 봉한관이 어디서 끝나는지 확인하는 과정에서 장기내봉한소체와 말단봉한소체를 찾았다고 했다.

둘째, 김봉한 연구진이 봉한 구조물의 해부학적·조직학적 특성을 확인한 방법을 살펴보자. <제2 논문>부터 연구진은 서구 생물학의 정통 기법을 적극 동원하고 있다. 다양한 염색약, 입체현미경이나 전자현미경 같은 각종 첨단의 현미경, 방사성동위원소 추적장치, 그리고 각종 생화학적 기법 등을 이용해 봉한체계의 구조와 기능을 상세히 밝히고 있다. 그 구체적인 방법론은 이 글에서 일일이 제시하기 어려울 정도이다(<표 9> 참조).[55]

김봉한 연구진이 첫 발견 방법을 공개하지 않았기에, 현대 연구진이 봉한 구조물을 발견한 방법과 생체부위별 발견 순서는 김봉한 연구진과 달라질 수밖에 없었다. 즉 피부 아래 경혈 부위에서 구조물을 발견하고 이것이 어디로 연결되는지 좇아가는 방식이 아니라, 림프관계, 혈관계, 장기표면, 신경계 등 생체 전반에서 동시적으로 구조물의 존재를 확인해야 했다. 봉한학설에서 제시된 해부학적·조직학적 특성을 바탕으로 봉한 구조물의 존재를 생체 곳곳에서 개별적으로 확인하는 방식이었다. 이를 실현할 수 있는 핵심 기법은 봉한 구조물과 다른 생체 구조물을 구별할 수 있는 염색약의 개발, 그리고 염색약 없이 찾을 수 있는 광학적 관찰방법의 개발이었다. 2004년과 2005년 연구진이 혈관과 림프관 내, 그리고 장기표면에서 봉한 구조물의 존재를 『해부학 기록』을 통해 미국 해부학계에 처음 발표한 3편의 논문은 이 상황을 단적으로 알려주고 있다.

---

55) 김봉한 연구진이 사용한 염색기법의 대부분은 현대 과학계에서도 널리 적용되고 있다 (Vodyanoy, V et al, 2015, p.5).

<표 9> 검토한 논문에서 사용된 실험 장비의 종류와 용도

측정기법		작용대상	용도	출처
<정성적 방법 - 형태 및 내용물 확인>				
염색	중크롬산가리(bichromate)	표준 봉한소체 겉질	크롬친화성 세포 확인	제2 논문
	아크리딘-오렌지(acridine-orange) 형광	표준 봉한소체 속질, 표준 봉한관 내용물	DNA 확인	제2 논문
		봉한소체 속질과 이와 연결된 봉한관	DNA 확인	제3 논문
	포일겐 반응(Feulgen reaction)	봉한소체 내부 과립, 봉한관 내부 과립	DNA 확인	제2 논문
		봉한소관 내부의 호염기성 과립구조물, 해양 구조물, 표준 표준 봉한소체등 내용물		제3 논문
		봉한액 과립, 신암체; 장기 순상 부위		제4 논문
	브라셰 반응(Brachet reaction)	봉한소체 내부 과립, 봉한관 내부 과립	RNA 확인	제2 논문
		신암 혈질		제4 논문
		무해 적혈구 산알		제5 논문
	운나-파펜하임 반응(Unna-Pappenheim reaction)	봉한소체 내부 과립, 봉한관 내부 과립	RNA 확인	제2 논문
	헤마톡실린(hematoxylin)	봉한관 내피세포핵 해	핵산(DNA+RNA) 존재 확인	제3 논문
		장기 순상 부위	호염기성 구조물 확인	제4 논문
	판 기슨(Van Gieson)	적수 중심관	봉한관 확인	제3 논문
	페르호프(Verhoeff)	표준 봉한소체등 내용물	DNA 확인	제3 논문
	그로스-슐츠 반응(Gros-Schultze reaction)	표준 봉한소체	신경섬유 분포	제3 논문

	측정기법	적용대상	용도	출처
염색	헤마톡실린-에오신(hematoxylin-eosin)	간장 조직	산알화 및 세포화 또는 해과 세포질 확인	제4 논문
	김자(Giemsa)	무핵 적혈구 산알	세포질 확인	제5 논문
		산알체	DNA 확인	제4 논문
	레조루친-후크신(Resorcine-fuchsine; 처리)	표층 봉한소체동 벽	탄력섬유 확인	제3 논문
	힐라르프법(Hillarp's method);	봉한소관 안 과립	아드레날린 검출	제3 논문
	힐라르프-회크펠트 반응(Hillarp-Hoekfelt reaction); 세부키(Sevki) 반응	표층 봉한소관 속질	크롬친화성 과립 확인	제3 논문
현미경	위상차현미경(phase-contrast microscope)	봉한관	소관 내피세포 해의 모습	제2 논문
		산알	형태, 크기, 운동, 세포로의 성장, 세포로부터 분열	제4 논문
		적혈구 산알	적혈구로의 성장	제5 논문
	입체현미경(stereomicroscope)	림프관, 조갠 혈관, 내외봉한관,	봉한관 모습	제3 논문
		장기내봉한소체	봉한소체 모습	
	전자현미경(electron microscope)	내외봉한관, 표층봉한소체, 외봉한소체, 내봉한소체	봉한소관 내피세포 및 소체 내부의 핵(막) 형태, 염색질 상태, 과립 존재	제3 논문
		산알	막과 혈질의 상태, 과립 존재	제4 논문

<정량적 방법 - 내용물 확인>

측정기법	적용대상	용도	출처
피스케-브래로우(Fiske-Subbarow) 방법	표층 봉한소체, 혈관 내 봉한관	전체 인(P)의 양 측정	제2 논문
	표층 봉한소체, 혈관 내 봉한관	해산 내 인의 주줄	제2 논문
쉬미트 탄하우저(Schmidt-Thanhauser) 방법	산알과 산알액	DNA 양	제4 논문
	무핵 적혈구 산알	해산 분리	제5 논문

측정기법	적용대상	용도	출처
자외선 흡수(ultraviolet absorption) 방법	표층 봉한소체, 혈관 내 봉한관	핵산 양 측정	제2 논문
	무해 적혈구 산알		제5 논문
수산화 알루미늄 흡착법(selective absorption on aluminium hydroxide in alkaline medium)	표층 봉한소체, 봉한액	아드레날린과 노르아드레날린 양 측정	
에를리히 직접 방법(Direct Ehrlich assay), 이온교환 크로마토그래피 방법 (Ion-exchange chromatography)	봉한액	히알루론산 양 측정	제3, 4 논문
미크로켈달(micro-Kjeldahl) 방법	(무해 적혈구 산알, 산알액	단백질 양 측정	제3, 4, 5 논문
하게도르트_엔센(Hagedorn-Jensen) 법	(무해 적혈구 산알, 산알액	당 양 측정	제3, 4, 5 논문
	봉한액	지질 양 측정	제3 논문
방그법(Bang method)	무해 적혈구 산알		제5 논문
쉬미트_탄하우저와 짜네브 (Schmidt-Thannhauser, Tsanev) 방법	산알	핵산 양 측정	제4 논문
오스트발드 점도계 및 스페드콥스키 식 (Ostwald viscosimeter and Spidkovsky's equation)	산알	DNA 점도 및 분자량 계산	제4 논문
자외선 분광광도계(ultraviolet spectrophotometer)	봉한액	유리 모노뉴클레오티드 조성	제3 논문
	산알	DNA와 RNA 염기 조성	제4 논문
종이 크로마토그래피(paper chromatograpy), 고압 여지 전기 영동법(high voltage paper electrophoresisy)	봉한액	유리 아미노산 양; DNA와 RNA 염기 조성	제3 논문
	산알	DNA와 RNA 염기 조성; 세포화혈 때 아미노산 조성	제4 논문
분광 분석법(emission spectral analysis)	산알	무기물질 양	제4 논문

측정기법	적용대상	용도	출처
계로비, 계오르기예보의 페놀법	무핵 적혈구 산얼	RNA 분획	제5 논문
<정량적 방법 - 순환 확인>			
방사능 측정법 (dosimetry of radioactivity)	표증 및 심증 봉한소체과 봉한관 내 P^{32}를 주입	봉한액 이동	제2 논문
방사선 자가렬영법 (radioautography)	표증 봉한소체 내 P^{32} 주입	표증 봉한소체 간 이동	제2 논문
현미방사선 자가렬영법 (microradioautography)	표증 및 심증 봉한소체과 봉한관 내 P^{32} 주입	봉한액 이동	제3 논문
현미방사선 자가렬영법 (microradioautography)	산얼에 P^{32} 표식	이동	제4 논문
현미영화촬영법 (microcinematography)	산얼	배양에 내 변화	제4 논문
현미방사선 자가렬영법 (microradioautography)	적혈구 산얼에 P^{32} 표식	이동	제5 논문

염색약의 경우, 논문 5편에 이름이 언급된 것이 없어 정리했다. 사실 논문 전반에는 이름을 밝히지 않고 특정 염색약을 처리했다거나 그저 염색했다는 표현이 상당히 많이 등장한다. 현미경의 경우, 논문 5편에서 언급된 위상차현미경, 암체현미경, 전자현미경, 암체현미경, 일반 광학현미경 일반 광학현미경을 모두 (형광을 포함해) 일반 광학현미경을 이용한 것으로 추정된다.

염색약의 발굴은 봉한 구조물의 특성을 고찰하는 과정에서 이뤄졌다. 가령 2004년 논문의 경우 혈관 내에서 발견하는 데 사용한 아크리딘-오렌지는 김봉한 연구진이 봉한관과 봉한소체에 폭넓게 DNA가 존재한다는 점을 보여준 염색약이었다(<표 9> 참조). 현대 연구진은 이 염색약을 이용해 혈관 내 특정 구조물이 봉한관 내피세포의 특성, 즉 막대 모양의 핵을 갖는다는 점을 보여줬다. 또한 다양한 추론을 통해 김봉한 연구진이 사용하지 않은 새로운 염색약도 개발했다. 예를 들어 림프관 내의 봉한 구조물을 보고한 2005년 논문에서 야누스-그린 B가 사용됐는데, 이 염색약이 채택된 계기는 봉한 구조물이 전기 신호를 잘 전달하는 특성을 가진다는 김봉한 연구진의 논문 내용이었다. 야누스-그린 B는 신경세포를 잘 염색한다고 알려져 있었기에, 현대 연구진은 신경세포와 전도성을 관련지어 이 염색약이 봉한 구조물에 잘 반응하리라고 추론한 것이었다.

하지만 현대 연구진의 염색약 발굴 작업은 상당한 인내와 노하우가 요구되는 작업이었다. 동일한 염색약이라 해도 어느 정도로 희석하는 게 적절한지, 어느 시점에 염색약을 처리하는 게 효과적인지, 그리고 염색한 후 얼마나 오랫동안 지켜봐야 하는지 등의 문제에 대한 해답은 오로지 수많은 시행착오를 통해서야 하나씩 알아낼 수 있었다.

염색약 못지않게 현대 연구진이 개발하려고 노력한 방법은 현미경만으로 관찰하는 기법이었다. 김봉한 연구진은 봉한 구조물의 특성을 규명하는 과정에서 여러 현미경을 사용했다. 그 일부는 현대 연구진에게 존재 확인용으로 사용됐다. 대표적으로 장기표면에서 봉한 구조물의 존재를 확인했다고 발표한 2005년 논문에서 사용된 방법이다. 실험동물의 장기표면에 분포하는 수많은 섬유성 조직 가운데에서 봉오리와 실 같은 모습으로 '떠 있는' 구조물을 찾아낸 것이다.

이후 연구진은 좀 더 효과적인 염색약과 현미경 관찰법을 계속 발표해 나갔다. 예를 들어 핵산을 염색하는 헤마톡실린, 그리고 핵산과 세포질을 동시에 염색하는 헤마톡실린-에오신은 김봉한 연구진의 경우 봉한 구조물의 특성을 확인하는 데 사용했다. 이에 비해 현대 연구진은 이들 염색약을 주로 장기표면과 신경계 내 봉한 구조물의 존재를 확인하는 데 썼다. 크롬-헤마톡실린은 김봉한 연구진이 사용하지 않았지만, 봉한 구조물 내에 크롬친화성 과립과 세포가 풍부하다는 보고를 염두에 두고 현대 연구진이 개발한 염색약이다. 이는 혈전과 봉한 구조물을 구분해내는 데 탁월한 효과를 발휘했다. 한편 봉한관 내에 히알루론산이 풍부하게 분포한다는 보고는 현대 연구진이 히알루론산을 잘 염색하는 알시안-블루를 발굴하는 데 결정적인 역할을 했다. 이 염색약은 연구진이 림프관 내 봉한 구조물을 발견하는 데 가장 많이 사용됐다. 이 외에도 현대 연구진은 봉한관의 표면에서 발견된 미세한 틈새를 염두에 두고 여기를 통과해 내부로 들어갈 수 있는 나노입자를 발굴, 림프관과 신경계 내 봉한 구조물을 발견하는 데 일부 사용했다.

현미경만으로 직접 봉한 구조물의 존재를 확인하는 방식은 대부분 장기표면에서의 실험에 적용됐다. 연구 경험이 쌓일수록 장기표면에서 현미경으로 특이한 모습의 구조물을 발견하는 일이 점차 용이해졌을 것이다. 다만 림프관 내에서는 유일하게 현미경으로 구조물을 발견하는 방법이 보고됐다(Lee, BC & KS Soh, 2008).

현대 연구진이 찾아낸 구조물의 해부학적 · 조직학적 특성을 확인하는 과정 역시 주로 염색약 처리와 현미경 관찰로 이뤄졌다. 이 과정에서 김봉한 연구진이 제시한 방법을 포함해 좀 더 성능이 뛰어난 현대적 염색약과 첨단의 현미경 장비가 대거 동원됐다. 두 연구진이 사용한 주요 실험기법의 차이를 종합해 정리하면 <표 10>과 같다.

한편 김봉한 연구진은 봉한체계가 순환체계임을 증명하는 주요 방법으로 방사성동위원소 추적장치를 사용했다. 하지만 현대 연구진은 이 방법의 사용을 보고한 적이 없다. 1960년대에 비해 뛰어난 성능을 지닌 해당 장비가 국내에 있음에도 현대에 시도가 이뤄지지 않은 이유는 무엇일까. 국내에서 방사성동위원소를 주입하는 연구를 수행하기 위해서는 원자력계에서 부여하는 별도의 전문자격증이 필요하다. 하지만 현대 연구진은 방사성동위원소 주입에 필요한 인력과 장비를 확보하지 못한 것으로 보인다.

(2) 아티팩트의 가능성

현대 연구진은 김봉한 연구진과 달리 발견된 구조물이 사실은 새로운 것이 아닐 수 있다는 점을 보여주기도 했다. 1960년대 북한 과학계에서와는 달리 현대 과학계의 연구성과는 엄격한 국내외 동료평가를 통과해야 학술지에 논문으로 게재될 수 있고, 이 과정에서 새로운 보고 내용이 틀릴 수 있다는 지적이 끊임없이 제기되고 있다.

<표 10> 김봉한 연구진과 현대 연구진의 주요 실험기법 차이

용도＼연구진	구분	김봉한	현대
존재 확인		밝혀지지 않음	염색약 - 김봉한 연구진의 특성 확인용 : 아크리딘-오렌지, 헤마톡실린, 헤마톡실린-에오신 등 - 현대 연구진 자체 발굴 : 아누스 그린 B, 양시안-블루, Dil, 트리판-블루, 톨루이딘-블루, DAB, 크롬-헤마톡실린, 메틸렌-블루, 다피, 팔로이딘 등 현미경 - 김봉한 연구진의 특성 확인용 : 일반 광학, 암제 - 현대 연구진 자체 발굴 : 위상차 나노입자
특성 확인	염색약	다양	다양
	현미경	일반 광학, 위상차, 입체, 전자	일반 광학(형광 포함, 위상차(입체 포함, 형광, 자동간섭대비 등), 전자(TEM, SEM, 공초점레이저 등)
	마커	사용 안 함	사용내피세포층 확인용, 혈관 및 림프관과의 구별용
순환 확인	방사성동위원소	사용	사용 안 함

앞서 설명했듯이 그동안 현대 연구진의 재현 논문의 타당성에 대한 지적은 주로 두 가지 범주에서 제기돼 왔다. 우선, 새롭게 발견했다는 구조물을 기존 생체조직과 혼동했을 가능성이다. 림프관, 섬유성 조직, 그리고 모세혈관 등을 봉한 구조물이라고 오인했다는 지적이 대표적이다. 신경계의 경우 라이스너 파이버와 혼동할 수 있다는 지적도 이 범주에 속한다. 현대 연구진은 이 같은 문제를 해소하기 위해 나름대로 반대 증거들을 제시해 왔다.

그런데 이 같은 혼동 가능성과 함께 또 하나의 중요한 지적이 존재한다. 아티팩트(artefact)의 발생 가능성이 그것이다. 여기서 아티팩트란 실험 과정에서 자연스럽게 발생한 생체 반응의 결과물을 의미한다.

대표적으로 혈전과 새로운 구조물을 혼동했다는 지적이 있다. 생체실험에서 필연적으로 혈액이 노출되기 마련인데, 이 혈액이 섬유성 조직이나 여러 세포들과 엉겨 붙어 발생한 혈전이 봉한 구조물과 유사해 보일 수 있다는 것이다. 물론 현대 연구진은 주로 핵 모양이 막대 모양이 아니라는 점을 보여주었고, 어떤 경우에는 아예 혈전 속에서 봉한 구조물을 발견하고 이들을 비교함으로써(Lee, HS et al, 2012) 새로운 구조물이 혈전의 일부가 아니라고 밝혔다. 그런데도 혈전과의 혼동 가능성은 말끔히 해소되지 않은 상황이다.

현대 연구진의 여러 논문들에서 보고된 봉한 구조물이 사실은 혈전을 잘못 본 것일 수 있다는 공식 지적은 현대 연구진 내부에서 단 한 차례 제시됐다. 다만 학술지에 게재된 논문이 아니라 2010년 제천한방바이오엑스포 학술대회에서 개최된 제1회 프리모 시스템 국제학술회의의 발표문에서였다(Choi, CJ & CH Leem, 2011). 이 연구진은 봉한 구조물의 4가지 특성으로 봉오리와 실 같은 구조, 다발 모양의 관, 막대 모양의 핵, 그리고 트리판-블루에 의한 염색 등을 꼽았다. 이 같은 특성들을 기준으로 삼아 기존의 몇몇 논문들을 살펴보니 모두 혈전과의 혼동 가능성을 배제할 수 없다는 것이 발표문의 요지였다.

연구진은 여러 가지 실험 조건을 설정하고 큰 쥐의 장기표면에서 구조물의 발생 추이를 관찰했다. 핵심은 체내에서 혈액 응고를 방지하는 헤파린(heparin)을 혈관 내에 처리하는 일이었다. 헤파린을 처리했을 때나 처리하지 않았을 때 모두 동일한 구조물이 발견된다면 선행 연구진이 보고한 구조물이 봉한 구조물일 가능성이 존재한다. 하지만 실험 결과 헤파린을 처리했을 때 아무런 구조물도 발견되지 않았다는 것이다.

먼저 해부 과정에서 일부 출혈이 생긴 경우 4가지 특성을 가진 구조물이 발견됐다. 그러나 헤파린을 처리했을 때는 출혈의 발생 여부와 상관없이 구조물은 발견되지 않았다. 이 같은 현상은 각각 5마리 이상에서 확인됐다. 또한 선행연구에서 사용된 바 있는 페닐히드리진의 처리 전후 양상도 비교됐다. 페닐히드리진은 과거 김봉한 연구진이 실험동물에 빈혈을 유도하고 내봉한소체가 커진다는 점을 보고하는 데 사용한 시약이다. 그런데 헤파린과 페닐히드리진이 함께 처리된 큰 쥐 5마리에서 모두 구조물은 발견되지 않았다. 이에 비해 페닐히드리진만 처리된 5마리에서는 구조물이 쉽게 발견됐다. 보통 페닐히드리진이 혈액 응고의 원인일 수 있다는 학계의 연구결과도 제시됐다. 한편 연구진은 혈장을 별도로 채취해 큰 쥐의 장기표면에 흘려봤다. 보통의 상황에서 혈장 내 피브리노겐이 피브린으로 변해 몇 분 내에 혈전이 발생한다. 실험 결과 4마리의 장기표면에서 4가지 특성을 가진 구조물이 관찰됐다. 연구진은 이 같은 결과를 토대로 선행 연구진의 논문들에서 발견됐다고 보고된 구조물의 정체는 혈전일 가능성이 있다고 설명했다.

연구진은 또한 마취제와 생체의 반응에도 주목했다. 선행 연구진이 일반적으로 사용해온 마취제는 우레탄(urethane)이었는데, 학계에서 우레탄은 장측 복막에 손상을 일으킨다는 보고가 있었다. 연구진은 별도로 5마리 큰 쥐의 복강에 우레탄을 주입했다(앞의 실험 결과는 이와 달리 졸레틸(zoletil)과 자일라진(xylazine)을 혼합한 마취제를 근육층에 주입해 도출됐다). 그 결과 5마리에서 4가지 특성을 가진 구조물이 발견됐다. 연구진은 이를 통해 선행 연구진이 발견했다는 구조물이 손상된 복막의 일부일 수 있다고 의견을 제시했다.

물론 이 발표문은 현대 연구진의 모든 보고를 검토한 것은 아니었다.56) 그런데도 이 발표문에서의 권고 사항은 시사하는 바가 적지 않다. 향후 봉한 구조물에 대한 연구에서는 헤파린을 처리하고 우레탄의 복강 내 주입을 피하라는 것이 그것이다.

아티팩트가 발생할 또 하나의 가능성은 생체 면역반응의 관점에

---

56) 이 글에서 검토한 현대 연구진의 논문에서 볼 때, 우레탄을 마취제로 사용해 복강 내에 주입한 후 수행한 실험은 일부에 한정돼 있다. 림프관의 경우 16편 가운데 근육에 여러 염색약을 주입한 논문 7편(졸레틸+롬펀(lompun) 2편, 졸레틸+자일라진 2편, 우레탄+자일라진 3편), 복강 내에 다른 염색약을 주입한 논문 1편(sodium pentobarbital)을 제외한 8편이 우레탄을 복강 내에 주입했다고 밝혔다. 이에 비해 혈관의 경우 소 심장 내부를 관찰한 1편을 제외한 3편은 모두 우레탄을 복강 내에 주입했다. 장기표면의 경우 17편 가운데 근육에 다른 염색약을 주입한 논문 6편(자일라진+케타민(ketamine) 1편, 케타민+롬펀 1편; 우레탄+자일라진 2편, 졸레틸+롬펀 1편, 졸레틸+자일라진 1편)과 마취제를 밝히지 않은 2편을 제외한 9편이 우레탄을 복강 내에 주입했다고 설명했다. 신경계의 경우 근육에 다른 염색약을 주입한 논문 6편(자일라진+케타민 2편, 케타민+롬펀 2편, 졸레틸+롬펀 1편, 우레탄 1편)과 마취가 필요 없는 실험을 수행한 2편을 제외한 1편이 우레탄을 복강 내에 주입했다. 암 조직(6편)이나 여러 부위(4편)에서 봉한 구조물을 발견한 실험은 모두 복강 내에 우레탄을 주입하지 않았다.

서 지적됐다. 생체조직을 해부하는 시점부터 해당 생명체는 당연히 면역반응을 통해 방어 메커니즘을 작동하기 시작한다. 그 대표적인 산물이 염증의 발생이다. 따라서 그동안 현대 연구진이 발견했다는 구조물이 어쩌면 염증 물질을 잘못 본 것일 수 있다는 지적이 중국 연구진에 의해 제기됐다(Wang X et al, 2013).

연구진의 문제의식은 이전까지 현대 연구진이 발견했다는 봉한 구조물이 실험동물의 나이, 그리고 마취제의 종류와 주입 방법에 따라 일정하지 않은 비율로 보고됐다는 점에서 출발했다. 어쩌면 봉한 구조물은 생체 고유의 조직이 아니라 병리학적 과정과 연관돼 발생한 아티팩트일 수 있다는 것이다.

연구진은 대장균에 감염돼 급성 복막염이 발생한 큰 쥐와 일반 큰 쥐를 대상으로 트리판-블루를 이용해 장기표면에 발생한 구조물의 양을 비교 관찰했다. 주요 결과를 요약하면 이렇다. 첫째, 우레탄을 복강에 주입한 경우 81.84%에서 염색된 구조물이 발견됐는데, 이는 근육층에 주입했을 때의 10.53%에 비해 통계적으로 유의미하게 높았다. 둘째, 생후 5주인 경우 구조물이 발견된 경우는 한 마리도 없었다가 10주에서는 10.53%, 15주에서는 35%로 증가했다. 셋째, 급성 복막염이 발생한 큰 쥐 모두에서 구조물이 빌긴됐으며, 일반 큰 쥐에서는 그 비율이 10.53%에 그쳤다. 또한 양쪽 모든 실험군에서 발견된 주요 세포는 섬유아세포와 백혈구, 즉 일반적으로 염증반응 초기에 중요한 역할을 수행하는 세포였다. 이 같은 결과를 바탕으로 연구진은 봉한 구조물이 생체 고유의 조직이 아니라 사실은 병리학적 반응의 산물인 것 같다고 설명했다.

우연인지 모르겠지만, 이상과 같이 아티팩트의 가능성을 지적한 보고들은 장기표면 부위의 봉한 구조물이 대상이었다.[57] 사실 그동안 현대 연구진이 발표한 논문들에서 가장 많이 보고된 발견 부위가 바로 장기표면이었다. 굳이 염색약을 쓰지 않고도 현미경으로 자세히 관찰하면 발견되기도 한다는 보고도 있었다.

여기서는 현대 연구진이 장기표면에서 봉한 구조물을 처음 발견한 시점에서 일본의 후지와라 교수가 중요한 영향을 미쳤다는 점을 지적하고자 한다. 후지와라 외(1993, 109쪽)에 따르면, 장기표면에 분포하는 내외봉한관은 "일정한 요령을 체득하여 충분히 신중하게 관찰하면 육안으로 누구나 쉽게 발견할 수 있는 것"이다. 상당히 자신감 있는 표현이다. 또한 "봉한관의 한 끝이라도 확인되면 그곳을 눈으로 따라가면서, 또는 내장 표면에서 가볍게 떼어냄으로써 상당히 멀리까지 그 행방을 추적할 수 있"다고도 했다(후지와라 외, 1993, 113쪽).

현대 연구진은 초창기에 봉한 구조물을 찾는 과정에서 상당히 난항을 겪었다. 당시 후지와라 교수의 저서를 접한 연구진은 새로운 아이디어를 얻기 위해 일본 오사카에 거주하는 후지와라 교수를 직접 만나 1966년 일본에서 방영된 「경혈의 비밀」 녹화본을 비롯한 관련 자료를 받았으며, 이후 장기표면의 봉한 구조물을 발견하는 데 중요한 도움을 받았다(Soh, KS et al, 2013, p.2; <사진 12> 참조). 2004년 8월에는 국내에서 열린 국제생명정보과학회(International Society of Life Information Science) 주최 심포지엄에서 후지와라

---

57) 공교롭게도 병리학적 관점에서의 아티팩트 가능성이 보고된 동일한 학술지에는 혈전의 문제를 지적한 발표문(Choi, CJ & CH Leem, 2011)을 반박하는 또 다른 중국 연구진의 논문이 게재됐다(Tian YY et al, 2013). 큰 쥐와 기니피그를 대상으로 복강 내 우레탄 주입과 혈관 내 헤파린 처리를 시행했으나 장기표면에서 막대 모양의 핵을 가진 봉한 구조물이 관찰됐다는 것이다.

교수를 비롯한 국내 연구진이 장기표면에서 봉한관을 발견했다는 발표가 있었다. 2005년 「해부학 기록」에 소개된 국내 연구진의 성과(Shin, HS et al, 2005)는 바로 이 같은 배경에서 이뤄진 것이었다.

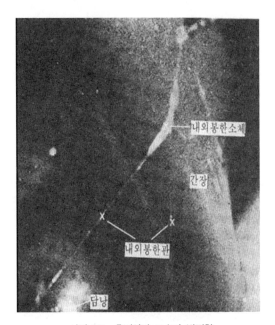

<사진 12> 후지와라 교수가 발견한
장기표면의 봉한 구조물

후지와라 교수가 『경락의 대발견』에서 제시한 장기표면 봉한 구조물의 사진이다(후지와라 외, 1993, 111쪽). 이 사진만으로는 장기표면에 그물 모양으로 퍼져 있는 봉한 구조물의 존재가 감지되지 않는다. 일부만이 확대 돼서인지, 김봉한 연구진의 설명과 달리 봉한관 일부가 주변 조직에 파묻혀 있지 않고 통째로 떠 있는 듯한 모습이다.

그런데 후지와라 교수가 발견한 구조물은 김봉한 연구진이 제시한 그것과 동일하다고 판단하기가 쉽지 않다. 무엇보다 전체 장기 표면에 그물처럼 펼쳐져 있는 모습이 아니라 일부 부위가 확대된 사진이기 때문에 그 정체를 제대로 감지하기 어렵다. 만일 이 구조물이 실험 과정에서 섬유성 조직이 엉긴 것이라거나 염증의 일종이라고 주장한다면 이 사진만으로는 그 주장에 반박하기 어려워 보인다.

4. 논문출판의 경향과 한의학계의 반응

(1) 출판 학술지의 분야와 특성

현대 연구진이 2004년부터 최근까지 논문을 게재해온 국내외 학술지 현황을 살펴보면 몇 가지 특징이 드러난다. 그 내용을 요약하면 <표 11>과 같다.

첫째, 학술지를 분야별로 구분하면, 서구의 주류 과학기술 분야에 비해 대체의학이나 한의학 분야에 많이 게재됐다. 이 글에서 검토한 61편의 논문을 볼 때, 전체적으로 생물학이나 의학 분야에 19편, 물리학이나 방법론을 다루는 학술지에 7편이 게재됐고, 대체의학이나 한의학 학술지에 35편이 게재됐다. 이 같은 경향은 시기별로 볼 때도 유사하게 나타났다. 즉 후반부로 갈수록 생물학이나 의학 분야의 학술지에 발표하는 사례가 대체의학이나 한의학 분야의 학술지의 경우에 비해 눈에 띄게 늘어나지 않았다.

<표 11> 현대 연구진이 발표한 학술지 종류

발견 부위	학술지 분야		
	생물학, 의학(연도/편수)	물리학 등 자연과학, 관찰기법(연도/편수)	대체의학, 한의학(연도/편수)
림프관 내(16)	The Anatomical Record(2005/1) Lymphatic Research and Biology(2006/1) Lymphology(2008/1)	Current Applied Physics(2007/1)	ECAM*(2007/1; 2013/2; 2014/1; 2015/1) JAMS**(2012/2; 2013/1; 2014/1; 2015/3)
혈관 내(4)	The Anatomical Record(2004/1) Indian Journal of Experimental Biology(2008/2) Cardiology(2011/1)	-	-
장기 표면(17)	The Anatomical Record(2005/1) Journal of Investigative Cosmetology(2016/1)	Applied Physics Letters(2007/1; 2010/1) Microscopy Research and Technique(2007/1) Naturwissenschaften(2008/1) arXiv(2016/1)	ECAM(2013/3) JAMS(2008/1; 2009/3; 2015/2) Medical Acupuncture(2008/1)
신경계 내(10)	Neural Regeneration Research(2011/1; 2015/1) Neuroscience Letters(2012/1)	-	ECAM(2013/1) JAMS(2008/1; 2010/3; 2012/2)
암 조직(10)	Molecular Imaging and Biology(2010/1) Experimental and Molecular Pathology(2013/1) Cancer Cell & Microenvironment(2014/1)	PLoS ONE(2010/1)	ECAM(2013/2; 2015/1) JAMS(2009/1; 2011/2)
여러 부위(4)	Cytokine(2012/1; 2018/1) Stem Cells and Development(2014/2)	-	-
합계(61)	19	7	35

*Evidence-Based Complementary and Alternative Medicine
**Journal of Acupuncture and Meridian Studies. 림프관 내 논문 경우 4편이 실험 매뉴얼(프로토콜)

둘째, 분야에 상관없이 한 해에 게재된 논문의 수는 계속 증가하는 추세가 아니었다. 2007년부터 2015년까지 매년 4편-10편 정도의 논문이 발표됐으며, 2016년부터는 그 수가 줄어들었다. 전체적으로 2004년 1편, 2005년 2편, 2006년 1편, 2007년 4편, 2008년 7편, 2009년 4편, 2010년 6편, 2011년 4편, 2012년 6편, 2013년 10편, 2014년 5편, 2015년 8편, 2016년 2편, 2017년 1편 등이다.

셋째, 새로운 발견의 내용보다는 재현의 방법론을 제시한 경우, 그리고 리뷰 형태의 논문이 일정 시간이 지난 후 발표돼 왔다. 예를 들어 림프관의 경우 16편 가운데 2012년에서 2015년까지 4편이 실험 매뉴얼(프로토콜)을 제시한 논문이었다. 이들 논문은 토끼, 큰 쥐, 작은 쥐 등에서 공통으로 알시안-블루 염색약을 처리한 결과 림프관 내에서 봉한 구조물이 관찰된다고 밝혔으며, 봉한 구조물의 특성으로 막대 모양의 핵을 주로 지적했다. 한편 여러 부위나 암 조직에서 봉한 구조물의 새로운 기능을 본격 탐색한 영역에서도 리뷰 논문들이 각각 발표됐다.

(2) 국내 한의학계의 다양한 참여와 반응

<표 11>에서 확인할 수 있듯이 현대 연구진의 논문 상당수는 대체의학 내지 한의학 분야 학술지에 게재됐다. 그렇다면 실제로 연구 과정에 국내 한의학계가 얼마나 활발히 참여했을까. 이에 대한 고찰은 봉한학설의 출발점인 경락의 실체 규명 시도에 대해 그 직접적 이해당사자인 한의학계의 반응을 살펴볼 수 있다는 점에서 흥미롭다. 얼핏 생각하면 그동안 신비의 영역으로 인식돼온 경락의 실체를

마침내 규명했다는 점에서 한의학계의 환영을 받을 것 같았지만, 실제로는 그렇지 않았다.

김봉한 연구진의 <제2 논문>에서부터 실제 연구방법과 결과는 서구 과학의 용어와 개념으로 가득했다. 또한 연구를 직접 수행한 과학자는 김봉한을 비롯해 모두 서구 생물학과 의학으로 훈련된 전문가들이었을 것으로 추정된다. 예를 들어 <제1 논문>과 <제2 논문>의 저자가 사진과 함께 소개된 「로동신문」을 보면 한의학 전공자는 등장하지 않는다.58) 이후 <제3 논문>부터는 경혈과 경맥으로 추정되는 구조물을 좀 더 세밀하게 분석한 결과물이었으므로 한의학적 지식이 별달리 반영될 여지가 없었다.

그런데도 봉한학설이 경락의 물질적 실체를 다룬 학설이라는 점은 여전히 사실이므로 그 내용은 이후 국내외 한의학계의 관심을 끌 수밖에 없었다. 무엇보다 침이나 뜸을 놓는 자리인 경혈에 고유의 물질적 구조물이 존재한다는 주장은 한의학계에서 검토해볼 가치가 충분했을 것이다. 예를 들어 국내 한의학계는 『동의보감』을 비롯한 주요 한의학 경전을 통해 경혈과 경맥의 이름과 위치를 습득하고 질병 증상에 맞는 처방을 해왔을 텐데, 김봉한 연구진이 『동의보감』을 참조해 경혈의 물질적 실체를 일일이 확인하고 새로운 경혈도 발견했다는 식으로 시술한 <제1 논문>만 봐도 그 내용을 무시할 수 없었을 것이다.

사실 봉한학설이 아니더라도 경락의 실체에 대해 현대 세계 과학계에서 수용할 만한 설명을 제시하는 일은 국내외 한의학계가 해결

---

58) 1961년 12월 5일 자 「로동신문」에 등장한 <제1 논문> 연구진은 김봉한, 신중량(해부, 조직학 연구실장), 김동호(경락연구실 연구사), 공만영(경락연구실 조수), 김세욱(의학부 5학년 학생), 권정도(의학부 5학년 학생) 등이었다. 또한 1963년 12월 2일 자에 소개된 <제2 논문> 연구진은 김봉한, 박정식(연구사), 김세욱(연구사), 박인양(학사 부교수), 한효섭(학사), 권정도(연구사) 등이었다. 이들의 직책과 기사 내용에서 한의학 관련 내용은 발견되지 않았다.

해야 할 주요 현안 가운데 하나였다. 단적으로 2019년 12월 현재 과학기술정통부 산하 정부출연연구소의 하나인 한국한의학연구원의 홈페이지(www.kiom.re.kr)에는 "한의학을 창조적으로 계승하고 새로운 가치를 만들어 건강한 삶에 공헌한다"라는 사명을 완수하기 위해 "과학화, 표준화를 선도하여 세계 최고의 전통의학 연구기관으로 비상한다"라는 비전이 명시돼 있다.

국내 한의학계는 한편으로 한의학의 존재가치를 세계 의학계에서 좀 더 높은 위상에서 공식적으로 인정받으려는 노력을 기울여 왔다. 그 대표적인 사례로 세계보건기구(WHO)의 국제질병분류체계 안에 한의학을 포함시키려는 시도를 들 수 있다. 2019년 7월 1일 한국한의학연구원은 지난 5월 개최된 WHO 연례총회에서 개정된 국제질병분류체계에 한의학을 중심으로 한 동아시아 전통의학 챕터를 포함하기로 결정됐다는 사실을 발표했다. 그동안 서구 의학계에서 도출돼온 수천 개의 질병 종류와 그 진단법을 다루는 체계 안에 처음으로 한의학이 공식 포함된 것이다. 특히 이 과정에서 국내 한의학계가 주도적인 역할을 수행했다는 점이 눈에 띈다. 연구원에 따르면, 그동안 국제사회에서 동아시아 전통의학은 주로 중국의 한의학을 의미하는 TCM(Traditional Chinese Medicine)으로 불리는 경우가 많았지만, 이번에는 그 명칭이 TMM(Traditional Medicine & Module)으로 바뀌어 채택됐다. 해당 챕터의 내용도 한국표준질병분류에 포함된 한의학 분류체계에 기반을 두고 개발됐다고 한다.

이 같은 대외적인 노력과 함께 국내 한의학계는 '과학화, 표준화'를 위해 그동안의 주관적, 경험적 임상에 기초한 방법론을 탈피하고 서구 의학과 마찬가지로 객관적인 '증거에 기반을 둔 의학'(EBM,

Evidence-Based Medicine)으로 나아가기 위한 실천을 거듭해 왔다. 봉한학설은 서구의 방법론과 지식을 동원해 경락의 실체 규명을 시도했다는 점에서 EBM을 추구하려는 한의학계의 문제의식에 적합한 연구대상이었다.

2007년 9월 경희대 한의대 침구학 교실의 한 교수와의 이메일 인터뷰에서 이 같은 입장이 확인된다. 그는 그동안 "기의 기능 및 구조에 대해서는 에너지 차원의 개념으로서 기능은 있지만 육안으로는 관찰할 수 없는 것으로 대체로 추론돼 왔다"라면서 그 이유를 "기와 경락이라는 개념과 학설들을 역사를 통해 오랜 기간 생활에 활용해 왔지만, 이의 존재를 물질적으로 실증하는 것은 거의 불가능했기 때문"이라고 설명했다. 이어 봉한학설과 그 재현 연구가 "한의학 고전 이론에 대한 실험적 검증 및 발전을 통한 경혈의 정확한 위치 및 자극방법의 다양화가 가능할 것"이라고 밝히고, 이를 실현하기 위해 무엇보다 "새로 발견한 조직의 물질적 구조뿐만 아니라 생물체 내에서의 실제적 기능에 대한 연구가 이루어져야 하고, 나아가 그 기능이 전통 경락이론 및 임상 실제와 얼마나 상관성이 있는지에 대한 탐구가 절실하다"라고 말했다.

그동안 봉한학설의 재현을 주도해온 현대 연구진에는 한국한의학연구원은 물론, 상지대·원광대·경희대 등의 한의학과, 그리고 대한약침학회 같은 학회 수준의 연구진이 주요하게 포함돼 있었다. 또한 이들은 현대의 재현 연구에 필요한 연구비를 부분적으로 지원해왔다. 예를 들어 본고에서 검토한 현대 연구진의 주요 논문 61편에서 한의학 전공자로서 제1저자 또는 교신저자로 참여한 연구자의 수는 13명, 공저자로 참여한 수는 27명이었다. 또한 논문의 사사 항목에서 한의학 관련 기금이나 기관에서 연구비가 지원됐다고 밝힌 논문은 14편이었다(<표 12> 참조). 여기에 본고에서 검토하지 않은 수십 편의 논문까지 염두에 둔다면 그 숫자는 늘어날 것이다.

<표 12> 현대 한의학계의 주요 논문에 대한 참여와 지원 현황

참여 구분 발견 부위 (전체 논문 수)	제1저자 또는 교신저자 수(발표연도)	공저자 수(발표연도)	연구비 지원 논문 수(발표연도)
림프관 내(16)	2(2012), 2(2013), 3(2015) 등 총 7명	2(2007), 2(2012), 4(2013), 1(2014), 6(2015) 등 총 15명	1(2007), 1(2014), 1(2015) 등 총 3편
혈관 내(4)	-	-	1(2011) 등 총 1편
장기표면(17)	1(2015) 등 총 1명	1(2008), 2(2013) 등 총 3명	2(2013), 1(2015) 등 총 3편
신경계 내(10)	1(2010), 2(2012) 등 총 2명	2(2010), 1(2012), 1(2013), 2(2015) 등 총 6명	1(2010), 3(2012), 1(2013) 등 총 5편
암 조직(10)	1(2010), 2(2013) 등 총 3명	1(2010), 2(2013) 등 총 3명	2(2013) 등 총 2편
여러 부위(4)	-	-	-
합계(61)	13명	27명	14편

물론 이 숫자는 국내 한의학 분야에서 봉한학설의 재현 연구에 관심을 두고 참여한 상황을 대략 보여줄 뿐이다. 봉한학설의 특성상 거의 모든 논문에서 여러 학문 분야의 전문가들이 공동으로 참여했기 때문에 이 자료만으로 한의학계의 참여와 지원이 전체 재현 연구에서 어느 정도로 기여했는지 단언하기는 어렵다. 다만 비교적 초창기부터 꾸준히 한의학계의 관심이 진행돼 왔다는 점은 분명하다.

이 같은 사실은 다른 사례들에서도 확인된다. 가령 EBM의 정신을 추구하며 2004년 창간된 대체의학 분야의 SCIE 등재 온라인 학술지인 *ECAM(Evidence-Based Complementary and Alternative Medicine)*은 2013년과 2015년 두 차례에 걸쳐 봉한학설의 현대적 재현 연구를 특집으로 다뤘다.[59) 여기에 수록된 24편 논문에는 국내외 한의학 전공자들이 상당수 저자로 참여했다. 특히 2013년의 경우 한국한의학연구원 소속 연구자가 5명의 대표편집자(guest editor) 가운데 한 명으로 참여하기도 했다.

현대 연구진이 2010년 제천한방바이오엑스포 학술대회의 일환으로 봉한학설을 집중 조명한 제1회 프리모 시스템 국제학술회의를 개최했을 때도 마찬가지였다. 행사명에서 알 수 있듯이 당시 학술대회는 한의학계의 지원 아래에서 진행됐으며, 여기서 발표된 43편의 논문 역시 많은 한의학 전공자들의 참여로 발표됐다.

전체적으로 논문에서 제시된 방법론을 볼 때 한의학계와 비한의학계의 차이는 발견되지 않는다. 현대 연구진은 모두 김봉한 연구진과 마찬가지로 경혈의 위치에서 물질적 실체를 찾기 시작했고, 일단 경혈과 경맥으로 추정되는 구조물을 찾은 후에는 현대의 여러 과학기술 기법과 장비를 동원해 해당 구조물의 다양한 생리적 특징을 규명해 왔다. 한편으로 김봉한 연구진의 논문 저자에 한의학 전공자가 드러나지 않는다는 점을 고려해보면, 1960년대에 비해 최소한 공식적으로는 현대에서 한의학계의 참여가 좀 더 활발했던 것으로 볼 수 있다.

하지만 연구에 참여한 한의학계의 경우 봉한학설의 전체 내용을 수용하면서 탐구에 임하기는 어려웠을 것으로 보인다. 봉한체계와

---

59) 특집 제목은 Primo Vascular System: Past, Present, and Future(2013)와 New Developments in Primo Vascular System: Imaging and Functions with regard to Acupuncture(2015)이었으며, 수록된 논문의 수는 각각 18편과 6편이었다.

한의학의 경락 체계는 여러 면에서 큰 차이가 있기 때문이다.

첫째, 봉한학설에 따르면 경혈로 추정된 봉오리 구조물의 분포는 한의학의 경락 체계에서와는 다르게 나타났다. 연구진이 참조한 『동의보감』에 따르면 인체에서 경혈은 십이정경맥, 그리고 기경팔맥의 임맥과 독맥 등 총 14개 경맥을 따라 분포한다. 이에 비해 김봉한 연구진이 발견한 봉오리 구조물은 피부 아래의 14개 경맥만을 따라 분포한 것이 아니었다. 피부 아래는 물론 내부 장기 곳곳에 이르기까지 그물처럼 광범위하게 연결돼 있었다.

둘째, 한의학에서 경혈과 경맥 내부에 흐른다고 전제된 '기'에 해당하는 생체물질이 확인됐다. 그 구성물은 DNA 주변을 RNA가 둘러싼 과립 형태의 산알, 그리고 호르몬과 히알루론산 등을 포함한 산알액이었다. 김봉한 연구진은 5편의 논문 어디에서도 기에 대해 언급하지는 않았지만, 결과적으로 봉한 구조물 내에 흐르는 물질이 기와 어떻게든 관련될 수 있다는 점은 충분히 짐작될 수 있었다.

셋째, 봉한체계의 전체 분포는 한의학의 경락 체계와는 다르게 "다순환 체계"로 이뤄져 있었다. 한의학에 따르면, 경혈이 위치한 십이정경맥 각각은 손이나 발의 끝에서부터 중심의 오장육부를 거치며 서로 연결돼 있고, 임맥과 독맥은 몸의 정중선을 따라 앞과 뒤에 분포한다. 이에 비해 김봉한 연구진은 인체 부위별로 독자적인 순환로가 존재하고, 각 순환로가 복잡하게 연결돼 있다고 주장했다.

그렇다면 현대 연구진에 속한 한의학 전공자들에게 봉한학설은 그 일부 내용만이 흥미로운 연구대상으로 설정될 수 있겠지만, 봉한체계가 곧 경락 체계라는 주장은 받아들여질 수 없었을 것이다. 나아가 봉한학설을 한의학과 연관 짓는 일 자체를 아예 인정할 수 없다는 입장도 분명히 존재한다. 봉한 구조물이 과연 존재하는지가 불분명하고, 설령 존재한다 해도 전통 경전에서 설명하는 경혈이라고 판단할 근거가 없다는 것이 주요 이유이다. 예를 들어 이순호 외 (2012)가 봉한관에 대해 다음과 같이 평가한 내용을 살펴보자.

> 최근에는 봉한관 혹은 프리모 관 등이 경락의 실체를 밝히기 위한 구조물로서 주목받고 있다. 그러나 프리모 관 자체의 실체에 대해서도 여러 논란이 있고, 프리모 관의 실체가 밝혀진다 하더라도 그것이 경락과 일대일 대응이 되는 체계, 즉 營氣, 血의 통로라는 經絡의 문헌적 묘사에 부합되는 經絡의 기본적 정의를 만족시키는 모델인지 확언할 수 없다. 경락의 개념 자체가 구조와 기능을 포괄하고 있고, 경락의 기능에 대한 인식과 고려 없이 구조적 유사성에만 집중하는 것은 어떤 제3의 순환체계를 밝힐 수 있을지는 모르지만, 경락의 실체를 밝히는 데에는 근본적인 한계를 드러낼 수밖에 없다 (이순호 외, 2012, 372쪽).

사실 봉한학설에 대한 이 같은 시각은 국내 한의학계에서 대체로 형성돼 있는 듯하다. 김종영(2014, 388-389쪽)에 따르면, 국내 주류 한의학계는 기본적으로 경락이 해부학적 실체를 갖는 것이 아니며 기능들 간의 네트워크라고 파악하고 있다. 또한 국내 한의대의 기초 연구자들은 봉한학설은 물론 현대 연구진의 재현 연구에 대해 매우 비판적인 입장을 견지하고 있다. 그 이유는 봉한관이 기존 한의학계에서 말하는 경락의 기능에 대해 아무런 설명을 하지 못하고, 제3의 순환계라는 봉한체계가 경락과 일치한다는 근거가 없으며, 봉한관을 찾는 실험의 재현성이 낮기 때문이다.

따라서 봉한학설을 재현해온 국내 한의학 전공자들은 표면적으로는 주류 한의학계에 속해 있다고 보기 어렵다. 그렇다면 이들이 직접 연구에 매진해오거나 연구비를 지원해온 이유는 무엇일까. 김종영(2014, 389쪽)은 이들의 입장을 "양가적"이라 표현하면서 한의학 관계자의 말을 빌려 그 이유의 한 가지를 흥미롭게 소개한 바 있다. 현대 연구진이 봉한체계에 대해 현미경 관찰 결과 같은 시각자료를 계속 보여주고 있는 상황에서, 혹시라도 그 실체가 경락 체계와 다르지 않다는 점이 나중에 사실로 밝혀질 수 있는 데 대해 대비하는 차원이라는 설명이다. 물론 봉한학설이 맞는다는 신념 아래 전폭적인 지지를 보내는 경우도 일부 있을 것이다. 하지만, 재현 연구에 참여하거나 연구비를 지원해온 국내 한의학계에서 이 같은 유보적 또는 양가적 입장이 존재한다는 점은 분명해 보인다.

❖ 참고문헌

(일반-국문 자료)

김종영, 「한의학의 성배 찾기」, 『사회와 역사』, 통권 제101집, 353-404쪽, 2014.

이순호, 이인선, 조희진, 정원모, 이아름, 김송이, 박희준, 이혜정, 황룡상, 채윤병, "경락 경혈 의학 정보의 시각화 방법에 대한 역사적 고찰", 『Korean Journal of Acupuncture』, 제29권, 제3호, 371-384쪽, 2012

(일반-영문자료)

Choi, CJ & CH Leem, "Comparison of the Primo Vascular System with a Similar-Looking Structure", pp. 107-113, edited by Soh, KS, KA Kang, DK Harrison, *The Primo Vascular System, Its Role in Cancer and Regeneration*, Springer, 2011.

Kim, HG, "Formative Research on the Primo Vascular System and Acceptance by the Korean Scientific Community: The Gap Between Creative Basic Science and Practical Convergence Technology", *Journal of Acupuncture and Meridian Studies*, 6(6), pp. 319-330, 2013.

Kim, HG, BC Lee, KB Lee, "Essential Experimental Methods for Identifying Bonghan Systems as a Basis for Korean Medicine: Focusing on Visual Materials from Original Papers and Modern Outcomes", *Evidence-Based Complementary and Alternative Medicine*, Article ID 682735, 2015.

Tian, YY, XH Jing, SG Guo, SY Jia, YQ Zhang, WT Zhou, T Huang, WB Zhang, "Study on the Formation of Novel Threadlike Structure through

Intravenous Injection of Heparin in Rats and Refined Observation in Minipigs", *Evidence-Based Complementary and Alternative Medicine*, Article ID 731518, 2013.

Vodyanoy, V, O Pustovyy, L Globa, I Sorokulova, "Primo-Vascular System as Presented by Bong Han Kim", *Evidence-Based Complementary and Alternative Medicine*, Article 361974, 2015.

Wang, X, H Shi, J Cui, W Bai, W He, H Shang, Y Su, J Xin, X Jing, B Zhu, "Preliminary Research of Relationship between Acute Peritonitis and Celiac Primo Vessels", *Evidence-Based Complementary and Alternative Medicine*, Article ID 569161, 2013.

(림프관)

Carlson, E, G Perez-Abadia, S Adams, JZ Zhang, KA Kang, C Maldonado, "A novel technique for visualizing the intralymphatic primo vascular system by using hollow gold nanospheres", *Journal of Acupuncture and Meridian Studies*, 8, pp. 294-300, 2015.

Huh, H, BC Lee, SH Park, JW Yoon, SJ Lee, EJ Cho, SZ Yoon, "Composition of the extracellular matrix of lymphatic novel threadlike structures: is it keratin?" *Evidence-Based Complementary and Alternative Medicine*, Article ID 195631, 2013.

Johng, HM, JS Yoo, TJ Yoon, HS Shin, BC Lee, CH Lee, JK Lee, KS Soh, "Use of magnetic nanoparticles to visualize threadlike structures inside lymphatic vessels of rats", *Evidence-Based Complementary and Alternative Medicine*, 4, pp. 77–82, 2007.

Jung, SJ, KH Bae, MH Nam, HM Kwon, YK Song, KS Soh, "Primo vascular system floating in lymph ducts of rats", *Journal of Acupuncture and Meridian Studies*, 6, pp. 306-318, 2013.

Jung, SJ, SY Cho, KH Bae, SH Hwang, BC Lee, SC Kim, BS Kwon, HM Kwon, YK Song, KS Soh, "Protocol for the observation of the primo vascular system in the lymph vessels of rabbits", *Journal of Acupuncture and Meridian Studies*, 5, pp. 234-240, 2012.

Jung, SJ, SH Lee, KH Bae, HM Kwon, YK Song, KS Soh, "Visualization of the primo vascular system alfoat in a lymph duct", *Journal of Acupuncture and Meridian Studies*, 7, pp. 337-345, 2014.

Kim, DU, JW Han, SJ Jung, SH Lee, R Cha, BS Chang, KS Soh, "Comparison of alcian blue, trypan blue, and toluidine blue for visualization of the primo vascular system floating in lymph ducts", *Evidence-Based Complementary and Alternative Medicine*, Article ID 725989, 2015.

Lee, BC & KS Soh, "Contrast-enhancing optical method to observe a Bonghan duct floating inside a lymph vessel of a rabbit", *Lymphology*, 41, pp. 178-185, 2008.

Lee, BC, JS Yoo, KY Baik, KW Kim, KS Soh, "Novel threadlike structures (Bonghan ducts) inside lymphatic vessels of rabbits visualized with a Janus Green B staining method", *The Anatomical Record(Part B: New Anatomist)*, 286B, pp. 1-7, 2005.

Lee, CH, SK Seol, BC Lee, YK Hong, JH Je, KS Soh, "Alcian blue staining method to visualize Bonghan threads inside large caliber lymphatic vessels and x-ray microtomography to reveal their microchannels", *Lymphatic Research and Biology*, 4, pp. 181-190, 2006.

Lee, HR, MS Rho, YJ Hong, YE Ha, JY Kim, YI Noh, DY Park, CK Kim, EJ Kim, IH Jang, SY Kang, SS Lee, "Primo vessel stressed by lipopolysaccharide in rabbits", *Journal of Acupuncture and Meridian Studies*, 8, pp. 301-306, 2015.

Noh, YI, MS Rho, YM Yoo, SJ Jung, SS Lee, "Isolation and morphological features of primo vessels in rabbit lymph vessels", *Journal of Acupuncture and Meridian Studies*, 5, pp. 201-205, 2012.

Noh, YI, YM You, RH Kim, YI Hong, HR Lee, MS Rho, SS Lee, "Observation of a long primo vessel in a lymph vessel from the inguinal node of a rabbit", *Evidence-Based Complementary and Alternative Medicine*, Article ID 429106, 2013.

Park, SY, BS Chang, SH Lee, JH Yoon, SC Kim, KS Soh, "Observation of the primo vessel approaching the axillary lymph node with the fluorescent dye, DiI", *Evidence-Based Complementary and Alternative Medicine*, Article ID 287063, 2014.

Park, SY, SJ Jung, KH Bae, KS Soh, "Protocol for detecting the primo vascular system in the lymph ducts of mice", *Journal of Acupuncture and Meridian Studies*, 8, pp. 321-328, 2015.

Yoo, JS, HM Johng, TJ Yoon, HS Shin, BC Lee, CH Lee, BS Ahn, DI Kang, JK Lee, KS Soh, "In vivo fluorescence imaging of threadlike tissues (Bonghan ducts) inside lymphatic vessels with nanoparticles", *Current Applied Physics*, 7, pp. 342-348, 2007.

(혈관)

Lee, BC, JS Yoo, KY Baik, BK Sung, JW Lee, KS Soh, "Development of a fluorescence stereomicroscope and observation of Bong-Han corpuscles inside blood vessels", *Indian Journal of Experimental Biology*, 46(5), pp. 330-335, 2008.

Lee, BC, KY Baik, HM Johng, TJ Nam, JW Lee, BK Sung, CH Choi, WH Park, ES Park, DH Park, YS Yoon, KS Soh, "Acridine Orange Staining Method to Reveal the Characteristic Features of an Intravascular

Threadlike Structure", *The Anatomical Record(Part B: New Anatomist)*, 278B, pp. 27-30, 2004.

Lee, BC, HB Kim, BK Sung, KW Kim, JM Sohn, BR Son, BJ Chang, KS Soh, "Network of Endocardial Vessels", *Cardiology*, 118, pp. 1-7, 2011.

Yoo, JS, MS Kim, V Ogay, KS Soh, "In vivo visualization of bonghan ducts inside blood vessels of mice by using an Alcian blue staining method", *Indian Journal of Experimental Biology*, 46(5), pp. 336-339, 2008.

(장기표면-국문 자료)

이병천, 이창훈, 소경순, 강대인, 소광섭, 「마우스 장기표면 봉한관 및 봉한소체의 발견 방법에 관한 연구」, 『대한약침학회지』 제9권, 제3호, 5-10쪽, 2006.

(장기표면-영문자료)

Coffey, J. C, et. al., "The mesentery: structure, function, and role in disease", *The Lancet Gastroenterology & Hepatology*, 1(3), 238-247, 2016.

Gil, HJ, KH Bae, LJ Kim, SC Kim, KS Soh, "Number Density of Mast Cells in the Primo Nodes of Rats", *Journal of Acupuncture and Meridian Studies*, 8(6), pp. 288-293, 2015.

Kim, JD, V Ogay, BC Lee, MS Kim, IB Lim, HJ Woo, HJ Park, J Kehr, KS Soh, "Catecholamine-Producing Novel Endocrine Organ: Bonghan System", *MEDICAL ACUPUNCTURE*, 20(2), pp. 97-102, 2008.

Kim, MS, SW Oh, JH Lim, SW Han, "Phase contrast x-ray microscopy study of rabbit primo vessels", *APPLIED PHYSICS LETTERS*, 97, 213703, 2010.

Kwon, JH, KY Baik, BC Lee, NJ Lee, CJ Kang, KS Soh, "Scanning probe microscopy study of microcells from the organ surface Bonghan corpuscle", *APPLIED PHYSICS LETTERS*, 90, 173903, 2007.

Lee, BC, JS Yoo, V Ogay, KW Kim, H Dobberstein, KS Soh, BS Chang, "Electron Microscopic Study of Novel Threadlike Structures on the Surfaces of Mammalian Organs", *Microscopy Research and Technique*, 70, pp. 34-43, 2007.

Lee, BC, KW Kim, KS Soh, "Visualizing the Network of Bonghan Ducts in the Omentum and Peritoneum by Using Trypan Blue", *Journal of Acupuncture and Meridian Studies*, 2(1), pp. 66-70, 2009a.

Lee, BC, SU Jhang, JH Choi, SY Lee, PD Ryu, KS Soh, "DiI Staining of Fine Branches of Bonghan Ducts on Surface of Rat Abdominal Organs", *Journal of Acupuncture and Meridian Studies*, 2(4), pp. 301-305, 2009b.

Lee, HS, JY Lee, DI Kang, SH Kim, IH Lee, SH Park, SZ Yoon, YH Ryu, BC Lee, "Evidence for the Primo Vascular System above the Epicardia of Rat Hearts", *Evidence-Based Complementary and Alternative Medicine*, Article ID 510461, 2013.

Lee, SJ, BC Lee, CH Nam, WC Lee, SU Jhan, HS Park, KS Soh, "Proteomic Analysis for Tissues and Liquid from Bonghan Ducts on Rabbit Intestinal Surfaces", *Journal of Acupuncture and Meridian Studies*, 1(2), pp. 97-109, 2008.

Lim, CJ, JH Yoo, YB Kim, SY Lee, PD Ryu, "Gross Morphological Features of the Organ Surface Primo-Vascular System Revealed by Hemacolor Staining", *Evidence-Based Complementary and Alternative Medicine*, Article ID 350815, 2013.

Ogay, V, KH Bae, KW Kim, KS Soh, "Comparison of the Characteristic Features of Bonghan Ducts, Blood and Lymphatic Capillaries", *Journal of Acupuncture and Meridian Studies*, 2(2), 107-117, 2009.

Park, ES, JH Lee, WJ Kim, JB Heo, DM Shin, CH Leem, "Expression of

Stem Cell Markers in Primo Vessel of Rat", *Evidence-Based Complementary and Alternative Medicine*, Article ID 438079, 2013.

Shin, HS, HM Johng, BC Lee, SI Cho, KS Soh, KY Baik, JS Yoo, KS Soh, "Feulgen Reaction Study of Novel Threadlike Structures (Bonghan Ducts) on the Surfaces of Mammalian Organs", *The Anatomical Record(Part B: New Anatomist)*, 284B, pp. 35-40, 2005.

Sohn, JH, JH Yoon, YJ Kim, MK Kim, JH Kim, OH Kwon, HW Kim, "Tubular Structures Believed to be Meridian Line Found from the Membrane of Abdominal wall in Rabbit", *Journal of Investigative Cosmetology*, 12(4), pp. 295-298, 2016.

Sung, BK, MS Kim, BC Lee, JS Yoo, SH Lee, YJ Kim, KW Kim, KS Soh, "Measurement of flow speed in the channels of novel threadlike structures on the surfaces of mammalian organs", *Naturwissenschaften*, 95(2), pp. 117-124, 2008.

Yoo, YY, GE Jung, HM Kwon, KH Bae, SJ Cho, KS Soh, "Study of Mast Cells and Granules from Primo Nodes Using Scanning Ionic Conductance Microscopy", *Journal of Acupuncture and Meridian Studies*, 8(6), pp. 281-287, 2015.

Vodyanoy, V, OM Pustovyy, L Globa, IB Sorokulova, "Evaluation of a New Vasculature by High Resolution Light Microscopy: Primo Vessel and Node", arXiv:1608.04276, 2016.

(신경계)

Dai, J, BC Lee, P An, Z Su, R Qu, KH Eom, KS Soh. "In situ staining of the primo vascular system in the ventricles and subarachnoid space of the brain by trypan blue injection into the lateral ventricle", *Neural Regeneration Research*, 6(28), pp. 2171-2175, 2011.

Jia, ZF, BC Lee, KH Eom, JM Cha, JK Lee, ZD Su, WH Yu, PD Ryu, KS Soh, "Fluorescent Nanoparticles for Observing Primo Vascular System Along Sciatic Nerve", *Journal of Acupuncture and Meridian Studies*, 3(3), pp. 150-155, 2010.

Lee, BC, KH Eom, KS Soh, "Primo-vessels and Primo-nodes in Rat Brain, Spine and Sciatic Nerve", *Journal of Acupuncture and Meridian Studies*, 3(2), pp. 111-115, 2010b.

Lee, BC, KW Kim, KS Soh, "Characteristic Features of a Nerve Primo-vessel Suspended in Rabbit Brain Ventricle and Central Canal", *Journal of Acupuncture and Meridian Studies*, 3(2), pp. 75-80, 2010a.

Lee, BC, SK Kim, KS Soh, "Novel anatomic structures in the brain and spinal cord of rabbit that may belong to the Bonghan System of potential acupuncture meridians", *Journal of Acupuncture and Meridian Studies*, 1, pp. 29-35, 2008.

Lee, HS & BC Lee, "Visualization of the network of primo vessels and primo nodes above the pia mater of the brain and spine of rats by using alcian blue", *Journal of Acupuncture and Meridian Studies*, 5(5), pp. 218-225, 2012.

Lee, HS, DI Kang, SZ Yoon, YH Ryu, IH Lee, HG Kim, BC Lee, KB Lee, "Evidence for novel age-dependent network structures as a putative primo vascular network in the dura mater of the rat brain", *Neural Regeneration Research*, 10(7), pp. 1101-1106, 2015.

Lee, HS, WH Park, AR Je, HS Kwon, BC Lee, "Evidence for novel structures (primo vessels and primo nodes) floating in the venous sinuses of rat brains", *Neuroscience Letters*, 522(2), pp. 98-102, 2012.

Moon, SH, R Cha, GL Lee, JK Lim, KS Soh, "Primo Vascular System in the Subarachnoid Space of a Mouse Brain", *Evidence-Based Complementary and Alternative Medicine*, Article ID 280418, 2013.

Moon, SH, R Cha, MS Lee, SC Kim, KS Soh, "Primo Vascular System in the Subarachnoid Space of the Spinal Cord of a Pig", *Journal of Acupuncture and Meridian Studies*, 5(5), pp. 226-233, 2012.

(암 조직)

Heo, CJ, MY Hong, AR Jo, YH Lee, MN Suh, "Study of the Primo vascular System Utilizing a Melanoma Tumor Model in a Green Fluorescence Protein Expressing Mouse", *Journal of Acupuncture and Meridian Studies*, 4(3), pp. 198-202, 2011.

Hong, MY, SS Park, HK Do, GJ Jhon, MA Suh, YM Lee, "Primo Vascular System and Heterogeneity of Tissue Oxygenation of the Melanoma", *Journal of Acupuncture and Meridian Studies*, 4(3), pp. 159-163, 2011.

Islam, MA, SD Thomas, KJ Sedoris, SP Slone, H Alatassi, DM Miller, "Tumor-associated primo vascular system is derived from xenograft, not host", *Experimental and Molecular Pathology*, 94(1), pp. 84-90, 2013.

Lee, SW, JK Lim, JY Cha, JK Lee, YH Ryu, SC Kim, KS Soh, "Differentiating blood, lymph, and primo vessels by residual time characteristic of fluorescent nanoparticles in a tumor model", *Evidence-Based Complementary and Alternative Medicine*, Article ID 632056, 2013.

Lim, JW, SW Lee, ZD Su, HB Kim, JS Yoo, KS Soh, SC Kim, YH Ryu, "Primo Vascular System Accompanying a Blood Vessel from Tumor Tissue and a Method to Distinguish It from the Blood or the Lymph System", *Evidence-Based Complementary and Alternative Medicine*, Article ID 949245, 2013.

Ping, A, S Zhendong, Q Rongmei, D Jingxing, C Wei, Z Zhongyin, L Hesheng,

KS Soh, "Primo Vascular System: An Endothelial-to-Mesenchymal Potential Transitional Tissue Involved in Gastric Cancer Metastasis", *Evidence-Based Complementary and Alternative Medicine*, Article ID 812354, 2015.

Yoo, JS, HB Kim, NY Won, JW Bang, SJ Kim, SY Ahn, BC Lee, KS Soh, "Evidence for an Additional Metastatic Route: In Vivo Imaging of Cancer Cells in the Primo-Vascular System Around Tumors and Organs", *Molecular Imaging and Biology*, DOI: 10.1007/s11307-010-0366-1, 2010b.

Yoo, JS, HB Kim, V Ogay, BC Lee, SY Ahn, KS Soh, "Bonghan Ducts as Possible Pathways for Cancer Metastasis", *Journal of Acupuncture and Meridian Studies*, 2(2), pp. 118-123, 2009.

Yoo, JS & KS Soh, "A Transformative Approach to Cancer Metastasis: Primo Vascular System as a Novel Microenvironment for Cancer Stem Cells", *Cancer Cell & Microenvironment*, 1, pp.80-88, 2014.

Yoo, JS, MH Ayati, HB Kim, WB Zhang, KS Soh, "Characterization of the Primo-Vascular System in the Abdominal Cavity of Lung Cancer Mouse Model and Its Differences from the Lymphatic System", *PLoS ONE*, 5(4), e9940, 2010a.

(여러 부위)

Choi, BK, SH Hwang, YI Kim, R Singh, BS Kwon, "The hyaluronic acid-rich node and duct system is a structure organized for innate immunity and mediates the local inflammation", *Cytokine*, 2018, *in press*.

Hwang, SH, SJ Lee, SH Park, BR Chitteti, EF Srour, S Cooper, GH, HE Broxmeyer, BS Kwon, "Nonmarrow Hematopoiesis Occurs in a Hyaluronic-Acid-Rich Node and Duct System in Mice", *Stem Cells and Development*, 23(21), pp. 2261-2271, 2014.

Kwon, BS, CM Ha, SS Yu, BC Lee, JY Ro, SH Hwang, "Microscopic nodes and ducts inside lymphatics and on the surface of internal organs are rich in granulocytes and secretory granules", *Cytokine*, 60, pp. 587-592, 2012.

Lee, SJ, SH Park, YI Kim, SH Hwang, PM Kwon, IS. Han, BS Kwon, "Adult Stem Cells from the Hyaluronic Acid-Rich Node and Duct System Differentiate into Neuronal Cells and Repair Brain Injury", *Stem Cells and Development*, 23(23), pp. 2831-2840, 2014.

Rai, R, V Chandra, BS Kwon, "A Hyaluronic Acid-Rich Node and Duct System in Which Pluripotent Adult Stem Cells Circulate", *Stem Cells and Development*, 24(19), pp. 2243-2258, 2015.

V. 글을 마치며

1. 현대 연구진이 확인해온 봉한학설의 주요 내용

2000년대 초반, 봉한학설의 과학적 재현 연구를 시작한 핵심 인물은 서울대 물리학과 한의학 물리 연구실을 이끈 소광섭 교수였다. 소 교수의 전공 분야는 소립자의 세계를 상대성이론과 양자역학을 이용해 통합적으로 해석하는 입자물리학이다. 개인적으로 한의학에 관심을 두고 '침술의 효과가 있으면 이를 주관하는 체계가 있다'라는 과학적 태도 아래 경락의 실체에 대해 탐구하던 중 우연히 김봉한 연구진의 논문을 접한 것이 본격적으로 봉한학설을 파고든 계기였다(김훈기, 2008, 39-53쪽). 그리고 서울대 연구진에서 소 교수의 주요 실험 파트너는 약리학 전공자인 이병천 박사였다(Soh, KS et al, 2013, p.2). 2010년 연구진은 '프리모'라는 용어를 사용하며 연구에 새로운 전기를 도모해 나갔다. 다른 한편으로 이 해는 소 교수와 이 박사가 별도의 실험공간에서 때때로 협력하며 제각각의 연구를 진행하기 시작한 시기이기도 하다.[60]

---

60) 소광섭 교수는 2011년 2월 정년 퇴임 후 명예교수로서 서울대학교 차세대융합기술연구소 (Advanced Institutes of Convergence Technology)에서 나노프리모연구센터(Nano Primo Research Center)를 설립해 연구를 이어 갔다. 여기서 나노라는 말은 프리모 시스템의 세부 물질이 10억

2008년경 소 교수는 봉한학설을 재현하는 연구에 상당한 자신감을 갖기 시작하면서 연구의 활성화를 위해 새로운 전략을 세웠다. 그동안 개발해 왔던 실험기법을 국내외 과학계에 적극 공개하면서 국제적 규모의 연구조직체계를 만들어내는 것이었다(Kim, HG. 2013, pp. 323-325).

먼저 이병천 박사를 중심으로 국내외 연구실을 방문해 봉한 구조물을 찾아내는 과정을 직접 보여주기 시작했다. 예를 들어 2012년까지 국내에서는 서울대학교(수의학), 전북대학교(수의학), 원광대학교(한의학), 성균관대학(생물학), 울산대학교(의학), 고려대학교(의학) 등 대학과 한국한의학연구원, 삼성서울병원, 국립암센터 등 연구소에 찾아가 시연 실험을 수행했다. 이와 함께 외국의 경우 중국한의학연구원, 호주 어번대학(수의학), 미국의 워싱턴대학(의학)과 루이빌대학(암센터) 등을 방문해 실험 장면을 소개했다.

이들 방문 장소는 국내외 연구조직체계를 만드는 밑거름으로 작용했다. 특히 미국의 경우 루이빌대학 화학공학과의 강경애 교수가 국제산소전달학회(International Society for Oxygen Transport to Tissue)의 주요 학자들에게 소 교수를 소개한 일을 계기로 명망 있는 과학자들과의 인적 네트워크가 형성되기 시작했다.[61] 2010년 제천

분의 1 m 수준의 크기라는 의미를 지닌 한편, 프리모 시스템의 존재를 좀 더 확실히 규명하기 위해 프리모 시스템에 특이적으로 반응하는 마커 개발에 동원되는 물질이 나노 수준의 크기라는 의미도 가졌다. 이병천 박사는 2010년 9월부터 카이스트(KAIST) IT융합연구소(Institute for Information Technology Convergence)에서 초빙교수로 '기(氣) 프리모 연구실(Ki Primo Research Laboratory)'을 차려 독자적으로 연구를 진행하기 시작했다. 카이스트에서 그의 직함은 초빙교수에서 연구교수, 그리고 책임급 위촉연구원으로 바뀌어 왔으며, 대부분의 기간 동안 공동 실험실에서 거의 혼자 모든 실험을 진행해야 했다고 한다.

61) 1973년 창립된 국제산소전달학회는 기초 생물학에서 응용 의학까지 폭넓은 분야에 걸쳐 새롭고 도전적인 연구를 수행하는 과학자들이 매년 자유롭게 발표하는 모임이다. 참석자들은 주로 미국과 유럽에서 활동하고 있는 저명한 과학자들이었으며, 새로운 분야에 대해 열려 있는 자세를 갖추고 있다. 소 교수는 강 교수의 주선으로 2009년 7월 이 학회에서 발표를 맡았으며, 이후 루

한방바이오엑스포 학술대회에서 개최된 제1회 프리모 시스템 국제 학술회의는 그동안 구축한 국내외 네트워크를 공표하는 의미였던 동시에 향후 국제적 규모의 연구가 진행될 수 있음을 알린 상징이기도 했다.

이 같은 연구조직체계가 가동되기 위해서는 이전에 비해 규모가 큰 연구비 지원이 필요했다. 소 교수 연구진은 2010년부터 정부의 연구개발 사업 가운데 예산 규모가 10억 원 이상인 중·대형 사업에 여러 차례 지원했다. 대표적으로 매년 100억 원 이상 최대 9년까지 지원하는 글로벌프론티어사업(Global Frontier Program), 매년 10억 원의 연구비를 최대 3년간 지원하는 미래유망 파이어니어 사업(Pioneer Program of Future Technology) 등이었다. 하지만 연구진은 이들 사업에 선정되지 못했다.

Kim, HG(2013)는 선정 실패의 주요 이유로, 도전적이고 창의적인 신생 기초 연구에 대해서는 소규모로 지원하고 성공 가능성이 높은 서구 과학계의 응용 연구를 대규모로 집중 지원해온 한국 연구개발 정책의 한계, 새로운 순환계의 존재에 대한 서양 의학계의 무관심과 불신, 그리고 경락 체계에 대한 해부학적 접근에 대한 한의학계의 소극적 태도 등을 지적한 바 있다. 특히 소 교수와 이 박사의 인터뷰를 바탕으로, 서양 의학을 전공한 심사위원들의 강한 선입견

이빌대학의 줄기세포 연구자이면서 산알과 비슷한 개념의 VSEL(Very Small Embryonic-Like stem cell)의 존재를 발표한 라타작(Mariusz Z. Ratajczak) 교수, 노스웨스턴대학에서 혈관이나 림프관이 아닌 관 유사 조직(Vasculogenic Mimicry)을 발견한 이후 집중적으로 그 정체를 연구해오던 헨드릭스(Mary J. C. Hendrix) 교수, 워싱턴대학의 방사선 전문가 아칠레푸(Samuel Achilefu) 교수, 루이빌대학의 암 연구자 밀러(Donald M. Miller) 교수, 독일 마인츠대학 병리학자 바우펠(Peter Vaupel) 교수 등과 직접적인 만남과 교류가 이뤄졌다. 국제산소전달학회는 2018년 7월 서울대학교에서 개최됐으며, 이때 프리모 순환계연구에 대한 발표가 별도의 세션에서 진행됐다.

적 불신감이 탈락의 요인으로 적지 않게 작용했을 것이라고 설명하기도 했다.

이 같은 외적 요인들은 봉한학설이라는 매우 낯선 내용을 재현해 온 현대 연구진의 행보에 분명 걸림돌이 될 수 있었을 것이다. 이 책에서는 이와는 다른 시각에서 현대 연구진의 성과가 과학계에서 충분히 수용되기 어려웠던 이유를 검토하고자 했다. 즉 현대 연구진이 봉한학설의 전체 내용을 얼마나 재현하는 데 성공했는지를 검토의 우선 사항으로 설정했다.

기대 대로라면 현대 연구진의 논문은 시간이 지날수록 이전보다 더욱 영향력이 큰 권위 있는 서구의 학술지에 게재돼 왔을 것이다. 이전에 비해 더욱 참신한 연구성과를 바탕으로 학술지에 게재되는 논문 편수도 늘어났을 것이다. 하지만 <표 11>에서 확인되듯이 현대 연구진의 주요 논문 61편 가운데 대체의학이나 한의학 분야의 학술지에 게재된 비율은 생물학이나 의학 분야의 학술지 경우에 비해 시간이 지나도 별달리 높아지지 않았다. 논문의 수도 마찬가지였다. 2016년부터는 그 편수가 상당히 줄어들기도 했다. 2017년 국내 대학교에서 박사 논문 2편[62]이 제출되긴 했지만, 학술지에 게재된 경우는 별달리 발견되지 않는다.

그렇다면 최근까지 발표된 논문들은 봉한학설의 주요 내용을 얼마나 재현해냈을까. 전체적으로 봉한 구조물의 발견이 상대적으로 많이 보고된 생체 부위는 장기표면(17편, <표 6>), 림프관(16편, <표 4>), 신경계(10편, <표 7>) 등이었다. 그런데 이들 43편 가운데 공통으로

---

62) 박사 논문은 서울대학교 수의학과(Lim, CJ, 2017)와 융합과학기술대학원(Jung, SJ, 2017)에서 제출됐다.

봉한학설에서 제시된 봉한 구조물의 주요 해부학적·조직학적 특성과 내부 물질의 성분이 모두 확인된 논문은 없었다. 또한 몇 가지 기본적 특성이 모든 논문에서 확인된 것이 아니었다. 예를 들어 해부학적 특성으로 봉한소관의 존재를 보고한 논문은 16편(장기표면 11편, 림프관 3편, 신경계 2편), 봉한관과 봉한소체가 연결된 상태를 확인한 논문은 28편(장기표면 11편, 림프관 10편, 신경계 7편)이었고, 조직학적 특성으로 내피세포의 막대 모양 핵의 존재를 확인한 논문은 27편(장기표면 6편, 림프관 12편, 신경계 9편)이었다. 한편 봉한소관의 내부 물질로 DNA 과립의 존재를 보고한 논문은 7편(장기표면 5편, 림프관 0편, 신경계 2편)이었고, 아드레날린의 과립을 발견했다고 밝힌 논문은 1편(신경계)이었다. 봉한소체의 내부 물질은 DNA 과립의 경우 5편(장기표면 4편, 림프관 0편, 신경계 1편)에서 확인됐고, 아드레날린 과립에 대한 보고는 없었다. 이에 비해 세포의 존재는 상대적으로 많이 보고됐다. 장기표면의 경우 봉한학설에서는 특정 세포를 언급하지 않았지만 현대 연구진은 7편의 논문에서 아드레날린 과립 함유 세포를 비롯해 여러 종류의 세포가 발견됐다고 보고됐고, 림프관과 신경계의 경우 아드레날린 과립 함유 세포나 조혈 세포의 존재는 보고되지 않았다. 이처럼 봉한학설에서 제시된 봉한 구조물의 기본 요건이 충족되지 못한 점은 시간이 지날수록 별달리 개선되지 않았다.

한편 장기표면에서 발견된 봉한 구조물의 분포 양상 역시 봉한학설에서의 설명을 충족시키지 못했다. 17편 가운데 '떠 있는' 구조라고 밝힌 논문은 15편으로 많았지만, 봉한 구조물끼리 그물 모양으로 분포하고 있는 모습을 보여준 논문은 5편이었고, 봉한 구조물이 주변 생체조직과 연결된 모습을 확실히 보여준 논문은 4편이었다.

혈관에서의 발견은 상대적으로 적게 보고됐다. 혈관 내에서 봉한 구조물의 존재를 보고한 논문 3편은 모두 봉한소관과 막대 모양의 내피세포 핵의 존재를 보고했으며, 2편이 봉한관과 봉한소체가 연결된 모습을 확인했다. 또한 봉한학설에서는 혈관 내에서 봉한 구조물이 1개 혹은 여러 개가 발견됐다고 언급됐으나, 현대 연구진의 논문에서는 1개만 발견됐다. 한편 소 심장 내에서의 발견을 보고한 1편은 봉한소관, 봉한관과 봉한소체의 연결, 막대 모양의 내피세포 핵의 존재를 모두 확인했다. 하지만 4편 모두에서 봉한관이나 봉한소체의 내부 물질에 대한 보고는 없었다.

현대 연구진은 다른 부위에 비해 김봉한 연구진이 가장 먼저 발견한 피부 아래에서는 좀 더 난항을 겪었다. 2010년 연구진은 처음으로 표층 봉한 구조물을 발견했다고 보고했다(Lee, BC & KS Soh, 2010). 큰 쥐의 피하조직에 트리판-블루를 처리한 결과, 골근육 옆에 나란히 분포하는 관이 뚜렷이 염색된 모습이 관찰됐다. 봉한학설의 <제2 논문>에서 표층 봉한소체를 묘사한 <그림 1>을 보면 봉한소체 아랫부분에 봉한관이 골근육(skeletal muscle) 옆으로 뻗어 나가는 모습이 나오는데, 연구진이 발견한 관과 유사한 배치였다. 연구진이 표층 봉한관으로 추정된다고 밝힌 이 관은 내부가 작은 관들의 다발로 구성돼 있었다. 다만 이 논문에서는 그 내부 물질이나 봉한소체의 존재는 보고되지 않았다.

2015년에는 표층 봉한 구조물을 발견했다는 논문 3편이 별도의 학술지에 잇따라 게재됐다. 큰 쥐의 장기표면과 복부 피하층을 헤마칼라로 처리한 결과 봉한 구조물이 발견됐으며, 내부에 다양한 면역

세포들이 관찰됐다는 보고(Lim, CJ et al, 2015), 큰 쥐의 복부 피하
층과 말초신경계에 이르기까지 헤마칼라에 염색된 봉한관의 분포를
확인했다는 보고(Bae, KH et al, 2015), 그리고 작은 쥐의 피부에 폴
리머 메르콕스(polymer Mercox)를 처리하자 표층 봉한소체와 봉한
관이 뚜렷이 관찰됐다는 보고(Stefanov M & JD Kim, 2015) 등이
그것이다. 이들 논문은 모두 봉한 구조물과 경락의 연관성을 지적하
며 대체의학(한의학)을 다루는 학술지에 게재됐다. 한편 외봉한 구
조물은 현대 연구진이 최근까지 발견하지 못했다.

현대 연구진이 보고해온 봉한 구조물이 전체적으로 봉한학설의
주요 내용을 충족시키지 못했다는 점과 함께, 발견한 양이 많지 않
았다는 사실도 상기할 필요가 있다. 봉한학설 대로라면 실험동물에
서 상당히 많은 양의 봉한 구조물이 발견돼야 했다. 하지만 대부분
의 경우 평균적으로 실험동물 1마리에서 수 개 정도의 구조물만 발
견됐다. 특히 장기표면에서는 그물망처럼 잔뜩 퍼져 있는 모습이 확
인될 것 같았지만, 대부분의 논문에서 그렇지 못했고 동물의 수나
봉한 구조물의 수를 밝히지 않은 경우도 적지 않았다.

이상과 같은 사실들은 한편으로 봉한 구조물의 존재를 찾는 일 자
체가 매우 쉽지 않다는 점을 시시한다. 선행연구자가 일부를 찾았다
면 후속 연구자는 비슷한 방법을 동원해 훨씬 많은 양을 찾을 수 있
어야 했지만, 그렇지 못한 이유는 현대 연구진 내부에서도 실험의
재현이 잘 이뤄지기 어렵기 때문이었을 것이다. 대표적으로 림프관
의 경우 2008년 염색약을 사용하지 않고 광학현미경으로 관찰하는
'획기적' 기법이 보고됐지만, 이후 동일한 방법으로 봉한 구조물을
발견해 연구를 수행했다고 보고한 논문은 없었다.

현대 연구진 내부에서 재현이 잘 안 된다는 사실은 최근의 리뷰 논문에서 확인된다. 그동안 봉한 구조물을 찾기 위해 다양한 기법을 새롭게 개발해온 것은 사실이지만, 여전히 기술적 한계로 인해 발견은 물론 대량 수집이 어렵다는 것이다(Kang, KA et al, 2016). 다만 이 논문에서는 장기표면에서 발견한 봉한 구조물의 전자현미경 사진을 보면 봉한관 주위막에 1-5 ㎛의 작은 구멍(pore)이 바깥쪽으로 열린 채 발견됐으므로, 여기에 나노 크기의 입자를 가령 림프관 안에 주입하면 봉한 구조물을 찾기 쉬울 것이라고 제안했다. 그동안 현대 연구진이 많이 사용해온 알시안-블루의 경우 이에 염색된 림프관과 봉한 구조물이 잘 구별되지 않을 수 있으므로, 나노 크기 입자만 필터에서 걸러내 림프관에 주입할 필요가 있다는 것이다. 또는 좀 더 유용한 방법으로 루이빌대학 연구진이 사용해온 나노형광입자(Hollow Gold Nanoparticles)를 사용하면 색깔이 녹색에서 파랑까지 다양하게 나타나 발견이 용이하다는 제안도 있었다(Carlson, E et al, 2015).

2. 봉한학설을 넘어

김봉한 연구진의 논문 5편은 그 자체로는 완결적인 내용을 갖추지 않았다. II 장에서 지적했듯이, 연구진은 좀 더 많은 실험 결과를 발표하려는 도중에 북한 사회에서 갑자기 사라졌다.63) 또한 봉한체

---

63) 북한에서 봉한학설은 공식적으로는 완전히 사라진 듯하다. 예를 들어 「로동신문」 2011년 11월 27일 자 "경락 리론의 과학화와 경혈 신경도" 기사에 따르면, 고려의학과학원 연구사들이 1990년대 초 세계적으로 널리 쓰이는 표준침구 경혈도에 신의학적 내용을 배합한 경혈 신경도 금속모형을 내놓았는데, 이후 20여 년의 연구결과 '경혈 신경도'를 새로이 만들었다고 한다. 이

계의 해부학적·조직학적 특성이나 그 내부 물질의 기능에 대한 내용에서도, 일부 설명이 충분하지 않거나 상충하는 부분이 발견된다. 특히 봉한체계가 과연 한의학에서 사용돼온 개념인 경락의 물리적 실체인지에 대해서는 판단이 어렵다. 그런데도 연구진이 논문 5편을 통해 일관되게 주장한 핵심 내용, 즉 우리 몸에는 혈관이나 림프관과는 다른 근본적인 순환체계가 존재하며 그 내부에 산알이라는 물질이 생명현상을 유지하는 데 중요한 역할을 수행한다는 점은 현대 생물학의 관점에서 매우 파격적인 것은 사실이다.[64]

현대 연구진은 봉한학설에서 제시된 기본적인 요건들을 하나씩 발견해 나가며 궁극적으로 인류가 몰랐던 새로운 순환체계가 존재할 가능성을 탐구해 왔다. 현대 연구진의 논문 가운데 봉한학설의 기본 요건들을 모두 충족시킨 사례는 없었다. 하지만 봉한학설의 내용과 완전히 일치하지 않다고 해서 현대 연구진의 발견 내용이 무의미한 것이었을까. 그렇지 않다. 오히려 봉한학설을 계기로 그동안 주류 생물학이나 의학 분야에서 놓친 중요한 사실을 발견해온 것으로 파악할 필요가 있다.

실제로 대부분의 논문들에서 중요하게 지적된 사항은, 연구진이 발견한 구조물이 기존의 혈관이나 림프관과는 전혀 다른 생체조직이라는 점이었다. 비록 봉한학설의 기본 요건들을 모두 확인할 수는

신경도는 360여 개의 고전 침혈에 신의학적 진단에 쓰이는 200여 개 운동점 및 신경 자극점, 30여 개 척수 분절, 말초신경 등을 종합함으로써 경락이론을 과학화한 결과물이라고 소개됐는데, 기사 어디에도 봉한학설에 대한 언급은 없었다.

64) 만일 봉한체계가 인체에 실제로 존재한다면 길이가 얼마나 될지 상상하기가 쉽지 않다. 가령 인체의 혈관 길이는 대략 10만 km로 알려져 있다. 지구 둘레를 두 바퀴 반 정도 도는 길이이다. 이 가운데 모세혈관의 길이는 절반 정도를 차지한다. 봉한체계가 모세혈관에까지 분포하고 있는지는 확실치 않다. 다만 림프관 안, 장기표면, 그리고 신경계에 봉한체계가 존재한다면 그 길이는 최소한 10만 km는 넘을 것 같다.

없었지만, 혈관이나 림프관과는 구별되는 관과 봉오리 형태의 새로운 구조물을 발견한 사실은 부인할 수 없다. 물론 특정 염색약을 처리했을 경우 등 아티팩트가 발생할 가능성은 일부 존재하지만, 현대 연구진은 수많은 염색약과 현미경을 개발하면서 혈전이나 신경계의 라이스너 파이버로부터 새로운 구조물을 구별해내는 등 아티팩트와 다르다는 점을 규명하는 데 많은 노력을 기울였다. 생체 곳곳에 분포하고 있는 지방 조직과 새로운 구조물을 구별하는 데 트리판-블루가 효과적이라는 발표(Lee, BC et al, 2009)도 있었다. 특히 적지 않은 논문에서 염색약 처리 전후를 비교한 모습을 보여준 일은 상당히 인상적이다.

그렇다면 현대 연구진의 성과에 대해 봉한학설에서 시작해 그 개략적인 틀 안에서 새롭게 중요한 발견을 이뤄낸 것으로 바라볼 필요가 있다. 예를 들어 현대 연구진은 봉한관의 내부 구조에 대해 새로운 설명을 제시했다. 전자현미경으로 관찰한 결과, 봉한관의 내부는 봉한학설에서 제시된 대로 다발(bundle) 형태로 연결돼 있다기보다, 작은 구멍들이 곳곳에 뚫려 있는 모습일 수 있다는 것이다. 이 설명은 알시안-블루 염색약을 주입해 봉한액의 이동 속도를 알아낸 논문(Sung, BK et al, 2008)에서 제시됐는데, 봉한관을 전자현미경으로 관찰해보니 작은 구멍(sinus)이 있는(cribrous) 형태였으며, 이 구멍들의 존재는 과립이나 세포가 봉한관 내부를 이동 또는 순환하는 가능성을 보여주는 증거였다. 이병천 박사는 이 모습을 '연근'에 빗대어 언급한 바 있다. 연근 내부의 구멍처럼 봉한관 내부가 제각각의 크기로 뚫려 있는 모습이 관찰되더라는 설명이다. 봉한소체의 경우 그 단면이 벌집 같은 구조(honeycomb like structure)로 5각형 공간으로 구성된 것을 발견했다는 보고(Lim, CJ et al, 2013)도 있다.

현대 연구진이 발견한 새로운 구조물 내의 물질에 대한 설명도 여전히 흥미롭다. 먼저 봉한학설에서 산알이라 불리는 DNA 과립이 그렇다. 보통 고등생명체에서 DNA가 존재하는 장소는 핵, 그리고 세포질의 미토콘드리아이다.[65] 그런데 연구진은 새로운 생체 구조물 안에서 DNA를 발견한 것이다. 물론 현대 생물학계에서 세포 안이 아닌 혈액을 따라 흐르는 DNA의 존재가 보고되고 있으며, 그 이름은 eDNA(extracellular DNA)라고 불린다. eDNA는 생체에서 응고된 혈전을 없애기 위해 섬유소를 용해하는 작용(fibrinolysis)에 관여하는 등의 여러 가지 기능을 수행하는 것으로 추측되고 있지만, 아직 그 정체가 명확히 밝혀지지 않았다.

또한 현대 연구진은 여러 논문에서 봉한관 안에 콜라겐 섬유가 많은 세포외기질(ECM, ExtraCellular Materials)을 발견했다고 보고해 왔다. 세포외기질은 세포에 의해 생성되는 단백질이나 다당류 등의 물질을 가리키는데, 일반적으로 세포들 사이의 공간에서 세포를 보호하는 역할뿐 아니라 각종 생화학적 신호를 전달함으로써 세포의 생성에 기여하는 기능을 수행한다. 따라서 봉한관은 어떤 종류의 세포가 생성되는 데 일정한 역할을 수행하는 구조물일 수 있다는 점을 충분히 짐작할 수 있다.

여러 종류의 세포의 존재가 보고된 점도 중요하다. 예를 들어 <표 6>에서처럼 장기표면 봉한관 안에서 각종 면역 관련 세포들이 발견

---

65) 인간의 세포핵에는 23 종류의 염색체가 존재한다. 염색체는 바로 DNA가 복잡하게 얽혀 X 모양처럼 보이는 물질로, 처음 현미경으로 발견됐을 때 염색약에 뚜렷하게 물들었다고 해서 이름이 붙었다. 이에 비해 세포질에는 세포의 생리 기능을 유지하기 위한 다양한 소기관들이 존재한다. 미토콘드리아는 세포질에 분포하며 세포가 활동할 수 있도록 에너지를 공급하는 기능을 하므로 '세포 내 발전소'라고 불린다. 보통 동물 유전자의 99%는 핵에, 1%는 미토콘드리아에 존재한다고 알려져 있다.

됐다는 보고가 그렇다. 특히 <표 8>에서 제시됐듯 혈관, 림프관, 장기표면 등 여러 부위에서 채취한 새로운 구조물에서 다양한 면역세포와 조혈 세포를 발견했다는 보고는 상당히 흥미롭다. 마치 김봉한 연구진이 혈관 내 봉한소체에서 면역계통의 조혈 세포와 비슷한 세포를 발견했다고 말한 것과 유사해 보인다.[66)

새로운 구조물이 어쩌면 암의 전이 통로일 수 있다는 접근 방식은 봉한학설에는 없던 창의적인 발상의 결과물이었다. 비록 관련 논문들에서 암 조직 주변의 새로운 구조물이 봉한 구조물과 얼마나 동일한 특성을 갖는지에 대한 설명이 충분하지 않았지만, 특정 염색약을 처리한 후 혈관, 림프관, 파시아, 지방 조직 등 주변 조직과 다르고 관과 소체가 보이며 소체 안에 암의 줄기세포로 추정되는 세포가 관찰된다는 등의 보고는 암의 전이 메커니즘을 규명하는 데 흥미로운 시사점을 제공한 것이 사실이다.

현대 연구진은 이 외에도 봉한 구조물 자체나 내부 물질의 물리적 성질에 대한 보고를 여러 논문을 통해 수행해 왔다. 가령 산알의 운동성, 봉한액의 점도 등에 대한 발표가 있었다.

김봉한 연구진을 좇아 발생학의 관점에서 산알이 어떻게 세포로 형성되는지에 대한 연구결과도 발표됐다. 2012년 5월 연구진은 닭의 유정란에서 DNA 과립이 '세포 같은(cell-like)' 구조물로 자라나는 모습을 관찰했다는 요지의 논문을 발표했다(Lee, BC et al, 2012a). 이전까지 현대 연구진이 실험한 대상은 쥐나 토끼, 돼지 등 주로 인간과 가까운 포유류였다. 그런데 닭과 같은 조류를 실험 대상으로

---

66) <표 8>에 제시된 논문들은 이전에 비해 현대 생물학계에서 훨씬 주목할 만한 성과가 담겨 있다. 다만 기능 규명에 치중한 이유에서인지, 새로운 구조물의 해부학적·조직학적 특성에 대한 설명은 상대적으로 간단히 언급돼 있다.

선택한 이유가 무엇일까. 실험실에서 DNA 과립의 변화 양상을 살펴보기 위해서는 DNA 과립이 자랄 수 있는 배양액이 필요하다. 하지만 아직 이런 배양액을 만들지 못했다. 연구진은 대신 봉한학설에서 힌트를 얻어 '천연 배양액'을 가진 실험 대상을 떠올렸다. 잘 알려져 있다시피 닭의 유정란은 장차 병아리로 자라날 배아가 포함된 노른자 부위(난황)와 그 주변의 흰자 부위(난백)로 구성된다. 난황과 난백은 모두 배아가 자랄 수 있는 영양분을 함유하고 있다. 만일 유정란에서 DNA 과립을 발견한다면 무난하게 그 변화 과정을 지켜볼 수 있다. 물론 포유류 외에 닭에서도 봉한체계가 존재한다는 전제가 있어야 가능한 일이었다.

연구진은 부화된 지 3일이 지난 유정란에서 배아 부분을 떼어내 얇은 간격으로 다진 후 아크리딘-오렌지로 처리했다. 배아를 구성하는 세포 성분이 유정란에서처럼 잘 자랄 수 있도록 37-38℃를 유지하는 인큐베이터 안에 이 샘플을 집어넣었다. 그리고 세포 성분의 변화 과정을 지켜보기 위해 인큐베이터에 위상차현미경을 설치했다.

실험을 시작할 때 연구진은 1-2 ㎛ 크기의 DNA 과립을 다수 발견했다. 그리고 이들 가운데 5개의 과립이 시간이 지나면서 그 크기가 점점 뚜렷하게 커지는 모습을 관찰했다. 10시간이 지났을 때 DNA 과립은 5 ㎛ 정도까지 자라났다. 연구진은 이를 두고 일반 세포 분열과는 다른 경로로, 즉 DNA 과립이 성장하여 새로운 세포가 만들어지는 증거라고 추측했다.

하지만 다져진 유정란 실험으로는 DNA 과립이 배아의 어느 부위에 위치한 것인지를 알 수 없었다. 그래서 연구진은 유정란에서 장차 병아리의 조직으로 자라날 배반엽(blastoderm) 부위를 찾아내 동일한 실험을 수행했다. 결과는 같았다. 다만 크기에서 차이가 있었다. 배반엽에서 발견한 DNA 과립은 성장 속도가 더 빨랐다. 10시간이 지난 후 DNA 과립은 7 ㎛까지 자랐다. 자라나고 있는 과립은 중앙에 DNA가 뭉쳐 있고 주변에 어떤 물질이 존재하는 모습이었다. 마치 핵과 세포질처럼 보였다.

그러나 이 '세포 같은' 구조물이 진짜 세포인지는 명확하지 않다. 연구진은 DNA 과립이 성장한 크기만 관찰했을 뿐, 그 안에 작은 기관들이 존재하는지를 확인하지는 못했다.

DNA 과립의 크기가 커지는 이유는 무엇일까. 2012년 10월 다른 학술지에서 게재가 확정된 논문에서 그 해답이 주어졌다(Lee, BC et al, 2012b). 여러 DNA 과립들이 서로 합쳐져 점점 커다란 구조물을 형성한다는 것이다. 이번에는 닭의 유정란 외에도 큰 쥐와 작은 쥐도 실험 대상이었다.

DNA 과립이 융합되는 유형은 두 가지였다. 일정한 막 안에서 DNA 과립들이 뭉치는 유형, 그리고 막이 없이 DNA 과립끼리 합쳐지는 유형이었다. 논문에서 첫 번째 유형은 이전과 마찬가지로 '세포 같은' 구조물이라고 표현됐다. 두 유형 간의 관계가 무엇인지 알 수 없었다. 연구진은 시간대별로 융합되는 이 같은 양상을 동영상으로도 촬영해 학술지에 제출했다.

그런데 큰 쥐와 작은 쥐의 경우 DNA 과립이 발견된 조직 부위는 비단 봉한체계에 국한돼 있지 않았다. 연구진은 작은 쥐의 장기표면 프리모 관과 이자, 그리고 큰 쥐의 이자와 복막 부위에서 채취한 샘플에서도 동일한 결과를 얻었다. 반드시 봉한체계가 아닌 곳에서도 DNA 과립이 존재하며, 이들이 모여 세포 같은 구조물로 자란다는 것이다. 다만 논문에서는 '세포 같은' 구조물이 진짜 '세포'인지는 확인하지 못했다고 언급됐다.

2013년 6월 동일한 학술지에 게재가 확정된 논문에서는 '핵 같은' 구조물이라는 표현이 등장했다(Lee, HS et al, 2013). 그리고 DNA 과립이 모여드는 과정이 상당히 자세히 보고됐다. 여전히 닭의 유정란이었다. 초창기 유정란을 자세히 들여다보면 난황 부위가 수많은 과립으로 구성돼 있다. 당시 학계에서는 이들 과립에서 DNA 성분이 발견됐다고 보고된 바 있었다.

연구진은 유정란 안에서 과립 군집을 추출해 DNA 염색약 두 종류(아크리딘-오렌지, Hoechst 33258)를 각각 처리했다. 처음 인큐베이터에 넣었을 때 이들 과립의 대부분은 거의 염색되지 않은 채였다. 그런데 시간이 지날수록 과립들의 일부 부위에서 염색되는 지점이 생기기 시작했다. 이 부위, 즉 DNA 부위는 과립을 빠져나와 서로 뭉치기 시작했다. 그리고 20시간 후에는 '핵 같은' 모습을 띤 DNA 덩어리가 형성됐다.

흥미롭게도 초반부에 과립들은 '액체 같은' 물질을 주변으로 분비했다. 이후 과립들의 일부가 뚜렷하게 염색되기 시작했다. 과립이 어떤 물질을 분비하고, 이 물질이 다시 과립에 영향을 주는 것처럼 보였다. 또한 연구진은 염색된 과립이 진짜 DNA인지 확인하는 절차를 거쳤다. 다른 샘플에 DNA를 분해하는 효소(DNAse)를 처리해본 것이다. 그 결과 염색이 전혀 이뤄지지 않았다는 점을 확인했다.

3. 남은 과제

현대 연구진의 성과는 봉한학설을 완전히 재현한 것이 아니라 해도 과학적으로 진지하게 검토될 가치가 충분하다. 마침 봉한체계를 'HAR-NDS'라 명명한 국내 연구진이 관련 내용을 미국에서 특허로 출원, 2020년 5월 공개가 시작됐다. 그동안의 논문들을 바탕으로 히알루론산이 풍부한 생체조직에서 줄기세포를 추출하고 활용할 방법을 알려주는 특허였다. 봉한학설의 재현 연구는 끝난 것이 아니라 오히려 본격적으로 새롭게 시작돼야 할 분야이다. 명칭이 봉한체계이든 프리모 체계이든 생체에 중요한 구조물이 존재할 가능성은 여전히 열려 있으며, 봉한학설의 진위가 서구 과학계에서 활발히 논의됨으로써 그 핵심 내용이 수용될 여지는 아직 남아 있다.

공교롭게도 가장 중요한 대안은 어쩌면 원점에서 다시 출발하는 일인 것 같다. 봉한 구조물이 기존의 학계에서 발견되지 않은 새로운 구조물이라는 점이 '재현성' 높게 확인돼야 한다. 단지 실험동물 한 개체에서 수 개의 구조물을 발견하는 수준이 아니라 수십-수백 개의 구조물이 서로 연결돼 있고 이들이 생체 곳곳에서 서로 연결돼 있는 모습이 확인돼야 하고, 그 실험방법이 후속 연구자들에게 재현성 높게 검증돼야 한다. 이 문제가 해결된다면, 순환계의 근원, 줄기세포의 기원, 암의 전이 등 굵직한 주제들에서 획기적인 연구결과가 도출될 것이다. 오히려 한국의 과학계가 손쓸 틈 없이 첨단의 장비와 풍부한 연구비를 갖춘 서구의 과학계에서 중대한 성과들을 선취해 나갈 가능성이 크다는 점을 우려해야 할 상황이 벌어질 듯하다. 현대 연구진도 잘 인식하고 있을 이 문제는 과연 해결될 수 없는 것일까.

2018년 초 이병천 박사는 원점에서 다시 출발한 실험 결과를 유력한 서구 학술지에 제출한 후 반응을 기다리고 있었다. 논문의 문제의식은 바로 높은 재현성을 확보함으로써 세계 생물학계에 봉한체계의 존재를 제대로 알리는 일이었다. 이 논문은 아쉽게도 최종심사에서 통과되지 못했다. 하지만 그 핵심 내용은 2020년 9월 국내에서 특허로 등록됐다. 이병천 박사의 연구는 현대 연구진의 수준을 높이는 데 중요한 계기를 마련하려 했다는 점에서 의미가 크다고 판단되기에, 여기서 특허의 요지를 소개하며 글을 마무리한다.

산 쥐의 장기를 둘러싸고 있는 파시아에서 일정한 패턴으로 그물처럼 얽혀 있는 새로운 생체조직이 높은 재현율로 발견됐다. 이 박사는 서구 생물학계의 용어와 개념을 최대한 동원하기 위해 구조물의 이름에서 '봉한'을 빼고 '소체와 연결된 실 모양의 구조물(CCFS, Corpuscle-Connected Filiform Structures)'이라 명명했다. 이 구조물의 발견 의미에 대해서도 '새로운 순환계'를 내세우지 않고, 체내 죽은 세포들의 '무덤'으로 추정돼 그동안 미스터리로 여겨진 세포의 사멸 장소에 대한 연구에 전환점을 마련한다고 설명했다.

먼저 연구의 배경 설명이다. 사람의 세포는 대략 10조 개에 달한다고 알려져 있으며, 이들은 끊임없이 자연스러운 사멸과 생성 과정을 거치면서 몸의 상태를 정상으로 유지한다. 만일 세포가 제때 사멸하지 않는다면, 80세 즈음 골수와 림프절의 무게가 2톤에 이르고장의 길이가 16km에 달할 것이라는 예측이 나온 바 있다. 또한 보통 세포의 사멸 속도는 분열 속도보다 20배 이상 빠르다는 보고가 있다. 그런데도 생체에서 죽어가는 세포의 모습이 거의 발견되지 않는다는 사실이 미스터리로 남아 있었다. 가령 대표적인 면역기관인

가슴샘(thymus)의 세포는 80% 정도가 자연적으로 사멸되는데, 죽은 세포의 모습이 잘 발견되지 않고 있다.

한편 학계 일각에서는 죽은 세포가 몸에서 제때 소거되지 않는다면 염증이나 암이 발생할 수 있으며, 암세포의 전이가 파시아를 통해 진행될 수 있다는 주장이 제기돼 왔다. 현재 암세포의 전이는 생체의 림프관이나 혈관을 통해 이뤄진다는 것이 통설이다.

이 박사는 최근의 과학계 보고들을 바탕으로 죽은 세포와 그 잔해를 품고 있는 새로운 생체조직이 파시아에 폭넓게 분포하고 있을 것이라고 추정하고 이를 확인하는 실험을 수행했다. 그 결과 마취된 상태의 산 쥐 15마리 가운데 14마리(암컷 8마리, 수컷 6마리)의 파시아에서, 작은 봉오리(소체)들에 여러 개의 실 모양의 조직이 그물처럼 연결돼 있는 CCFS를 538개(암컷 366개, 수컷 172개) 발견했다.

CCFS는 폐·간·대장·소장·정소·부정소·난소 등 장기 전반에 걸쳐, 이들 장기와 직접 맞닿는 장측복막, 그리고 그 바깥에서 몸통과 연결된 벽측복막에서 발견됐다. 가장 많이 발견된 부위는 간의 파시아(138개)였으며, 복벽(114개), 소장(112개), 하대정맥 주변 지방 조직(57개), 장측복막과 벽측복막이 붙어 있는 부위인 장간막(45개) 등이 뒤를 이었다. 소체 하나의 크기는 최대 1,656 μm X 186 μm에서 최소 26 μm X 26 μm에 이르기까지 다양했다.

CCFS는 크기가 작을뿐더러 반투명한 희뿌연 형태이기 때문에 별다른 처리 없이 현미경으로 관찰할 때 주변의 파시아와 잘 구별되지 않는다. 특히 체내 곳곳에 분포하고 있는 모세림프관은 CCFS와 모습이 비슷해 이들을 구별하기 어렵다.

연구진은 야누스 그린 B 염색약을 특정 농도로 희석해 쥐의 복강에 처리한 후 실체현미경으로 파시아에 분포한 CCFS의 모습을 명확히 확인할 수 있었다. 특히 CCFS의 일부가 핀셋으로 들어 올려진다는 사실을 통해 CCFS가 파시아 표면과 내부에서 서로 그물처럼 연결돼 있다는 점을 알 수 있었다.

실체현미경으로 관찰된 CCFS의 조직학적 특성을 규명하기 위해, 먼저 연구진은 CCFS 샘플을 떼어내 곧바로 광학현미경으로 옮겨 이들이 동일한 샘플임을 확인했다. 이 샘플을 미세 구조물의 3차원 분포를 보여주는 주사전자현미경으로 관찰하자 CCFS가 파시아의 표면과 내부에 얽혀 있는 모습이 다시 드러났다.

이 박사는 CCFS 샘플을 얇게 잘라낸 단면에서도 그 분포 양상을 확인했다. 세포의 핵과 세포질을 염색하는 헤마톡실린-에오신을 샘플 단면에 처리하자, CCFS가 파시아의 표면과 내부에 분포하고 있는 모습이 다시 확인됐다. 또한 파시아의 콜라겐 섬유를 염색하는 매슨 트리크롬(Masson trichrome)을 동일한 샘플 단면에 처리, CCFS 옆에 콜라겐 섬유가 존재한다는 점을 보여줌으로써 CCFS가 다른 곳이 아닌 장기를 둘러싼 파시아에 있다는 사실이 명확히 드러났다.

하지만 CCFS가 혹시 모세림프관이나 모세혈관을 잘못 본 것이 아니냐는 지적이 나올 수 있었다. 이 문제를 해결하기 위해 림프관과 혈관을 각각 변별하는 마커인 라이브 1(Lyve 1)과 씨디 31(CD 31)을 샘플 단면에 처리했다. 그 결과 샘플 내에서 CCFS는 두 마커에 반응하지 않은 반면, 주변의 림프관과 혈관은 각각의 마커에 반응한 모습이 확연히 대비돼 나타났다.

그렇다면 CCFS 안에는 어떤 물질이 존재할까. 첫째, 작은 과립들이다. 광학현미경 관찰 결과, 야누스 그린 B에 뚜렷이 염색된 작은 과립들이 CCFS 내에 가득 차 있는 모습이 드러났다. 또한 보통 세포나 과립의 상대적 크기와 모습을 측정하는 형광이용세포분류기(FACS)를 활용, CCFS 내 과립들의 크기와 모습이 주변 조직의 그것과 다르다는 사실이 밝혀졌다. 다만 이 과립의 정체를 규명하지는 못했다.

둘째, 죽은 세포와 그 잔해들이다. 먼저 죽은 세포를 염색하는 터널(Tunel) 염색약을 샘플 단면에 처리한 결과, 절반 정도의 세포가 반응을 나타낸 것으로 확인됐다. 즉 샘플 내의 세포 가운데 절반은 살아있었고, 절반은 죽은 채로 발견됐다. 죽은 세포의 존재는 미세구조물의 상세한 단면 분포를 보여주는 투과전자현미경에서도 확인됐다. CCFS 내에서 세포막이 파괴되고 세포질이 투명해진 채 죽은 세포들이 관찰된 것이다. 또한 다피와 팔로이딘 등의 염색약 처리를 통해, CCFS 내에서 죽은 세포의 잔해를 확인했다. 다피는 보통 핵 내 DNA를 염색하는데, 연구진은 광학형광현미경과 공초점레이저주사현미경을 통해 CCFS 내에서 세포가 사멸하면서 생긴 작은 DNA 조각들이 다피에 염색된 모습을 발견한 것이다. 이들 DNA 조각은 야누스 그린 B에는 염색되지 않았기 때문에, CCFS를 가득 채운 과립들의 성분이 DNA가 아니라는 점이 확인됐다. 또한 팔로이딘은 에프-엑틴을 염색하는 형광 염색약으로, 이번 연구에서는 보통 세포가 죽을 때 발견되는 깨진 형태의 조각난 에프-액틴(fragmented F-actin)이 염색돼 동일한 현미경으로 CCFS 내에서 다수 발견됐다. 한편 세포 사멸의 또 다른 증거로 생체조직 내 고농도의 칼슘 이온 분포가 학계에서 제시되고 있다. 이 박사는 토프-심스(TOF-SIMS) 기법을 이용해 샘플의 원소 이온 분포를 확인한 결과, 칼슘 이온이 다른 이온에 비해 고농도로 분포돼 있다는 사실을 알아냈다.

이번 연구는 그동안 학계에 알려지지 않은 새로운 생체 구조물이 파시아에 폭넓게 존재하고 있으며, 이 구조물이 생체 내 세포 무덤의 일종으로 추정될 수 있음을 해부학적·조직학적 증거를 통해 밝혔다는 점에서 의미가 크다. 또한 다양한 염색약 처리, 마커 적용, 현미경 관찰 등 첨단 과학기술 기법을 총동원해 새로운 구조물의 존재를 증명했다. 특히 후속 연구자들이 동일한 구조물을 발견하는 과정에서 재현의 성공률을 높이기 위해 고유의 정확한 실험기법을 정립했다는 점이 중요하다.

한편 이번 연구는 야누스 그린 B를 처리할 때 혈전의 생성을 막는 헤파린을 동시에 투여함으로써, 혈전과의 구별 문제를 원천적으로 해결했다. 또한 실체현미경으로 일단 관찰한 생체조직을 즉시 광학현미경으로 옮겨 실험을 진행하는 '현미경 간 연결기법'를 개발해 연구자가 현장에서 확인한 조직이 최종적인 분석 조직과 동일한 것임을 명확히 했다.

이 박사는 쥐의 생체조직에서 발견된 CCFS가 사람에서도 존재할 가능성이 매우 크며, 향후 내부 장기를 비롯해 사람의 다양한 파시아에서 CCFS를 발견하는 연구를 진행할 필요가 있다고 판단했다. 또한 이번에 발견된 죽은 세포의 모습은 흔히 생체에서 자연스레 사멸하는 예정사(apoptosis)와 외부 이물질로 인해 사멸하는 괴사(necrosis)의 특징을 모두 가진다면서 CCFS에서 세포 사멸의 독특한 유형을 접하게 돼 흥미롭다고 언급했다. 마지막으로 만일 이번에 규명하지 못한 과립의 정체에 대한 후속 연구가 이뤄지면 생명현상을 바라보는 패러다임이 전환되기 시작될 것으로 기대했다.

❖ 참고문헌

(국문 자료)

김훈기, 『물리학자와 함께 떠나는 몸속 기氣 여행』, 동아일보사, 2008.

(영문자료)

Bae, KH, HJ Gil, YY Yoo, JH Tai, HM Kwon, KS Soh, "Neurovascular Primo Bundles at the Kidney Meridian Revealed Using Hemacolor Staining", *Journal of Acupuncture and Meridian Studies*, 8(6), pp. 329-332, 2015.

Cretoiu, SM & LM Popescu, "Telocytes revisited", *Biomolecluar Concepts*, 5(5), pp. 353-369, 2014.

Dawidowicz, J, S Szotek, N Matysiak, Ł Mielańczyk, K Maksymowicz, "Electron microscopy of human fascia lata: focus on telocytes", *Journal of Cellular and Molecular Medicine*, 19(10), pp. 2500-2506, 2015.

Jung, SJ, *Study of Unique Morphological Features of Primo Vascular System*, Department of Transdisciplinary, Doctoral Thesis, Program in Nano Science and Technology, The Graduate School of Convergence Science and Technology, Seoul National University, 2017.

Kang, KA, C Maldonado, V Vodyanoy, "Technical Challenges in Current Primo Vascular System Research and Potential Solutions", *Journal of Acupuncture and Meridian Studies*, 9(6), pp. 297-306, 2016.

Kim, HG, "Formative Research on the Primo Vascular System and Acceptance by the Korean Scientific Community: The Gap Between Creative Basic

Science and Practical Convergence Technology", *Journal of Acupuncture and Meridian Studies*, 6(6), pp. 319-330, 2013.

Lee, BC, HS Lee, DI Kang, "Growth of Microgranules into Cell-like Structures in Fertilized Chicken Eggs: Hypothesis for a Mitosis-free Alternative Pathway", *Journal of Acupuncture and Meridian Studies*, 5(4), pp. 183-189, 2012a.

Lee, BC, HS Lee, JE Yun, HA Kim, "Evidence for the fusion of extracellular vesicles with/without DNA to form specific structures in fertilized chicken eggs, mice and rats", *Micron*, 44, pp. 468-474, 2012b.

Lee, BC, KH Bae, GJ Jhon, KS Soh, "Bonghan system as mesenchymal stem cell niches and pathways of macrophages in adipose tissues," *Journal of Acupuncture and Meridian Studies*, 2(1), pp. 79-82, 2009.

Lee, BC & KS Soh, "Visualization of Acupuncture Meridians in the Hypodermis of Rat Using Trypan Blue", *Journal of Acupuncture and Meridian Studies*, 3(1), pp. 49-52, 2010.

Lee, HS, BC Lee, DI Kang, "Spontaneous Self-assembly of DNA Fragments into Nucleus-like Structures from Yolk Granules of Fertilized Chicken Eggs: Antoine B'echamp meets Bong Han Kim via Olga Lepeshinskaya", *Micron*, 51, 54-59, 2013.

Lim, CJ, *Morphological Features of a Novel Tissue, Primo-Vascular System*, Doctoral Thesis, Graduate School, Seoul National University, 2017.

Lim, CJ, SY Lee, PD Ryu, "Identification of Primo-Vascular System in Abdominal Subcutaneous Tissue Layer of Rats", *Evidence-Based Complementary and Alternative Medicine*, Article ID 751937, 2015.

Soh, KS, KA Kang, YH Ryu, "50 Years of Bong-Han Theory and 10 Years of Primo Vascular System", *Evidence-Based Complementary and Alternative Medicine*, Article ID 587827. 2013.

Stecco, C, C Fede, V Macchi, A Porzionato, L Petrelli, C Biz, R Stern, R D CARO, "The Fasciacytes: A New Cell Devoted To Fascial Gliding Regulation", *Clinical Anatomy*, 31(5), DOI: 10.1002/ca.23072, 2018.

Stefanov, M & JD Kim, "Visualizing the Peripheral Primo Vascular System in Mice Skin by Using the Polymer Mercox", *Journal of Parmacopuncture*, 18(3), pp. 075-079, 2015.

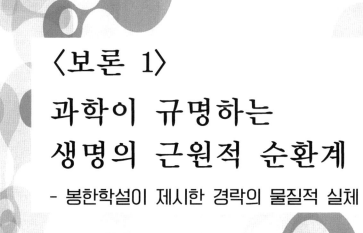

〈보론 1〉

과학이 규명하는
생명의 근원적 순환계

– 봉한학설이 제시한 경락의 물질적 실체

Ⅰ. 머리말

에피소드 하나. 1991년 5월 어느 날 미국 41대 대통령 '아버지 부시'는 조깅을 하다가 급격히 숨이 가빠지고 심한 피로를 느꼈다. 몇 주 전부터 비슷한 증상이 나타나고 있었다. 의료진의 진단 결과는 심장이 불규칙하게 박동하는 부정맥이었다. 당연히 심장 분야의 최고 전문가들이 모여 심장에서 원인을 찾기 시작했다. 하지만 별다른 문제를 발견하지 못했다. 1개월 정도 지나고서야 부정맥의 원인을 찾았다. 갑상선기능항진증이었다. 목 부위의 갑상선에서 호르몬이 과다하게 분비돼 부정맥을 일으킨 것이다.

얼마 전 인체의 생리작용에 대한 공개강연 동영상을 통해 접한 얘기였다. 강연자는 평생 서양 의학에 전념해온 전문가였다. 그의 지적이 흥미로웠다. 심장과 동떨어진 곳에서 심장의 박동에 영향을 미치는 주요 인자가 존재한다는 사실. 의대에서는 본과 3, 4학년만 돼도 금세 알 수 있는 상식이었다. 하지만 졸업 후 현장에서 자신의 전문분야에 뛰어들면 상황이 달라진다. 다 알고 있던 지식이었건만 세분된 의료체계 속에서 활동하다 보면 병의 원인을 병이 발생한 부위에서만 찾으려는 경향에 몰입될 수 있다.

이 정도 얘기를 들으면 문득 서양 의학이 필연적으로 한계를 갖고 있고, 어쩐지 동양의 전통의학인 한의학이 그 대안이라고 생각할 수 있다. 서양 의학계는 끊임없이 연구대상을 세밀하게 나누면서 분석해 왔다. 한편으로 인체의 건강상태를 각 장기별로 세세하게 나눠 탐구하고, 다른 한편으로 인체 생리작용의 궁극적 원리를 불과 수십 나노미터(1 나노미터는 10억 분의 1 미터) 크기의 세포 내 DNA 구조에서 알아내려 한다. 이른바 환원론적 접근 방식이다. 이에 비해 한의학은 인체의 모든 장기가 서로 기능적으로 연결돼 있다고 파악하는 전일론적 접근 방식을 취한다. 한의원에 가서 침을 맞아본 사람이라면 금세 수긍이 간다. 가령 치질로 고생하고 있는 환자에게 머리 한복판에 침을 놓는다. 눈에 보이지 않지만 인체 모든 부위가 경락 체계로 연결돼 있고, 피부 위의 경혈을 침으로 자극하면 경맥을 따라 자극이 전달돼 특정 장기가 치유될 수 있다. 하지만 현대 한의학계는 경혈과 경맥을 불가침의 전제조건으로 수용하고 있을 뿐, 그 실체에 대해서는 설명이 명확하지 않다. 한의학이 서양 의학의 대안이라고 섣불리 단정하기 어려운 한 가지 이유이다. 더욱이 서양 의학역시 전일론적 접근 방식을 중시하고 있다. 다만 의료체계가 여러 가지 이유에서 오늘날과 같이 지나치게 세분된 것이 문제이다.

일반인의 입장에서는 서양 의학과 한의학의 장점을 두루 취하는 통합적 관점과 지식에 관심을 가질 수 있다. 아쉽게도 현대 의학계에서 이를 실현하는 일은 요원해 보인다. 하지만 과거에는 있었다. 그것도 매우 치밀한 서양 과학의 연구 과정을 통한 시도였기에 현재까지도 설득력이 크다. 1960년대 북한의 김봉한(1916-?)이라는 의학자가 설파한 '봉한학설'이 그것이다. 김봉한은 서울대 의대의 전신인 경성제국대학 의학부에서 서양의 생리학을 공부했으며 고려대 의대의 전신인 경성여자의학전문학교에서 조교수로 활동했다. 6·25 전쟁 당시 우여곡절 끝에 가족을 남겨둔 채 북한에 정착해 평양의학대학에서 연구에 매진하다가 갑자기 사라졌다.

봉한학설은 1960년대를 제외한 40여 년간 과학계에서 거의 관심을 받지 못했다. 심지어 김봉한 연구진이 희대의 사기꾼 집단이라는 극단적인 오명도 나왔다. 하지만 2000년대 들어 국내 서울대 물리학과의 한 연구진이 봉한학설을 과학적으로 재현하는 데 성공하기 시작하면서 부분적으로나마 상황이 변하고 있다. 2010년까지 서울대에서 연구를 총괄적으로 지휘한 소광섭 교수(현 차세대융합기술연구원 나노프리모연구센터장), 그리고 이병천 박사(현 카이스트 IT융합연구소 연구교수)와 대학원생 등이 이룬 성과였다. 지난 10여 년 동안 이들이 서구의 유수한 학술지에 30여 편의 논문을 발표하면서 조금씩 봉한학설의 실체가 과학계에 알려졌다. 아직 갈 길이 멀지만, 현재까지 게재된 논문만 봐도 의학계나 일반인에게 시사하는 바가 상당하다. 특히 동양의 전통 수련법인 기공이나 명상을 실천하는 사람이라면 큰 관심을 가질 수밖에 없는 내용이 담겨 있다. 그동안 서양 의학으로는 명확히 설명할 수 없던 우리 몸 속의 어떤 에너지의 흐름에 대해 중요한 해석의 실마리를 던져주고 있기 때문이다.

봉한학설은 1961년부터 1965년까지 북한 학술지에 게재된 5편의 논문에 담겨 있다. 5편 가운데 4편은 영문판으로도 발간된 것이 확인되고 있다. 이 글에서는 봉한학설의 방대한 내용 가운데 핵심을 간추려 소개하고자 한다. 생체의 근원적인 구조 체계, 그 안에 흐르는 물질, 그리고 생명유지를 위한 주요 기능인 세포의 갱신 활동에 대한 소개이다. 아직도 과학적 연구는 진행 중이지만, 봉한학설 자체가 생명을 바라보는 기존의 관점에 어떤 의미를 던지는지에 대해 간략히 짚어보려 한다.

II. 가장 근원에 존재하는 그물망 체계

김봉한 연구진이 논문들에서 경락을 줄곧 언급한 이유는 간단하다. 연구진은 경락을 연구하던 중 경락이라 불리는 위치에서 해부학적 실체를 발견했다고 주장했다. 즉 경혈과 경맥의 위치에서 명확하게 물질적 실체를 발견했다는 것이다. 당시는 물론 최근까지도 학계에서 알려지지 않았던 해부학적 구조물이었다. 사실 경락은 한의학 서적에서 그림으로 표현돼 있을 뿐 누구도 물질적 실체를 제시한 바가 없기 때문에 김봉한의 주장이 타당한 것인지 확인할 방법은 없다. 다만 연구진이 발견했다는 구조물은 인체에서 그물망처럼 퍼져 있는 가장 근원적인 체계라는 점에서 흥미롭다.

연구진은 우선 선행연구자들처럼 경혈 위쪽의 피부에서 전기적 특성을 측정했다. 당시까지 경혈에 대한 연구에서 도출된 사실 한 가지는 경혈 부위에서 다른 부위에 비해 전기가 잘 흐른다는 점이었다. 그리고 경혈 부위에는 그저 신경과 혈관이 색다르게 분포할 뿐이라고 해석됐다. 하지만 연구진은 생체에서 '기능이 있으면 구조가 있다'라는 상식적인 믿음을 바탕으로 해부학적 실체를 탐색했다. 그 결과 경혈 부위는 물론 내부 장기에 이르기까지 온몸 구석구석 그물처럼 펼쳐있는 새로운 구조물을 발견했다. 그런데 그 기본 모습이 너무 간단하다. 가느다란 실 모양의 관(봉한관), 그리고 볼록한 소체(봉한소체)가 계속 연결된 형태였다. 심장을 비롯한 각종 장기처럼 특정 기능의 수행을 위한 중심기관이 없다. 봉한관은 대체로 수십 마이크로미터(1 마이크로미터는 10만 분의 1 미터), 봉한소체의 크기는 수 밀리미터 정도이다.

연구진은 논문들의 상당 부분을 봉한체계가 기존에 알려진 생체조직과 다르다는 점을 증명하는 데 할애했다. 가장 중요하게 비교한 대상은 혈관과 림프관 같은 순환계 조직, 신경조직, 그리고 온몸에 퍼져 있는 섬유성 결합조직이었다. 특히 림프관과 섬유성 결합조직은 반투명하고 하얀색을 띠는 겉모습이 봉한관이나 봉한소체와 매우 유사했다. 연구진은 봉한체계를 구성하는 세포의 독특한 모습과 내부 구조, 구성물질 등을 토대로 봉한체계가 기존에 알려진 생체조직과는 다르다는 점을 다양한 실험을 통해 제시했다.

이 가운데 누구라도 믿기 어려운, 심지어 연구진조차 처음에는 믿을 수 없었던 사실 한 가지가 결정타였다. 혈관과 림프관 안에서 새로운 관과 소체를 발견한 것이다. 두 관은 몸의 구석구석에서 고유의 기능을 수행하는 생체의 기본 단위, 즉 세포가 살아갈 수 있도록 중요한 역할을 수행한다. 혈관 안에는 적혈구, 백혈구, 혈소판, 그리고 투명한 액체인 혈장이 존재한다. 림프관에는 면역세포의 일종인 림프구와 액체가 존재한다. 당시는 물론 현재까지 생물학 교과서 어디에도 관이며 소체 같은 구조물이 혈관과 림프관 안을 관통하고 있다는 설명은 없다. 연구진은 이 새로운 구조물이 맥관 안에 존재한다는 의미에서 내봉한체계라고 불렀다.

내봉한체계는 놀랍게도 심장 안에도 그물처럼 분포하고 있었다.

심장이 혈관계와 림프관계의 중심기관이라는 사실을 떠올리면 사실 당연해 보인다. 하지만 심장 안에서 관과 소체로 구성된 구조물이 존재한다는 보고는 없었다.

내봉한체계는 혈관과 림프관을 뚫고 나가면서 새로운 봉한체계와 연결된다. 연구진은 혈관과 림프관 바깥에서 발견한 구조물을 외봉한체계, 흉부와 복부에 걸친 모든 장기의 표면에 분포하는 구조물을 내외봉한체계라고 명명했다. 연구진이 처음 발견하기 시작한 경혈 부위의 구조물은 별도로 표층 봉한체계라고 불렀는데, 이는 외봉한체계의 일부에 해당한다.

특히 흥미로운 부위는 신경계였다. 뇌와 척수로 이뤄진 중추신경계와 이로부터 뻗어 나가는 말초신경계 모두에서 봉한체계가 발견된 것이다. 뇌의 표면, 뇌와 척수 내부를 순환하는 뇌척수액, 말초신경을 둘러싸는 얇은 막 곳곳을 연결하는 신경봉한체계의 존재 역시 과학계에서 보고된 바가 없었다. 연구진은 여러 가지 봉한체계가 구조적으로 서로 연결돼 있다는 점을 확인했으며, 이들 사이에서 지속적인 상호작용이 이뤄진다고 주장했다.

그렇다면 봉한체계의 시작과 끝은 어디일까. 연구진은 각 장기를 구성하는 세포라고 파악했다. 세포에서 DNA를 포함하고 있는 핵에까지 봉한관이 연결돼 있다는 것이다. 연구진은 방사성동위원소와 특정 염색약을 이용해 이 사실을 확인했다고 설명했다. 요약하면 장기의 세포에서 출발한 봉한체계는 혈관과 림프관의 안팎, 그리고 여러 장기표면 등을 거치며 다시 처음의 장기 부위로 돌아오는 구조이다. 이 과정에서 반드시 통과하는 지점은 피부 아래 표층 봉한체계이다. 전체적으로 한의학의 경락 체계와 유사하면서 훨씬 세밀하고 복잡한 해부학적 구조물이 세포를 중심으로 인체 내에 그물처럼 펼쳐있는 모습이다.

봉한체계가 생체의 가장 근원적인 체계라고 볼 수 있는 근거는 무엇일까. 혈관계나 림프관계에 비해 좀 더 근원적인 체계라는 생각은 내봉한관의 발견에서 이미 예고돼 있었다. 가령 혈관이나 림프관 안에 봉한관이 있다는 말은, 생체의 발생 순서상 봉한관이 혈관이나 림프관보다 먼저 만들어졌을 것이기 때문이다. 나아가 연구진은 아예 생체가 발생하는 과정을 관찰하면서 봉한체계의 근원적 존재감을 알려줬다. 닭의 유정란이 실험 대상이었다. 유정란을 7-8시간 후에 관찰하면 특수한 세포가 나타나고 10시간 후에는 원시 봉한관이 등장한다. 그리고 20시간에 이르면 이를 둘러싸면서 혈관이 형성된다. 최종적으로 완성된 봉한관이 보이는 시기는 48시간경이었다.

Ⅲ. 두 가지 정보의 흐름

김봉한 연구진이 경락 체계의 해부학적 구조물을 발견했다면, 그 안에서는 무엇이 흐를까. 경락에서의 흐름이기에 당연히 기(氣)라는 말을 떠올릴 수 있을 것이다. 하지만 연구진의 논문 어디에도 기라는 단어는 발견되지 않는다. 대신 서양 생물학의 용어를 통해 흐름의 실체를 소개했을 뿐이다. 전기 신호의 전달, 그리고 내부 물질의 이동이 그것이다.

먼저 전기 신호를 살펴보자. 연구진은 표층 봉한소체에서 독특한 전기 신호가 발생하고 이것이 봉한관을 매개로 내부 장기로 전달되며, 반대로 장기의 상태에 따라 표층 봉한소체의 전기 신호가 변화할 수 있다고 설명했다. 봉한체계에서 전기 신호가 흐른다는 것은 두 가지 의미를 갖는 듯하다. 하나는 생체의 어떤 정보를 전기 형태로 전달한다는 것이다. 그리고 다른 하나는 전기 신호가 마치 신경에서처럼 근육의 움직임을 유발한다는 점이다. 그런데 연구진의 논문에서는 정보전달의 측면에 대한 설명은 발견되지 않는다. 주로 내부 물질을 움직이게 하는 근육운동의 측면에 대한 설명이 제시돼 있다.

연구진은 토끼의 표층 봉한소체에서 세 가지 종류의 독특한 전기 신호를 발견했다. 배양액 안에 넣은 표본에서는 물론 생체에서도 관찰했다고 한다. 다만 같은 동물에서 표층 봉한소체마다, 같은 소체에서도 시간마다, 그리고 동물의 상태에 따라 전기 신호가 상이하게 나타난다고 밝혔다.

독특한 전기 신호가 발생하고 있다면 이 신호는 어디론가 전달될 것이다. 연구진은 한마디로 표층 봉한소체를 흥분성 조직이라고 표현했다. 이곳에 어떤 자극을 가하면 세 가지 전기 신호의 발생 빈도에 변화가 생기며, 이 변화는 주변의 다른 표층 봉한소체에 영향을 미친다는 것이다. 전달의 속도도 제시했다. 초속 3.0㎜ 정도였다. 일반적인 신경세포 사이의 신호전달 속도보다 상당히 느리다.

연구진은 표층 봉한소체가 경혈의 실체라고 봤기 때문에, 소체에 한의학의 치료방법을 적용하고 어떤 변화가 발생하는지 관찰했다. 침, 뜸, 그리고 흔히 약침의 재료로 사용되는 용액 등을 처리했다. 그러자 표층 봉한소체에서 전기 신호가 일정한 패턴으로 변화했다. 흥미로운 점은 자극이 강하다고 해서 반응이 강하게 나타나지 않는다는 사실이었다. 연구진은 "봉한소체의 기능 상태에 적합한 세기의 자극을 주는 경우에 자극 효과가 가장 현저하게 나타나며 강한 자극을 반복해서 준다고 하여 그 효과가 커지는 것이 아니"라고 설명했다.

표층 봉한소체와 내장 기관 간의 연관성을 확인하는 실험도 진행했다. 가령 토끼의 대장을 식염수로 자극하면 대장의 운동이 변화하는데, 이에 따라 소체의 전기 신호도 변화한다고 했다.

이제 봉한체계에서 발생하는 전기 신호가 내부 물질을 이동시키는 동력, 즉 봉한체계의 기계적 운동을 일으키는 측면에 대해 살펴보자. 봉한관에서 전기 신호의 변화가 발생하면 일정 시간이 지난 후 기계적 운동이 일어난다. 근육의 운동이 신경계의 작용으로 발생하는 것처럼 말이다. 사실 봉한체계가 기계적인 운동을 수행할 것이라는 사실은 그 해부학적 구조를 통해 이미 예상할 수 있었다. 표층 봉한소체의 겉 부분과 봉한소관을 둘러싼 외막 등 곳곳에서 평활근 같은 세포를 발견했기 때문이다. 우리 몸의 근육은 크게 골격근, 심장근, 그리고 평활근으로 구분되며, 이 가운데 평활근은 장기의 연동운동을 일으키는 근육이다.

연구진은 봉한관을 분리헤 실제로 어떤 형태의 운동을 하는지 관찰했다. 그대로 둔 채, 또는 약물을 처리한 채 살펴봤다. 일반적인 장기의 연동운동과 비슷하면서도 차이가 있었다. 봉한관의 운동은 세 가지 종류로 구분된다. 종축 방향으로 연속적으로 발생하는 종운동, 횡축 방향으로 빠르게 박동하는 횡운동, 두 가지 혼합된 파상형 운동이 그것이다. 이 가운데 가장 크고 자주 일어나는 것은 횡운동이라고 한다. 분리된 표본에서 관찰한 봉한관의 운동 속도는 초속

0.1-0.6mm로 제시됐다.

이제 내부 물질의 실체를 살펴보자. 연구진은 이를 봉한액이라고 불렀다. 봉한액에서 상상도 못할 새로운 생체물질이 존재할 것으로 기대했다면 실망할 수 있다. 그동안 과학계에서 밝혀진 핵심적인 생체물질들이 포함돼 있다. 핵산(DNA와 RNA), 단백질, 지질, 탄수화물 등 생명체의 기본 유기물질과 함께 일부 호르몬 성분이 검출됐다. 그렇다고 실망할 필요는 없다. 생체물질이 전혀 새로운 구조물 안에 존재한다는 사실 자체가 무척 흥미롭기 때문이다.

예를 들어 호르몬은 생체 내분비 기관에서 형성돼 혈액을 통해 곳곳으로 전달된다고 알려져 있다. 그런데 연구진은 봉한액에 부신피질호르몬, 부신수질호르몬, 성호르몬 등과 같은 특정 호르몬이 존재한다고 밝혔다. 심지어 다른 부위에 비해 상대적으로 많이 분포했다. 가령 심장박동을 높이거나 근육을 수축시키는 아드레날린과 노르아드레날린은 심장과 혈액에 비해 수십 배 많은 양이 검출됐다. 연구진이 명확히 지적하지는 않았지만, 어쩌면 봉한체계가 특정 호르몬을 생성하거나 이동시키는 주요 부위일 수 있다는 생각을 떠올리게 한다.

또 하나의 흥미로운 구성물은 히알루론산이다. 히알루론산의 정체는 아직 잘 알려지지 않았다. 눈의 수정체와 망막 사이를 채우는 부위, 그리고 탯줄에서 발견되는 점액성 다당류 물질로서 병균이나 독성 물질의 침투를 막는 기능을 발휘한다는 정도로 밝혀져 있다. 그런데 봉한체계에서 다른 부위보다 훨씬 많은 히알루론산이 발견됐다는 것이다.

봉한액 속의 다양한 생체물질은 어떤 기능을 수행하고 있을까. 연구진은 전반적인 해답을 다음과 같이 한 문장으로 제시했다. "산알로부터 세포가 형성될 때 물질대사에 이용된다고 본다." 여기서 산알은 봉한액에서 발견된 핵산을 의미한다.

Ⅳ. 세포의 지속적인 갱신

봉한학설의 내용 가운데 가장 중요한 부분을 꼽으라면 단연 산알의 존재이다. 연구진 자신도 그렇게 생각한 듯하다. 5편의 논문 가운데 유일하게 글자별로 아래에 방점을 찍어 강조한 문장 하나가 있다. 제4 논문의 결론에서다.

"모든 생명 과정의 바탕에는 산알의 운동이 놓여 있다."

산알은 '살아있는 알'이라는 뜻으로 1.2-1.5 마이크로미터 정도의 크기를 갖는 독특한 물질이다. 가운데에 DNA가 뭉쳐 있고, 주변에 RNA가 분포하고 있으며, 바깥으로 얇은 막이 둘러싸고 있다. 산알의 존재가 왜 흥미로울까. 지금까지 알려진 바로는, 생체에서 DNA와 RNA가 분포하는 곳은 세포이다. 특히 DNA는 세포 안의 핵에 거의 모두 존재한다는 것이 정설이다. 평소 생체의 생리 기능을 관장하는 온갖 단백질을 만들어내고, 세포가 두 개로 분열할 때는 정확히 두 배로 늘어나 각 세포로 나눠진다. 이렇게 중요한 DNA가 세포 안이 아닌, 그리고 봉한체계라는 새로운 구조에서 독립적으로 존재한다는 것은 현대 생물학계에서 상상할 수 없는 사안이다. 여기서는 그 진위를 떠나 김봉한 연구진의 주장을 좇아보자.

산알의 역할은 크게 두 가지로 요약할 수 있다. 첫째, 산알은 세포로 자라고, 세포는 다시 산알로 돌아간다. 제4 논문의 서두에서 산알이란 "자라나서 세포로 되고 각 기관의 조직 세포는 봉한산알로 되어"라고 명시돼 있다. 그렇다면 생체의 구조적, 기능적 기본 단위는 세포가 아니라 산알이 된다. 둘째, 이 순환 과정은 세포의 자기 갱신을 의미한다. 세포가 활동을 하다가 어느 시점에 이르면 다수의 산알로 변하고, 이 산알은 다시 다수의 세포로 자라난다.

특히 몸의 조직이 손상되면 산알은 그곳으로 가서 건강한 세포로 자라난다. 예를 들어 토끼의 간장에 손상을 입히고 24시간이 지나 간장의 세포들이 완전히 사멸할 즈음 주변의 모세혈관이나 결합조직에서 산알이 많이 나타났다. 7일경에는 산알이 자라나 새로운 간장 세포들이 형성됐다.

대단한 주장이다. 우리의 상식으로 생체는 하나의 세포(수정란)에서 영양분을 공급받으며 분열을 거듭해 형성돼 왔다. 새로운 세포는 오로지 기존의 세포가 절반으로 나뉘며 형성된다. 모든 세포의 원조에 해당하는 줄기세포 역시 마찬가지이다. 그런데 산알이 새로운 세포로 자라나고, 손상된 조직을 회복시키는 치료의 역할까지 수행한다는 것이다. 굳이 표현하자면 '줄기세포의 근원적 생체물질'인 셈이다.

한편 산알과 세포의 상호변화 과정이 맞든 틀리든, 일반적으로 세포가 두 개로 분열한다는 것은 당시나 지금이나 상식적으로 받아들여지는 사실이다. 김봉한 연구진은 일반적인 세포의 분열을 어떻게 파악했을까. 한마디로 산알과 세포의 상호변화 과정에서 벌어지는 "특수한 한 형태"로 봤다. 세포가 분열할 때 두 배로 늘어난 DNA가 뭉쳐 염색체를 형성한다. 이 염색체가 바로 산알 내부의 DNA라는 것이다.

이제 봉한학설이 제시하는 중요한 한 가지 결론을 설명할 단계이다. 연구진은 봉한체계가 가장 근원적인 "순환체계"라고 주장했다. 마치 혈관계나 림프관계처럼 내부의 봉한액이 몸 전체를 순환한다는 설명이다. 그 근거는 산알 자체 또는 봉한액에 방사성동위원소를 투입한 후 그 움직임을 관찰한 결과였다. 장기의 세포에서 형성된 산알이 여러 봉한체계를 거쳐 표층 봉한소체에 이른 후 다시 장기 부위로 돌아갔다. 이 과정에서 산알은 완전한 세포로 성숙한다.

특히 흥미로운 점은 모든 산알이 표층 봉한소체를 거친다는 설명이다. 피부에 있는 소체는 다른 위치의 소체에 비해 어떤 남다른 역할을 할까. 피부는 내장과 달리 햇빛을 직접 받는 부위이다. 연구진은 "산알이 표층 봉한소체에서 받을 수 있는 작용은 광화학적 영향이 중요한 하나가 아닌가 생각"해서 새로운 실험을 고안했다. 햇빛을 차단한 채 산알의 변화를 관찰하는 실험이었다.

그 결과 햇빛을 받지 못한 상황에서는 산알이 제대로 세포로 자라지 못했다. 예를 들어 간장 세포에서 얻은 산알을 암실에서 배양한 결과 산알이 4일경 104개의 세포로 자라났지만 암실에서는 32개만 형성됐다. 햇빛이 산알의 성숙 과정에 핵심적인 역할을 수행할 것임을 알려주는 대목이다.

산알 학설을 증명하는 대표적인 사례는 마지막 논문에서 제시됐다. 혈구가 연구대상이었다. 인체에서 미스터리로 남아 있는 많은 현상 가운데 한 가지가 혈구의 막대한 생성이다. 가령 성인의 혈액 속에 있는 적혈구의 수는 250억 개에 달한다. 대체로 매일 소멸하고 생성되는 적혈구가 1% 정도라고 하니, 하루에 만들어지는 적혈구는

2억 5천만 개 정도로 볼 수 있다.

이 막대한 양의 혈구들은 무엇으로부터 만들어질까. 현대 의학계에서는 주로 골수에서 생성되는 조혈 줄기세포가 분화돼 다양한 혈구가 생성되며, 이 혈구들이 분열하면서 그 수가 늘어난다고 보고 있다.

김봉한 연구진은 혈구의 생성에 대한 기존의 해석에 문제를 제기한다. 즉 세포가 세포에서만 분열해 발생한다는 관점에서 본다면 인체에서 관찰되는 막대한 수의 혈구가 어떻게 생기는지 설명하기 어렵다는 것이다. 그리고 적혈구와 백혈구 역시 산알과 세포의 순환 과정을 거쳐 생성된다고 주장했다. 물론 연구진은 기존에 알려진 바와 같이 혈구의 분열로 새로운 혈구가 생성된다는 사실은 인정한다. 다만 봉한체계를 통해 생성되는 과정이 주된 과정이며, 이를 통해서만 막대한 양의 혈구 갱신을 보장할 수 있다고 주장했다. 이에 비해 혈구의 분열로 혈구가 생성되는 과정은 "극히 일부"일 뿐이라고 한다.

연구진은 봉한체계가 산알이 적혈구로 만들어지는 장소라는 점을 증명하기 위해 토끼에게 빈혈을 일으키고 혈관 내봉한소체의 추이를 관찰했다. 특정 용액을 토끼에게 반복해서 주입하자 말초 혈관에서 적혈구의 수가 24% 정도 감소했다. 내봉한소체는 어떻게 변했을까. 적혈구의 수를 늘리는 방향으로 변화했다. 즉 내봉한소체의 크기가 1.5-2배로 커졌다. 흥미롭게도 내봉한소체의 수도 증가했다. 내봉한소체에 연결된 봉한관의 굵기는 확장됐다. 그리고 내봉한소체 내부에서 적혈구 형성이 왕성해졌다.

V. 맺음말

김봉한 연구진이 보고한 5편의 논문은 그 자체로 완성작이 아니다. 논문의 흐름을 보면 향후 연구할 내용이 무궁무진해 보인다. 그러나 어쩐 일인지 김봉한이라는 이름은 물론 경락연구원 자체가 1967년경부터 북한에서 사라졌다. 여러 해석이 구구하지만, 정치적 이유로 숙청을 당했다는 설이 유력해 보인다.

지난 10여 년간 서울대 연구진은 봉한학설의 진위를 현대 과학의 실험방법으로 증명해 왔다. 전체적으로 보면 봉한체계의 구조적 실체에 대해서는 상당 부분 확인한 듯하다. 실험동물의 혈관과 림프관 내부, 심장의 내부, 장기표면, 그리고 뇌의 표면과 뇌척수액 내부 등에서 봉한관과 봉한소체를 발견했다. 어렵사리 발굴한 염색약과 첨단 현미경을 동원했다.

예를 들어 소의 심장 내부에 봉한체계가 그물처럼 퍼져 있다는 사실을 발표했고, 서구 심장학계의 일각에서 흥미로운 발견이라는 반응이 나왔다. 림프관의 경우 토끼의 림프관 바깥에서 내부의 가느다란 관이 들여다보이는 현미경 장치를 개발했다. 이 장치는 그동안 봉한체계의 존재를 믿지 않은 다른 연구자들에게 신뢰감을 주는 데 상당한 영향을 미쳤다. 장기표면에 분포하는 봉한체계에 대해서는 여러 시연 과정을 통해 다른 연구자들이 비교적 손쉽게 확인할 수 있었다. 쥐의 뇌 표면은 물론 등의 척수 한가운데까지 봉한체계가 퍼져 있는 모습을 발견한 논문 역시 봉한학설의 내용을 거의 그대로 재현한 것이었다.

연구진은 봉한체계 안에서 산알로 추정되는 DNA 과립, 호르몬 성분, 그리고 히알루론산의 존재도 확인했다. 하지만 주로 전자현미경과 염색약으로 그 존재를 확인했을 뿐, 실제로 이들이 어떤 기능을 수행하는지에 대해서는 연구를 진전시키기 어려웠다. 그리고 봉한액이 이 체계 내에서 과연 순환하고 있는지를 증명하는 연구는 아직 해결해야 할 과제로 남아 있다. 김봉한 연구진이 수행한 것처럼 방사성동위원소나 특정 염색약을 봉한액 물질에 투입하는 실험이 필요했지만, 현재까지는 여러 어려움으로 논문발표는 이뤄지지 않고 있다. 지금까지 생체 내에서 부분적으로 확인한 봉한체계를 생체 전체에 분포하는 모습으로 확인할 수 있도록 시각화하는 작업도 과제이다.

서울대 연구진은 2000년대 후반부에 봉한학설을 현대적인 이름으로 바꿔 불렀다. 그동안 논문에서 봉한학설을 소개하자 국내외 과학계에서 낯설어할 뿐 아니라 어떤 의미를 담고 있는지 한눈에 전달하기 어렵기도 했다. 그래서 연구진은 프리모 시스템(primo vascular system)이라는 용어를 만들었다. 봉한체계가 생명체 내에서 가장 근원적인 체계라는 의미에서다.

프리모 연구진은 김봉한 연구진과는 다른 새로운 성과물을 도출하기도 했다. 대표적으로 암 조직에서 봉한체계가 형성되는 과정을 확인한 사례를 들 수 있다. 암 조직 역시 생체에서 발생하는 것이므로 당연히 봉한체계가 관여할 것이라고 판단했다. 실험 결과 실제로 암 조직이 발생하는 내부에서 봉한관의 존재를 확인한 바 있다. 연구진은 이 관이 암의 전이를 일으키는 통로가 아닐까 조심스럽게 예측한다. 현재 의학계에서 암세포의 전이는 혈관이나 림프관을 통해 이뤄진다고 알려졌지만, 그 구체적인 메커니즘은 명확히 밝혀지지 않았다.

프리모 연구진이 주시하고 있는 또 하나의 주제는 줄기세포의 기원이다. 산알 학설이 맞는다면 인체 내에서는 끊임없이 세포가 산알로, 산알은 세포로 변화하고 있다. 당연히 산알이 세포로 성숙하기 직전에 흔히 성체줄기세포라고 알려진 세포의 어버이가 존재할 것이다. 현대 의학계에서 성체줄기세포의 존재는 알려졌지만 어디에 얼마나 분포하고 있는지에 대해서는 정확히 규명된 바가 없다. 산알 학설이 프리모 연구진에 의해 증명된다면 줄기세포에 대한 세계적인 연구의 방향은 크게 바뀔 수밖에 없다. 참고로 현재 과학계에서 주로 몰입하고 있는 줄기세포 연구는, 몸 속에서 줄기세포를 발견하는 일이 아니라 유전공학 기법을 이용해 배아나 성체의 줄기세포를 우리가 원하는 방향으로 변형시키는 일에 맞춰져 있다. 그 성공 여부를 떠나 당연히 이에 따른 부작용을 극복해야 한다는 과제를 안고 있다.

이 외에도 봉한학설이 제시하고 있는 과학적 의미는 광범위하다. 생명의 기본 단위가 세포에서 산알로 바뀌어야 하고, 세포의 성장과 분열에 대해 전혀 다른 각도의 해석이 필요하다. 생체의 근원적인 순환계가 별도로 존재한다는 주장도 대단히. 임상적으로 볼 때 봉한체계가 실재한다면 당연히 현재와 같은 수술기법이나 약물치료는 근본적으로 제고돼야 할 것이다.

그러나 프리모 연구진의 지난한 노력에도 불구하고 현재 주류 과학계의 반응은 냉담하다. 다만 프리모 연구진과는 별도의 유수한 연구진들이 봉한학설을 증명하고 응용하려는 시도가 국내외에서 가시화되고 있다는 점에서 고무적이긴 하다. 예를 들어 면역학 분야에서 저명한 국내 한 연구진이 생쥐의 봉한체계에서 혈구의 줄기세포를 대량 발견했다고 최근 발표했다. 골수가 아닌 곳에서 조혈 세포의 줄기세포가 풍부하게 존재한다는 것은 의학계의 상식을 뒤집는 놀라운 발견이다. 또한 과거 프리모 연구진이 시연한 바 있는 미국 워싱턴대학 의대에서는 봉한체계의 전체 분포를 시각화시키고 봉한액의 순환을 증명하려는 프로젝트를 계획하고 있다.

봉한학설이 향후 어떤 방향으로 증명돼 나갈지 현재로서는 판단이 어렵다. 최근까지 프리모 연구진이 밝힌 바로 추측한다면, 인체에는 인류가 몰랐던 새로운 해부학적 구조가 존재할 가능성이 크다고 볼 수 있다. 그리고 봉한학설의 내용이 맞는다면, 우리 몸에는 햇빛의 영향 아래 지속해서 세포의 자기 갱신과정을 거치는 특별한 통로가 존재할 것이다. 굳이 의학적 치료방법까지 논하지 않더라도 기공이나 명상을 통한 수련과정은 이 통로를 활성화하는 방법일 수 있다. 그것이 한의학에서 전제돼 온 경락이든 아니든 말이다.

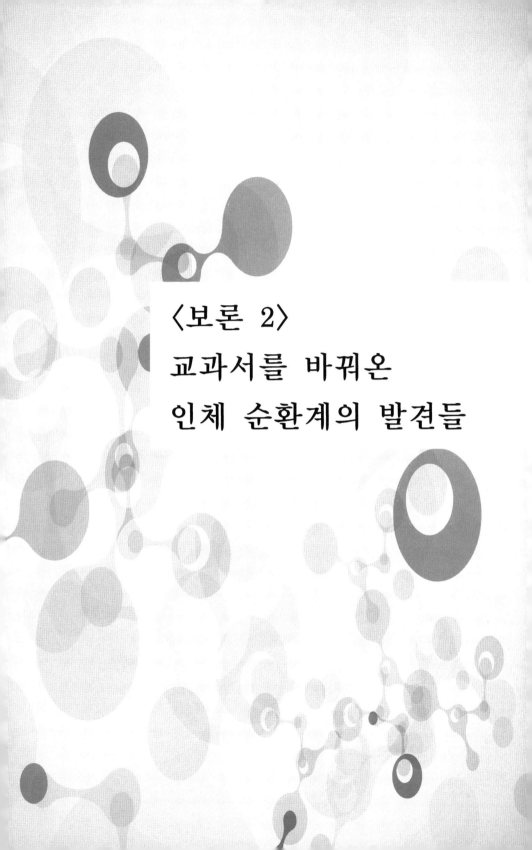

〈보론 2〉
교과서를 바꿔온
인체 순환계의 발견들

현재 우리가 교과서에서 배우고 있는 과학지식은 대부분 현대 과학계에서 정설로 수용된 것이다. 과거의 교과서에는 당연히 당시의 과학계에서 널리 받아들여지는 내용이 실려 있었다. 과학의 방법론이 정교해지고 새로운 발견이 거듭될수록 한때 맞았다고 여겨진 사실이 나중에 틀렸다고 증명되거나, 반대로 틀린 줄 알았지만 실제로는 맞은 것이었다고 한참 뒤에 판명되는 경우가 숱하다. 때로는 완두콩 실험을 통해 유전법칙의 토대를 세운 오스트리아의 수도사 멘델(Gregor Johann Mendel, 1822-1884)처럼, 논문발표 당시 거의 학계의 관심을 받지 못하다가 35년 후인 1900년 세 명의 유럽 과학자에 의해 동시에 그 업적을 인정받은 사례도 있다. 그리고 이 같은 복잡한 과정은 현대 과학계에서도 얼마든지 나타날 수 있을 것이다. 이 책에서 다루는 주제와 밀접히 관련된 인체 순환계에 대한 발견의 흐름을 간단히만 살펴봐도, 과거부터 최근까지 새로운 발견이 수없이 이뤄져 왔음에도 아직 '교과서를 바꿔야 할 만큼' 새롭게 규명될 내용의 등장이 여전히 예고돼 있음을 알 수 있다.

　우리 몸을 구성하는 대표적인 순환계가 혈관계이며, 혈액이 심장을 중심으로 몸 전체를 순환하고 있다는 사실은 현대인이라면 누구나 알고 있다. 과거에는 어땠을까. 1628년 영국의 생리학자 하비

(William Harvey, 1578-1657)가 이 사실을 규명하기 전까지 혈액의 순환이란 개념은 없었다.[67] 당시까지 혈액의 운동에 대해서는 고대 그리스의 갈레노스(Claudios Galenos, 129-199)가 주장한 내용이 정설로 받아들여져 왔다. 갈레노스에 따르면 혈액이 만들어지는 장소는 간장이다. 내부 소화기관에서 흡수된 영양물질은 간장으로 보내진 후 혈액으로 바뀌어 몸속 곳곳으로 전달된다. 혈액의 일부는 한편으로 폐로부터 들어온 공기와 심장에서 합쳐져서, 다른 한편으로 뇌와 신경계를 통해 역시 몸속 곳곳으로 전달된다. 이들 체계는 서로 독립돼 있으며, 시작과 끝이 있는 열린 구조였다.[68]

하비는 갈레노스의 정설을 비판한 대가를 치렀다. 단적으로 의학계에서 미친 사람으로 취급당했고, 환자들로부터 진료를 거부당했다고 한다. 무엇보다 당시까지의 관찰기법으로는 혈액이 순환한다면 동맥과 정맥이 점차 가늘어지다 결국 어떻게 연결되는지에 대한 설명이 어려웠다. 오늘날 모세혈관이 이들의 연결고리라고 상식적으로 알려진 사실은, 하비가 혈액 순환 논문을 발표한 지 30여 년 후인 1661년 이탈리아의 생물학자 말피기(Marcello Malpighi, 1628-1694)에 의해 밝혀짐으로써 비로소 과학계에 수용될 수 있었다. 그런데도 하비는 고대부터 내려오던 잘못된 정설을 바로잡은 공로로 생리학 '혁명'의 주역으로 평가받고 있다. 흔히 이 상황은 '간장 중심주의

---

67) 심장의 구조, 혈관의 종류(동맥과 정맥) 등에 대한 대략적인 이해는 기원전 4세기경 히포크라테스 시대부터 시작됐지만 순환의 개념은 하비에 이르러서야 정립됐다. 한편 기원전 4세기경부터 인도에서 체계화된 전통의학 아유르베다(Ayurveda)에 이미 심장을 중심으로 혈액이 순환한다는 개념이 등장했다는 주장도 있다(Patwardhan, K, 2012).

68) 갈레노스는 소화, 호흡, 신경 등 인체의 주요 생리 기능을 종합적으로 파악하는 과정에서 혈액의 움직임을 설명했으며, 하비는 혈액의 움직임에만 초점을 맞춰 연구를 진행했다. 고대부터 하비까지 진행돼온 혈액 운동에 대한 대략적인 연구 흐름은 김영식(2001, 153-169)에 요약돼 있다.

(hepatocentrism)에서 심장 중심주의(cardiocentrism)로의 전환'이라고 표현되기도 한다.

혈관계에 대한 새로운 과학적 발견은 현재도 꾸준히 진행되고 있다. 예를 들어 2019년 1월 영국의 『네이처 메타볼리즘(*Nature Metabolism*)』에 발표된 독일 연구진의 논문은 정강이뼈 같은 긴 뼈 안팎을 생각보다 훨씬 많은 모세혈관이 드나들고 있다는 점을 알려줬다(Grüneboom, A et al, 2019). 그동안 동맥과 정맥이 뼈 내부의 골수까지 관통해 있다는 사실은 잘 알려져 있었다. 전쟁터에서 심한 부상을 당한 군인이나 병원 응급실에 실려 온 환자에게 주사기를 정강이뼈나 어깨뼈에 급히 꽂는 경우가 있다. 촌각을 다투는 긴급 상황이기에 직접 정맥을 찾아 약물을 투여할 시간이 없다. 골내 주사라 불리는 이 방식은 바로 뼈 내부의 정맥을 통해 약물이 전달될 수 있기 때문에 사용돼 왔다. 그런데 독일 연구진이 생쥐의 정강이뼈를 상세히 들여다본 결과, 그동안 알려진 비교적 굵은 동맥과 정맥 외에 뼈 표면에 상당히 많은 미세한 구멍을 통해 모세혈관이 관통하고 있었다. 뼈에 공급되는 동맥 혈액의 80%, 뼈에서 나가는 정맥 혈액의 59%가 이 모세혈관을 통해 이동했다. 사람의 정강이뼈에서도 비슷한 모세혈관의 통로가 뚜렷이 관찰됐다. 또한 염증 발생에 연관된 면역세포의 일종인 호중구(neutrophil)가 모세혈관을 통해 이동하는 모습도 생쥐에서 확인됐다. 골내 주사의 효과는 물론 골수에서 만들어지는 면역세포의 반응이 신속히 진행되는 이유가 좀 더 명확히 이해될 수 있는 발견이었다.

우리 몸에 있는 또 하나의 순환계인 림프관계의 경우, 그 발견의 과정은 혈관계에 비해 복잡하고 점진적이었다. 고대 히포크라테스

시대부터 비교적 큰 림프결절(lymphatic node)은 몸 곳곳에서 발견됐으며, 이와 연결된 림프관 내부에 지방질이 분해된 우유 같은 물질(암죽, chyle)이 차 있다는 사실도 일부 보고돼 있었다. 림프(lymph)라는 말은 '맑은 샘물'을 뜻하는 님프(Nymph)에서 비롯됐다. 하지만 림프관계가 혈관계와 연결돼 있으면서도 구별되는 하나의 순환체계라는 사실이 정립되는 과정은 수많은 과학자들의 부분적인 발견들이 축적되면서 진행됐기에, 하비처럼 어느 한 명을 결정적인 발견자로 지목하기는 어려워 보인다. 다만 하비의 시대에 림프관계에 대한 중요한 발견들이 이뤄졌다는 평가는 많다. 가령 이탈리아 해부학자 아셀리(Gaspare Aselli, 1581-1625)는 하비의 발표 1년 전인 1627년, 살아있는 개를 해부한 결과 이자에서 간장으로 들어가는 관들 가운데 그동안 신경으로 여겨지던 투명한 관이 사실은 암죽관이라는 점을 발견했다(Tonetti, L, 2017). 하지만 아셀리는 갈레노스의 간장 중심주의의 영향을 벗어나지 못해 림프관이 간장을 중심으로만 모여든다고 생각했다. 이에 비해 동시대 페퀘(Jean Pecquet, 1622-1674)는 림프관이 간장뿐 아니라 이자, 장간막 등 여러 곳에 모일 뿐 아니라 내장 기관에서 나온 암죽이 가슴을 타고 심장으로 향한다는 점을 밝힘으로써, 간장 중심주의를 벗어나는 데 기여했다는 평을 받고 있다.

림프관에 대해 최근 진행돼온 새로운 과학적 발견은 혈관에 비해 좀 더 극적이다. 2015년 6월 영국의 과학전문지 『네이처(Nature)』에 보고된 미국 버지니아대 연구진의 논문이 좋은 사례이다(Louveau, A et al, 2015). 지난 200여 년 동안 고등생명체의 뇌에 면역작용을 담당하는 림프관계가 존재하지 않는다는 것이 의학계의 정설이었다.

좀 이상하다. 생물에게 뇌의 기능이 다른 어떤 기관의 기능보다 중요할 텐데, 왜 뇌에는 보호장치인 림프관계가 없을까.[69] 과학자라면 누구나 궁금해지는 사안이었지만, 누구도 뇌에 림프관계가 존재할지 모른다고 생각하지 않았다. 정설이었기 때문이다. 실제로 현대 의학 서적에서 인체의 림프관계는 눈 주변까지만 분포하는 것으로 그려져 있다.

버지니아대 연구진은 뇌에 질병이 생겼을 때 뇌막 주변에서 발견되는 면역세포가 어디서 오는지에 대해 탐구하고 있었다. 새로운 발견은 우연히 이뤄졌다. 연구진은 생쥐의 뇌막을 슬라이드에 고정하고 관찰하는 과정에서 뇌막의 가장 바깥 층 내부에 림프관이 퍼져 있다는 사실을 확인했다. 연구진 스스로도 처음에는 믿기 어려웠다고 한다. 각종 언론매체에 보도된 이들의 표현에 따르면 "너무나 잘 숨겨져 있는" 구조여서 "찾으려는 것이 무엇인지 미리 알고 있지 않다면" 도저히 찾을 수 없는 존재였다. 그야말로 교과서를 새로 써야 할 발견이었다. 흥미롭게도 거의 같은 시기에 핀란드 헬싱키대 연구진 역시 생쥐의 뇌에서 림프관을 발견했다고 다른 학술지에 발표했다(Aspelund, A et al, 2015).

사람의 뇌에서도 림프관계의 존재가 확인됐다는 논문은 2017년 발표됐다(Absinta, M et al, 2017). 연구진은 자기공명영상(MRI) 장치로 사람 뇌의 혈관을 관찰하던 중 혈관과는 다른 구조물이 있다는

---

69) 그동안 뇌의 주요 보호장치로 '혈관-뇌 장벽'이 지목돼 왔다. 혈액이 운반해온 물질 가운데 물에 잘 녹는 성분은 모세혈관에서 신경세포로 이동하지 못한다. 이 부분이 인체의 다른 부위에서의 혈관계 작용과 주요하게 차이가 나타나는 지점이다. 물에 녹아있는 성분들 가운데 뇌에 악영향을 줄 만한 것을 원천적으로 차단했다. 뇌에 반드시 필요한 수용성 성분은 별도의 수송 장치를 통해 모세혈관 벽을 통과할 수 있다. 이를 가리켜 혈액-뇌 장벽이라 부른다. 최근까지 이 장벽의 실체는 모세혈관을 둘러싸는 내피세포들이 매우 촘촘히 연결돼 있는 구조, 또는 모세혈관 바깥에 맞닿아 있는 신경아교세포 등으로 인식돼 왔다.

사실을 확인했다. 마침 버지니아대 연구진이 생쥐의 뇌막에서 림프관계를 발견했다는 소식을 접하고는, 자체 개발한 조영 기법을 이용해 사람 뇌에서 림프관계를 발견하는 데 성공했다.

새로운 해부학적 구조물의 발견은 난치병에 대한 새로운 치료기법의 개발 가능성으로 이어지고 있다. 2018년 버지니아대 연구진은 림프관이 뇌의 기능과 질환에 중요한 역할을 수행한다는 사실을 발표했다(Mesquita, S. D et al, 2018). 늙은 생쥐의 뇌막에 분포한 림프관을 넓혀 노폐물이 잘 빠져나가게 하는 등 림프관의 기능을 향상시키자 기억력과 학습능력이 증대했다. 또한 치매의 일종인 알츠하이머병에 걸린 생쥐의 뇌막 림프관을 차단하자 병의 원인물질로 지목되고 있는 물질이 뇌에 더욱 많이 축적된다는 사실을 확인했다. 뇌의 림프관을 어떻게든 조절할 수 있다면, 뇌의 기능 향상과 난치병 치료의 길이 열릴 수 있다.

림프관계와 직접 관련되지는 않지만, 면역세포의 일종인 호중구가 뇌막과 머리뼈 사이의 '미세한 관 통로(microscopic vascular channel)'를 통해 이동하는 모습이 확인되기도 했다(Herisson, F et al, 2018). 뇌 손상이 일어났을 때 나타나는 호중구는 흔히 팔이나 다리 같은 큰 뼈의 골수에서 만들어져 이동한다고 알려졌으나, 연구진은 뇌와 가까운 머리뼈에서 만들어져 미세한 관 통로를 통해 곧바로 손상 부위로 다가간다는 사실을 알아냈다.

일반적인 림프관계의 기원, 즉 림프관을 형성하는 세포가 어디서 오는지에 대한 발견도 새롭게 보고돼 왔다. 이스라엘 와이즈만과학연구소 연구진은 지난 10여 년간 열대어의 일종인 제브라피시와 생쥐의 림프관계 형성에 대해 탐구하고 있었다. 1902년 한 해부학자가 돼지의 배아 발생 과정을 탐구한 결과 림프관이 기존의 정맥에서 만들어진다고 주장했다. 하지만 연구진은 림프관이 항상 정맥에서 만들어진다는 정설에 도전하는 증거를 발견했다. 연구진은 혈관이나 림프관 안쪽 벽을 이루는 내피세포가 여러 종류의 형광 단백질을 만들 수 있도록 유전자를 변형한 제브리피시를 개발했다. 그리고는 림프관이 만들어지는 과정에 정체를 알 수 없는 새로운 종류의 세포들이 출현하는 모습을 포착했다. 이 연구결과는『네이처』5월 20일 자 온라인판에 게재됐다(Nicenboim, J, et al, 2015). 논문을 투고한 지 1년 1개월 만에야 게재 통보를 받았다.

같은 날『네이처』에는 영국 옥스퍼드대 연구진의 논문이 나란히 소개됐다(Klotz, L, et al, 2015). 연구진은 생쥐의 심장 주변에서 림프관이 만들어지는 과정을 연구하던 중 20% 정도의 림프관 내피세포가 혈관의 내피세포가 아닌 다른 세포로 구성돼 있다는 사실을 알아냈다. 이들은 이스라엘 연구진보다 논문을 한 달 늦게 투고했는데, 역시 1년이 지나서야 게재가 확정됐다.

두 연구진은 림프관의 기원에 관한 정설에 도전했다는 사실 외에 또 한 가지 공통점을 갖고 있었다. 실험 과정에서 새로운 사실을 발견한 이후 한동안 이를 학계에 보고할 엄두를 내지 못했다는 점이다. 말도 안 되는 소리라는 비판이 빗발칠 것이 불 보듯 뻔했다. 사실 이들보다 수개월 전 스웨덴 웁살라대의 한 연구진이 다른 학술지에 비슷한 주장을 담은 논문을 발표한 바 있다. 생쥐의 소화관계와 등 쪽 피부 부위에서 만들어지는 림프관에서 역시 새로운 종류의 세포들을 발견했다. 나중에 한 연구원은 언론매체를 통해 "우리가 보고 있던 것이 무엇인지 이해하는 데 매우 오랜 시간이 걸렸다"라고 소감을 밝혔다.

한편 혈관계와 림프관계 같은 명확한 순환계가 아니라도 우리 몸에 순환계 비슷한 어떤 체계가 존재할 수 있다는 보고도 있었다. 암의 전이 과정을 조사해오던 미국의 한 연구진은 우연히 생체 전반의 결합조직에서 그물망 모양의 새로운 구조물을 발견했다고 2018년 3월 『네이처』 자매지 『사이언티픽 리포트(*Scientific Reports*)』에 보고해 화제를 모았다(Benias, P. C et al, 2018). 연구진은 자체 개발한 내시경으로 암 환자의 담관(bile duct) 내부를 관찰하던 중 점막 안쪽에서 이전까지 학계에 보고되지 않은 새로운 형태의 구조물을 발견했다. 이 부위는 흔히 간질(間質, interstitium)이라 불리는 콜라겐 성분의 섬유조직이었는데, 속이 액체로 차 있는 많은 통로들이 다발을 이루고 있는 모습이었다. 이전까지 통로 따위는 없고 콜라겐이 가득 채워져 있다고 알려진 모습과 전혀 달랐다. 흥미롭게도 연구진은 이같이 '체액으로 채워진 공간 구조물'을 암 환자가 아닌 일반인에게서도, 그리고 피부 속 진피층, 소화기와 비뇨기 계통 장기들, 근육 등 인체 전반에서 일관되게 발견했다.

그동안 이 같은 '거시적 생체 구조물'이 발견되지 못한 이유는 무엇일까. 연구진은 실험방법에서 문제가 있었다고 지적했다. 예를 들어 이전까지 담관을 현미경으로 관찰할 때는 조직을 떼어내 슬라이드에 고정하는 과정을 거쳤는데, 이때 체액이 모두 빠져나가 아무도 그 실체를 알아채지 못했다는 것이다. 연구진은 이 구조물이 암의 전이 과정에 중요한 역할을 수행할 것으로 짐작하고 있다. 암세포가 림프계를 통해 이동하는 과정에 이 통로가 연관돼 있다는 해석이다.

한편으로 연구진은 이 구조물에 '기관(organ)' 수준의 자격을 부여하고 싶어 했다. 하지만 기존에 알려진 간질을 자세히 들여다본 결과 새로운 형태를 발견한 것일 뿐이어서 결코 새로운 기관으로 불릴 수 없다는 반론도 만만치 않았다. 이 같은 자격 논란을 떠나, 인체 전반에서 어떤 물질이 이동하는 통로가 그물망처럼 퍼져 있다는 점은 분명 새로운 사실이다. 흥미롭게도 연구를 이끈 뉴욕대 병리학 교수는 언론매체와의 인터뷰에서 이 구조물이 한의학에서 침의 자극을 전달하는 통로, 즉 경락일 가능성을 제기하기도 했다.

❖ 참고문헌

(국문 자료)

김영식, 『과학혁명-전통적 관점과 새로운 관점』, 아르케, 2001.

(영문자료)

Absinta, M, et. al., "Human and nonhuman primate meninges harbor lymphatic vessels that can be visualized noninvasively by MRI", *eLife*, 6, e29738, 2017.

Aspelund, A, et. al., "A dural lymphatic vascular system that drains brain interstitial fluid and macromolecules", *Journal of experimental medicine*, 212(7), pp. 991-999, 2015.

Benias, P. C, et. al., "Structure and Distribution of an Unrecognized Interstitium in Human Tissues", *Scientific Reports*, 8, 4947, 2018.

Grüneboom, A, et. al., "A network of trans-cortical capillaries as mainstay for blood circulation in long bones", *Nature Metabolism*, 1, pp. 236-250, 2019.

Herisson, F, et. al., "Direct vascular channels connect skull bone marrow and the brain surface enabling myeloid cell migration", *Nature Neuroscience*, 21, pp. 1209-1217, 2018.

Klotz, L, et. al., "Cardiac lymphatics are heterogeneous in origin and respond to injury", *Nature*, 522, pp. 62-67, 2015.

Louveau, A, et. al., "Structural and functional features of central nervous system lymphatic vessels", *Nature*, 523, pp. 337-341, 2015.

Mesquita, S. D, et. al., "Functional aspects of meningeal lymphatics in ageing and Alzheimer's disease", *Nature*, 560, pp. 185-191, 2018.

Nicenboim, J, et. al., "Lymphatic vessels arise from specialized angioblasts within a venous niche", *Nature*, 522, pp. 56-61, 2015.

Patwardhan, K, "The history of the discovery of blood circulation: unrecognized contributions of Ayurveda masters", *Advances in Physiology Education*, 36, pp. 77-82, 2012.

Tonetti, L, "The discovery of lymphatic system as a turning point in medical knowledge: Aselli, Pecquet and the end of hepatocentrism", *Journal of Theoretical and Applied Vascular Research*, 2(2), pp. 67-76, 2017.

제목: <부록> 봉한학설 논문 5편의 제목별 목차

경락 실태에 관한 연구	경락 계통에 관하여	경락 체계	산알 학설	혈구의 봉한산알·세포환
I. 서론 II. 경락의 전기·생물학적 연구 1. 전기 유도 방법 2. 경혈의 전기적 특성 3. 경혈이 가지는 전기적 특성의 생리적 의의 4. 경혈의 전도성 III. 경락의 실태 1. 경혈의 형태 2. 경맥의 형태 3. 경혈과 경맥의 기능 IV. 결론	서론 제1편 경락 계통에 관한 형태학적 연구 제1장 봉한소체의 형태학적 소견 1. 표층봉한소체의 해부학적 소견 2. 심층봉한소체의 해부학적 소견 II. 봉한소체의 조직학적 구조 1. 표층봉한소체의 조직학적 구조 2. 심층봉한소체의 조직학적 구조 제2장 봉한관의 형태학적 소견 I. 봉한관의 해부학적 소견 II. 봉한관의 조직학적 구조 소괄 및 결론	서론 제1편 경락 계통의 구성 요소들 제1장 봉한관 제1절 봉한관의 일반 구조 제2절 봉한관의 구조 1. 봉한소관의 내피세포 2. 봉한소관의 외막 3. 봉한관의 내용물 4. 봉한관의 주위막 제3절 봉한관의 외봉한관 제4절 봉한관의 신경봉한관 제2장 봉한소체 제1절 봉한소체의 일반 구조 제2절 표층봉한소체의 해부학적 소견 1. 표층봉한소체의 조직학적 구조	서론 제1장 경락 순환 제1절 봉한액의 순환로 제2절 봉한액의 내용 제2장 산알의 특성 제1절 산알의 형태학적 특징 1. 산알을 분리하고 관찰하는 방법 2. 산알의 형태 및 크기 제3절 산알의 생화학적 연구 1. 산알의 중요 화학적 구성 가) 산알 속의 해산 단백질 함유량 나) 산알 속에 있는 데 해산의 분자량 다) 산알 속에 있는 데 해산의 염기와 리보 해산의 모노 누클레오티드 조성 2. 산알의 중요 화학적 조성	서론 I. 적혈구 적혈구무핵) 산알의 전자현미경적 소견 적혈구무핵) 산알의 중요 생화학적 조성 ㄱ) 적혈구무핵) 산알의 해산, 잔소, 헤모글로빈, 당 및 지방 함유량 나) 적혈구 산알 내 리보 해산의 분해에 대한 실험 적혈구 산알로부터 적혈구가 형성될 때의 생화학적 등비 ㄱ) 배양시간에 따르는 해산 및 헤모글로빈 함유량 나) 씨트크롬 산화 효소 활성도 측정 다) 카탈라아제 활성도 측정

경락 실태에 관한 연구	경락 계통에 관하여	경락 체계	산알 학설	혈구의 봉한산알-세포환
	제2론 경락 계통에 관한 실험 생리학적 연구 제1장 봉한계 순환에 관한 연구 I. 표층봉한관에서의 봉한액 순환 1. 방사능 측정에 의한 실험 2. 방사선 자가촬영법에 의한 실험 II. 심층봉한관에서의 봉한액 순환 소결 및 결론 제2장 경락 계통에 관한 전기생물학적 연구 I. 봉한소체의 생물 전기적 변화 II. 봉한소체의 흥분 성과 여러 가지 자극에 대한 그의 반응 III. 경락 계통에서의 전도의 특성 소결 및 결론	3. 표층봉한소체의 전자 현미경적 구조 제3절 외봉한소체 1. 외봉한소체의 해부학적 소견 2. 외봉한소체의 조직학적 구조 3. 외봉한소체의 전자현 미경적 구조 제4절 내봉한소체 1. 내봉한소체의 해부학적 소견 2. 내봉한소체의 조직학적 구조 제5절 내외봉한소체 1. 내외봉한소체의 해부 학적 소견 2. 내외봉한소체의 조직 학적 구조 제6장 신경봉한소체 제7절 장기내봉한소체의 1. 장기내봉한소체의 해부학적 소견 2. 장기내봉한소체의 조직학적 구조	제3장 봉한산알-세포환 제1절 산알의 배양 방법 ㄱ) 배지의 제조 ㄴ) 산알의 배양 방법 제2절 산알로부터 세포로 형성되는 과정 ㄱ) 증식기 ㄴ) 융합기 제3절 세포의 산알화 제4절 봉한산알-세포환 제5절 봉한산알-세포환과 생함성 제4장 산알과 세포 분열 제5장 산알과 세포 제6장 봉한산알-세포환과 경락 계통의 역할 제1절 봉한관 내에서 1. 봉한관 내에서 2. 봉한소체 내에서 제2절 산알의 순환 1. 동위 원소 P^{32} 표식 산 알 주입 실험	II. 과립구 III. 림프구 IV. 조혈장기 1. 골수 내 경락 체계 2. 림프절 내 경락 체계 V. 현미 방사선 자가촬영법에 의한 혈구의 봉한산알-세포환에 관한 연구 1. 표식 적혈구의 봉한산알-세포환 2. 표식 과립구의 봉한산알-세포환 3. 표식 림프구의 봉한산알-세포환 VI. 실험적 빈혈 시 내봉한관 체계에서의 조절 과정 결론

경락 실태에 관한 연구	경락 개통에 관한 용어	경락 체계	산알 학설	혈구의 봉한산알-세포환
	제3편 경락 계통의 생화학적 및 조직화학적 연구 I. 봉한소체와 봉한관의 생화학적 연구 II. 봉한소체와 봉한관의 조직화학적 소견 III. 봉한소체와 봉한관의 형광현미경적 소견 소괄 결론 총결론	제8절 봉한소체의 형태학적 동태 1. 림파관-내봉한소체의 형태학적 동태 2. 표층봉한소체의 형태학적 동태 제2편 경락 계통의 체계 제1절 내봉한관 체계 제2절 내외봉한관 체계 제3절 외봉한관 체계 제4절 신경봉한관 체계 맏초 신경내봉한관 제5절 여러 체계들 간의 중상 관계 제6절 기관 내 경락 체계 제3편 경락 계통의 체계와 그의 역할 제1절 봉한액의 생화학적 조성 1. 봉한액의 접소, 당 및 지방 함유량 2. 봉한액의 총히알우론 산 함유량	2. 표층봉한소체의 산알 배양 실험 제3절 정상조직에서 봉한 산알-세포환 1. 산알화 과정 2. 산알로부터의 세포 형성 과정 제4절 순상 조직의 재생 과정 결론	

혈구의 봉한산알-세포환	산알 학설	경락 체계	경락 계통에 관하여	경락 실태에 관한 연구
		3. 봉한액의 유리 아미노산 함유량 4. 봉한액의 유리 모노누클레오티드 조성 5. 봉한액의 호르몬 함유량 6. 봉한액에 띄 핵산의 염기와 리보 핵산의 누클레오티드 조성 제2절 봉한관의 전도성 1. 봉한관에서의 생물 전기적 특성 2. 봉한관 전도성의 생물전기적인 분석 3. 봉한관의 기계적 운동 4. 봉한관의 생물 전기적 변화와 기계적 운동과의 호상 관계 제3절 봉한관에 순환에 관한 연구 제4절 봉한관의 자극 효과 1. 봉한관 자극이 심장 활동에 미치는 영향 2. 봉한관 자극이 장관 운동에 미치는 영향		

경락 실태에 관한 연구	경락 계통에 관하여	경락 체계	산알 학설	혈구의 봉한산알·세포환
		3. 봉한관 자극이 골격근 수축에 미치는 영향 제5절 봉한관 절단의 영향 1. 척수 반사 시간에 미치는 영향 2. 말초 신경 흥분성에 미치는 영향 3. 운동 신경의 근육 지배에서 일어나는 변화를 제6절 봉한에 순환로 제4편 경락 경락 계통이 방생학적 및 비교 생물학적 연구 1. 경락 계통이 방생학적 연구 2. 경락 계통의 비교 생물학적 연구 결론		

김훈기

스스로 '과학기술 커뮤니케이터'라고 생각하면서 과학기술계의 성과를 인문사회학과 시민사회의 시각에서 고민하며 집필하고 있다. 서울대학교 동물학과를 졸업하고 동 대학원 과학사 및 과학철학 협동과정에서 석사학위(과학사), 고려대학교 과학기술학 협동과정에서 박사학위(과학관리학)를 받았다. 동아사이언스가 발행하는 월간『과학동아』편집장,『동아일보』과학면 팀장, 인터넷신문『더 사이언스』초대 편집장을 역임하며 과학저널리즘 분야에서 13년간 활동했다. 이후 서울대학교 기초교육원을 거쳐 현재 홍익대학교 교양과 조교수로 재직하고 있다. 지은 책으로『유전자가 세상을 바꾼다』『물리학자와 함께 떠나는 몸속 氣 여행』『합성생명−창조주가 된 인간과 불확실한 미래』『생명공학 소비시대, 알 권리 선택할 권리』『바이오해커가 온다』 등이 있다.

현대과학이 추적해온
인체의 비밀 통로

초판인쇄 2021년 2월 19일
초판발행 2021년 2월 19일

지은이 김훈기
펴낸이 채종준
펴낸곳 한국학술정보㈜
주소 경기도 파주시 회동길 230(문발동)
전화 031) 908-3181(대표)
팩스 031) 908-3189
홈페이지 http://ebook.kstudy.com
전자우편 출판사업부 publish@kstudy.com
등록 제일산-115호(2000. 6. 19)

ISBN 979-11-6603-336-0 93470